Dieter Schmidt

Technische Mathematik Kältetechnik

VDE VERLAG GMBH cci Dialog GmbH

Bibliografische Information der Deutschen Nationalbibliothek
Die Deutsche Nationalbibliothek verzeichnet diese Publikation in der Deutschen Nationalbibliografie; detaillierte bibliografische Daten sind im Internet über http://dnb.dnb.de abrufbar.

Die Reihe Kälte • Klima • Lüftung | KOMPAKT wird herausgegeben in Kooperation von der cci Dialog GmbH und der VDE VERLAG GMBH.

VDE VERLAG GMBH · Berlin · Offenbach
Bismarckstr. 33, 10625 Berlin

ISBN 978-3-8007-3667-6 (Buch VDE VERLAG)
ISBN 978-3-8007-3974-5 (E-Book VDE VERLAG)

cci Dialog GmbH, Karlsruhe
Borsigstraße 3, 76185 Karlsruhe

ISBN 978-3-922420-34-7 (Buch cci Dialog GmbH)
ISBN 978-3-922420-39-2 (E-Book cci Dialog GmbH)

Druck: druckhaus köthen GmbH & Co. KG, Köthen (Anhalt)
Printed in Germany 2015-12

Vorwort

Das vorliegende Lehr- und Übungsbuch „Technische Mathematik Kältetechnik" beleuchtet das kälte- und klimatechnische Fachwissen, wie es für den Beruf des Mechatronikers für Kältetechnik relevant ist, von der rechnerischen Seite her. Dabei baut es auf dem mathematischen Grundwissen der allgemein bildenden Schulen auf.

Die 24 Kapitel bilden jeweils eine geschlossene Lerneinheit mit identischem Aufbau: Zunächst werden die übersichtlich gegliederten Lerninhalte durch zahlreiche Abbildungen veranschaulicht dargestellt. Die notwendigen Formeln werden hergeleitet und in ihren technologischen Zusammenhang gestellt. Es folgen ausführlich erläuterte Beispielaufgaben, die die technische Anwendung zeigen. Daran schließen sich Übungsaufgaben mit zunehmendem Schwierigkeitsgrad an, zu denen Lösungen und Lösungshinweise im Kapitel 25 zu finden sind.

Kälte- und Klimaanlagen sind mehrfach umweltrelevant, durch ihren Energieverbrauch und die enthaltenen Hilfs- und Arbeitsstoffe, insbesondere die Kältemittel. Insofern trägt der Mechatroniker für Kältetechnik eine hohe Verantwortung bezüglich Dichtheit und Energieeffizienz der Anlagen. Deswegen wurde in den Kapiteln 8 „Arbeit, Energie, Leistung, Wirkungsgrad" und 24 „Sicherheit und Umweltschutz" besonderes Augenmerk auf den Energiebegriff und die Umweltrelevanz der Kältemittel gelegt und an mehreren Stellen der Aspekt der Energieeinsparung betrachtet.

Viele Zusammenhänge in der Kälte- und Klimatechnik erschließen sich durch die Darstellung der relevanten Prozesse in Diagrammen, besonders des Kältemittelkreisprozesses im lg p,h-Diagramm und der Luftbehandlungsprozesse im h,x-Diagramm. Daher ist bei zahlreichen Aufgaben ein Ermitteln von Werten aus Diagrammen oder Nachschlagen in Tabellen erforderlich, wodurch der Umgang mit diesen Diagrammen intensiv geübt wird. Die nötigen Tabellen sind entweder im Text integriert oder befinden sich im Anhang. Dort befinden sich auch ein lg p,h-Diagramm für das Kältemittel R134a und ein h,x-Diagramm als Kopiervorlage. Größere Kopiervorlagen stehen auf der Verlagswebseite zu diesem Buch zum Download zur Verfügung.

Das Buch eignet sich sowohl für den unterrichtsbegleitenden Einsatz als auch zum Selbststudium für Auszubildende und Meisterschüler und insbesondere auch zur Prüfungsvorbereitung.

Springe, im November 2015

Dieter Schmidt

GREEN TECH
Entdecken Sie ebm-papst.
Energiesparende Lösungen für die Kältetechnik
auf entdecken.ebmpapst.com/kaeltetechnik
Christopher Pragassa, Quality Manager bei ebm-papst
Wir bei ebm-papst entwickeln Ventilatoren für Kühltheken, die nicht nur Ihre Tiefkühlpizza frisch halten, sondern auch noch bis zu 70 % Energie sparen. Und besonders leise sind sie auch.
Das können Sie nicht sehen. Aber spüren!
ebmpapst
Die Wahl der Ingenieure

Inhaltsverzeichnis

1 Formeln und Gleichungen

1.1 Formeln sind Gleichungen

In der Technik wird häufig mit Formeln gerechnet. Formeln sind Gleichungen, bestehen also aus gleichwertigen Seiten. Diese Gleichwertigkeit wird durch das Gleichheitszeichen symbolisiert. Was auf der linken Seite steht, ist gleichwertig mit dem auf der rechten Seite. Deswegen werden oft Balkenwaagen zur Veranschaulichung von Gleichungen herangezogen. Bei Formeln gelten jedoch zwei Besonderheiten:

1. Bei Formeln steht auf der linken Seite meist nur ein Buchstabe, nämlich das Zeichen für eine mit der Formel zu berechnenden Größe.
2. Bei Formeln handelt es sich um Größengleichungen, d. h. Gleichungen mit benannten Zahlen. **Größen bestehen aus Zahlenwert mal Einheit**, allerdings wird das Malzeichen (der Punkt) nicht geschrieben, z. B. 17,5 m, 1,6 kg, 2058 kJ/kg, 20,6 kW.

Eine in der Kältetechnik häufig benötigte Formel lautet

$$Q = m \cdot c \cdot \Delta T$$ [1].

Das bedeutet, dass sich die Wärmemenge (Symbol Q in kJ) als Produkt aus Masse (m in kg), spezifischer Wärmekapazität (c in kJ/kgK) und Temperaturdifferenz (ΔT in K) berechnet. Damit das Ergebnis stimmt, müssen nicht nur die richtigen Zahlenwerte, sondern auch die dazu passenden Einheiten mitgeführt werden.

Beim Rechnen mit Formeln muss daher nicht nur auf die Gleichwertigkeit der Zahlenwerte, sondern auch auf die der Einheiten geachtet werden (Einheitenkontrolle). Das bietet besonders nach dem Umstellen einer Formel die Kontrollmöglichkeit, ob die Umstellung richtig war.

1.2 Umstellen von Formeln

Häufig müssen bekannte Formeln nach einer in ihr vorkommenden Größe umgestellt werden, weil diese Größe im Rahmen eines zu berechnenden Prozesses gesucht wird. Dabei gelten die gleichen Regeln wie beim Umformen von Gleichungen:

Die beiden Seiten einer Formel können vertauscht werden. Dadurch ändert sich ihre Gleichwertigkeit nicht. Diese Gleichwertigkeit wird im folgenden Beispiel durch den Doppelpfeil ($\Leftrightarrow$) symbolisiert:

Soll durch Umstellen einer Formel ein Glied isoliert werden, empfiehlt es sich, die Formelseiten zunächst so zu vertauschen, dass das gesuchte Glied vorne (links) steht.

---

1) Die Bedeutung dieser Formel wird in Kapitel 15.3 erklärt.

Dann muss das gesuchte Glied isoliert werden, so dass es alleine auf der linken Seite steht. Dazu werden die nicht gesuchten Glieder durch den Gegenoperator „entfernt" (Plus-Glieder (+) durch Subtrahieren (–), Minusglieder (–) durch Addieren (+), Faktoren (·) durch Teilung (:) und Teiler, die meist unter einem Bruchstrich stehen, durch Multiplikation (·). Sie tauchen so mit gegenteiligem Vorzeichen auf der anderen Seite auf. Vereinfacht wird oft gesagt, dass beim „auf die andere Seite Bringen" das Vorzeichen gewechselt wird (aus plus wird minus, aus mal wird geteilt usw.). Aber im Grunde wird auf jeder Seite der Formel das Gleiche gemacht, ihr Gleichungscharakter bleibt also erhalten. Um im Bild der Balkenwaage zu bleiben: Die Waage bleibt im Gleichgewicht, wenn man auf jeder der beiden Seiten das Gleiche hinzufügt oder wegnimmt.

Beispiel 1.1

Aus der Formel $Q = m \cdot c \cdot \Delta T$ sind Q, m und c bekannt, ΔT wird gesucht, ist also zu isolieren.

1. Schritt: Formelseiten vertauschen, sodass ΔT links steht

$$m \cdot c \cdot \Delta T = Q$$

2. Schritt: Durch m und durch c teilen, dadurch wird ΔT isoliert, weil m und c sich heraus kürzen ($\frac{m}{m} = 1$, ebenso $\frac{c}{c} = 1$) und m und c erscheinen auf der anderen Seite als Teiler

$$m \cdot c \cdot \Delta T = Q \qquad |: m$$

$$c \cdot \Delta T = \frac{Q}{m} \qquad |: c$$

$$\Delta T = \frac{Q}{m \cdot c}$$

Kommen in einer Formel sowohl Summanden (Plus-/Minusglieder) als auch Faktoren (Malglieder/Teiler) vor, müssen diese durch Ausklammern separiert werden:

Beispiel 1.2

Die Formel für die Kreisringfläche[1)] $A = \frac{\pi \cdot D^2}{4} - \frac{\pi \cdot d^2}{4}$ ist nach D umzustellen:

1. Schritt: $\frac{\pi}{4}$ ausklammern, sodass Plus- und Malglieder getrennt sind:

$$A = \frac{\pi}{4} \cdot (D^2 - d^2)$$

2. Schritt: Formelseiten vertauschen, sodass die Klammer mit der gesuchten Größe D (hier D^2) links steht

$$\frac{\pi}{4} \cdot (D^2 - d^2) = A$$

1) Vergleiche Kapitel 4.2

3. Schritt: Beide Seiten mit 4 multiplizieren und durch π teilen, dadurch wird die Klammer isoliert und 4 erscheint rechts als Multiplikator, π als Teiler. Da die Plusglieder der Klammer dann auf einer Seite separiert sind, kann die Klammer wegfallen:

$$\frac{\pi}{4} \cdot (D^2 - d^2) = A \quad | \cdot 4$$

$$\pi \cdot (D^2 - d^2) = 4A \quad |: \pi$$

$$D^2 - d^2 = \frac{4A}{\pi}$$

4. Schritt: d^2 addieren, dadurch wird die gesuchte Größe D (immer noch als D^2) isoliert:

$$D^2 - d^2 = \frac{4A}{\pi} \quad | + d^2$$

$$D^2 = \frac{4A}{\pi} + d^2$$

5. Schritt: Wurzel ziehen: $D = \sqrt{\frac{4A}{\pi} + d^2}$

1.3 Aufgaben

1. Stellen Sie die Formeln für die Dichte $\rho = \frac{m}{V}$ und das spezifische Volumen $v = \frac{V}{m}$ jeweils nach m und V um.
2. Stellen Sie die Formel für den Wärmestrom $\dot{Q} = A \cdot k \cdot \Delta T$ nach A, k und ΔT um.
3. Stellen Sie die Formel für die Kreisfläche $A = \frac{\pi \cdot d^2}{4}$ nach d um.
4. Stellen Sie die Formel für die Kreisringfläche $A = \frac{\pi \cdot D^2}{4} - \frac{\pi \cdot d^2}{4}$ nach d um.
5. Stellen Sie die Formel für das Volumen des Quaders $V = l \cdot b \cdot h$ nach l, b und h um.
6. Stellen Sie die Formel für die sensible Wärmemenge $Q = m \cdot c \cdot \Delta T$ nach m und c um.
7. Stellen Sie die Formel für das Volumen des Zylinders $V = \frac{\pi \cdot d^2}{4} \cdot h$ nach d und h um.
8. Stellen Sie die Formel für das Volumen des Hohlzylinders $V = \frac{\pi \cdot h}{4} \cdot (D^2 - d^2)$ nach d, D und h um.
9. Stellen Sie die Formel für den Wärmestrom $\dot{Q} = \frac{Q}{\tau}$ (Erklärung in Kapitel 15.4) nach der Wärmemenge Q um.

2 Prozentrechnen, Brüche und Dezimalzahlen

2.1 Prozentrechnen

In der Technik werden Veränderungen häufig in Prozent angegeben. So kann es z. B. heißen, dass der Energiebedarf einer Klimaanlage um 20 Prozent gesenkt wurde. Dabei setzt man den ganzen Wert einer Größe (hier Energiebedarf) gleich 100 und bezieht darauf die Teilwerte in Hundertstelstufen. Der hundertste Teil vom Ganzen ist ein Prozent (Lat.: pro centum = von Hundert), Symbol „%“. Wenn also der Energiebedarf der Klimaanlage um 20 % gesenkt wurde, beträgt er nur noch 80 % des ursprünglichen Werts.

Der ganze Wert wird als Grundwert G bezeichnet, der Teilwert mit Prozentwert P_w, der Prozentsatz mit P_s. Zur Berechnung eines Prozentwerts ergibt sich dadurch folgende Gleichung:

$$P_w = \frac{G \cdot P_s}{100\,\%}$$

Grundwerte können vermehrt und vermindert werden. Der Grundwert entspricht stets 100 %. Für den Zusammenhang zwischen dem Grundwert und dem vermehrten/verminderten Grundwert gilt:

G_{v+} entspricht $100\,\% + P_s$, G_{v-} entspricht $100\,\% - P_s$.

Die Einheit von Grundwert und Prozentwert sind stets gleich, im Falle des Energiebedarfs z. B. Kilowattstunden (kWh), die Einheit des Prozentsatzes ist natürlich %.

Beispiel 2.1

Der Energiebedarf eines Klimageräts beträgt 30 kWh am Tag. Durch technische Verbesserungen kann er um 15 % gesenkt werden.

a) Wie viel Energie wird täglich gespart?
b) Wie hoch ist der Energiebedarf jetzt?
c) Wie hoch ist der Energiebedarf des verbesserten Geräts, wenn er aufgrund erhöhter Außentemperatur wieder um 5 % steigt?

1. Schritt: Berechnung der Einsparung von 15 %

$$P_w = \frac{G \cdot P_s}{100\,\%} = \frac{30\,\text{kWh} \cdot 15\,\%}{100\,\%} = \underline{\underline{4{,}5\,\text{kWh}}}$$

2. Schritt: Zur Berechnung des neuen Energiebedarfs gibt es zwei Möglichkeiten. Nahe liegend ist, dass man das Ergebnis der ersten Rechnung, die eingesparte Energie, vom ursprünglichen Energiebedarf abzieht:

$$30\,\text{kWh} - 4{,}5\,\text{kWh} = \underline{\underline{25{,}5\,\text{kWh}}}.$$

Man kann aber auch im Kopf ausrechnen, dass der Energiebedarf bei 15 % Einsparung nur noch 85 % des ursprünglichen Wertes beträgt und mit diesem Prozentsatz rechnen:

$$P_w = \frac{G \cdot P_s}{100\,\%} = \frac{30\,\text{kWh} \cdot 85\,\%}{100\,\%} = \underline{\underline{25{,}5\,\text{kWh}}}$$

3. Schritt: Jetzt ist zu bedenken, dass das Ergebnis von Aufgabe a) der neue Grundwert ist, der gegenüber dem ursprünglichen um 15 % vermindert wurde. Man muss also mit diesem neuen Grundwert rechnen, der um 5 % zu erhöhen ist. Die Erhöhung beträgt

$$P_w = \frac{G \cdot P_s}{100\,\%} = \frac{25{,}5\,\text{kWh} \cdot 5\,\%}{100\,\%} = \underline{1{,}275\,\text{kWh}},$$

der neue Energiebedarf beträgt somit

$$25{,}5\,\text{kWh} + 1{,}275\,\text{kWh} = \underline{\underline{26{,}775\,\text{kWh}}}$$

Keineswegs darf man die beiden gegebenen prozentualen Veränderungen einfach addieren, weil sie sich auf verschiedene Grundwerte beziehen, die 15 % nämlich auf 30 kWh, die 5 % auf 25,5 kWh. Wenn man also denkt, 15 % Senkung plus 5 % Steigerung macht insgesamt 10 % Senkung, liegt man falsch. Diese Rechnung ergäbe einen Energiebedarf von 27 kWh.

2.2 Prozentzahlen und Brüche

Prozentwerte sind auf 100-stel bezogene Brüche, d. h. im Nenner steht immer die Zahl 100. 20 % sind $\frac{20}{100}$, 15 % sind $\frac{15}{100}$ usw. Brüche kann man kürzen, wenn Zähler (Zahl auf dem Bruchstrich) und Nenner (hier stets 100) gemeinsame Teiler haben. 100 hat die Teiler 50, 25, 20, 10, 5, 4, 2. Das bedeutet, immer wenn der Prozentwert durch eine dieser Zahlen teilbar ist, entspricht dieser einem einfachen Bruch, z. B. bedeuten:

$$20\,\% = \frac{20}{100} = \frac{2}{10} = \frac{1}{5},\quad 4\,\% = \frac{4}{100} = \frac{2}{50} = \frac{1}{25},\quad 90\,\% = \frac{90}{100} = \frac{9}{10},\quad 45\,\% = \frac{45}{100} = \frac{9}{20}\quad \text{usw.}$$

2.3 Prozentzahlen und Dezimalzahlen

Brüche lassen sich, wenn eine Potenz von 10 im Nenner (unten) steht, also 10 oder 100 oder 1000 usw., leicht in Zahlen unseres Zehnersystems (Dezimalzahlen, Lat.: decem = zehn) umwandeln. Im Dezimalsystem steht jede Stelle für eine Zehnerpotenz. Die erste Nachkommastelle steht für die Zehntel, die zweite für die Hundertstel, die dritte für die Tausendstel usw. Prozentwerte sind Hundertstel, lassen sich also durch Verschieben des Kommas um zwei Stellen nach links in Dezimalzahlen umwandeln. Somit gilt beispielsweise:

$$40\,\% = \frac{40}{100} = 0{,}4,\quad 120\,\% = \frac{120}{100} = 1{,}2,\quad 45\,\% = \frac{45}{100} = 0{,}45,\quad 4\,\% = \frac{4}{100} = 0{,}04 \quad \text{usw.}$$

Mit dieser Kenntnis lassen sich Prozentrechnungen zu einfachen Multiplikationsaufgaben vereinfachen. Das wird hier an Beispielausgabe 1 gezeigt: Die Einsparung beträgt 15 % = 0,15 und der neue Verbrauch liegt also bei 85 % = 0,85. Die anschließende Erhöhung um 5 % entspricht dem Faktor 1,05. Somit ergeben sich folgende Rechnungen:

1. Berechnung der Einsparung: $30\,\text{kWh} \cdot 0{,}15 = 4{,}5\,\text{kWh}$.
2. Neuer Energiebedarf: $30\,\text{kWh} \cdot 0{,}85 = 25{,}5\,\text{kWh}$.
3. Neuer Energiebedarf bei erhöhter Außentemperatur: $25{,}5\,\text{kWh} \cdot 1{,}05 = 26{,}775\,\text{kWh}$
4. oder noch kürzer, 2. und 3. in einer Rechnung: $30\,\text{kWh} \cdot 0{,}85 \cdot 1{,}05 = 26{,}775\,\text{kWh}$.

2.4 Promille (‰) und parts per million (ppm)

Für Anteile, die mit Prozent (Hundertstel) zu grob erfasst werden, gibt es noch die Möglichkeit zu feineren Abstufungen mit dem Bezug auf Tausendstel (Promille, Lat.: mille = tausend, Symbol „‰“) und auf Millionstel (parts per million, Abkürzung ppm). Arbeitsplatzgrenzwerte (AGW)[1)] werden in ppm angegeben, z. B. beträgt der AGW von Kohlenstoffdioxid (CO_2) 5000 ppm. Der Zusammenhang mit Prozentangaben und dem Dezimalsystem ist der Folgende:

$$1\,\% = \frac{1}{100} = 10^{-2} = 0{,}01 \qquad 1\,\% = 10\,‰ = 10\,000\,\text{ppm}$$

$$1\,‰ = \frac{1}{1000} = 10^{-3} = 0{,}001 \qquad 1\,‰ = 0{,}1\,\% = 1000\,\text{ppm}$$

$$1\,\text{ppm} = \frac{1}{1\,000\,000} = 10^{-6} = 0{,}000001 \qquad 1\,\text{ppm} = 0{,}001\,‰ = 0{,}0001\,\%$$

1) Arbeitsplatzgrenzwert, d. h. diejenige Konzentration eines Stoffs in der Luft am Arbeitsplatz, bis zu der nach dem gegenwärtigen Kenntnisstand bei achtstündiger Einwirkung und 40 Wochenarbeitsstunden keine Gesundheitsbeeinträchtigungen auftreten. Er beträgt z. B. für R134a 1000 Vol.-ppm, für Ammoniak aber nur 20 Vol.-ppm.

2.5 Aufgaben

1. Vervollständigen Sie die folgende Tabelle:

Prozentwert	100	75	50	25	20	10	5	4	2	1
Bruch										
Dezimalzahl										

2. Durch gestiegenen Kältebedarf erhöht sich die Laufzeit eines Verdichters von 14 h/d um 25 %. Wie hoch ist die neue Laufzeit?

3. Vervollständigen Sie die folgende Tabelle:

Bruch	$\frac{1}{2}$	$\frac{1}{3}$	$\frac{1}{6}$	$\frac{1}{7}$	$\frac{1}{8}$	$\frac{1}{9}$	$\frac{2}{1}$	$\frac{5}{6}$	$\frac{3}{8}$	$\frac{4}{5}$
Dezimalzahl										
Prozentwert										

4. In einer alten Supermarkt-Verbundkälteanlage sind 320 kg Kältemittel enthalten.
   a) Wie viel kg müssen jährlich nachgefüllt werden bei einer Leckrate von 10 % pro Jahr?
   b) Welche Kostenersparnis ergibt sich über einen Zeitraum von 10 Jahren, wenn bei einer modernen Anlage die Füllmenge auf 200 kg und die Leckagerate auf 2 % reduziert wurde? Der Preis für das Kältemittel sei 40 €/kg.

5. Berechnen Sie die Nachfüllmenge (kg) bzw. Leckageraten (%/a) für folgende Anlagen:

	Anlage 1	Anlage 2	Anlage 3	Anlage 4	Anlage 5
Füllmenge in kg	0,8	5,6	48	280	1200
Leckagerate in %/a			8	5	
Nachfüllmenge in kg	0,12	0,616			30

6. Durch gestiegenen Kältebedarf erhöht sich die Laufzeit eines Verdichters von 15 h/d um 20 %.
   a) Wie hoch ist die neue Laufzeit?
   b) Wie viel Prozent kann die Laufzeit jetzt noch weiter (bezogen auf den neuen Wert) erhöht werden, wenn maximal 20 h/d erreicht werden dürfen?

7. Die Leistung einer Kälteanlage sinkt durch Verflüssigerverschmutzung um 15 % auf $\dot{Q}_0$ = 13,6 kW. Wie hoch ist die Leistung der Anlage normalerweise?

8. Durch gesunkenen Verflüssigungsdruck sinkt die Durchflussleistung eines Expansionsventils um 25 % auf 18 kg/h.
   a) Wie hoch war die Durchflussleistung?
   b) Durch Einbau eines Verflüssigungsdruckreglers lässt sich der Druckabfall (und damit die Leistungsminderung) zu 80 % kompensieren. Welche Durchflussleistung ergibt sich nun?

9. Die Leistung eines offenen Verdichters, der mit n = 1450/min läuft, soll durch Drehzahlverringerung auf 65 % gedrosselt werden.
   a) Welche Drehzahl muss der Verdichter haben?
   b) Durch Auswechseln der Riemenscheiben ergibt sich eine neue Drehzahl von 980/min. Um wie viel Prozent wurde die Drehzahl also tatsächlich reduziert?
   c) Wie hoch ist die Abweichung vom Sollwert in Prozent?

10. Die Genauigkeitsklasse eines Manometers gibt an, wie viel Prozent vom Messbereich (Endausschlag) die zulässige Abweichung beträgt. Ein Manometer der Genauigkeitsklasse 1,0 hat einen Anzeigefehler von ±1,0 % vom Endausschlag. Wenn dieses Manometer bis 15 bar anzeigt, beträgt der Anzeigefehler also ±0,15 bar. Steht der Zeiger dieses Manometers z. B. auf 10 bar, kann der Druck also zwischen (10 – 0,15) bar = 9,85 bar und (10 + 0,15) bar = 10,15 bar liegen.
    Berechnen Sie jeweils den zulässigen Messfehler für Manometer folgender Genauigkeitsklassen und Messbereiche:

Messbereich in bar	Klasse 1	Klasse 0,6	Klasse 0,25
12			
24			
40			

11. Bei einer Kälteanlage werden Manometer der Genauigkeitsklasse 1,6 verwendet. Im Stillstand (Druckausgleich) zeigt das Saugdruck-Manometer (Messbereich bis 12 bar) 4,2 bar, das Hochdruck-Manometer (Messbereich bis 24 bar) 4,5 bar.
    a) Liegen diese Werte im Toleranzbereich?
    b) Welchen minimalen bzw. maximalen Wert dürften die Manometer jeweils anzeigen, wenn der Anlagendruck p_e = 5 bar beträgt?

3 Längen, Längenteilung, Kreisumfang, gestreckte Länge

3.1 Einheiten und Formelzeichen

Die SI-Einheit der Länge ist der Meter mit dem Einheitenzeichen m. Ein Meter wurde erstmals 1795 von der französischen Nationalversammlung als der vierzigmillionste Teil des durch die Pariser Sternwarte gehenden Erdumfangs (Längenkreis) festgelegt. 1889 wurde der Meter als Abstand zwischen zwei eingeritzten Linien auf einem x-förmigen Platin-Iridium-Stab, dem Urmeter, definiert. Von dem Urmeter gab es Kopien für alle an der Meterkonvention beteiligten Länder. Seit 1983 ist der Meter definiert als die Länge der Stecke, die das Licht im Vakuum während des Zeitintervalls von 1/299.792.458 Sekunden durchläuft.

Häufig benutzte dezimale Teile und Vielfache des Meters sind:

- Mikrometer (µm) 1 m = 1 000 000 µm
- Millimeter (mm) 1 m = 1000 mm
- Zentimeter (cm) 1 m = 100 cm
- Dezimeter (dm) 1 m = 10 dm
- Kilometer (km) 1 km = 1000 m

Im anglo-amerikanischen Bereich werden noch Längeneinheiten benutzt, die nicht im SI enthalten sind: inch (Zoll), 1 in = 25,4 mm; foot (Fuß): 1 ft = 12 in = 304,8 mm; yard, 1 yd = 3 ft = 36 in = 914,4 mm; statue mile (englische Meile) 1 mile = 1760 yd = 1609 m.

Umrechnungsfaktor zwischen m, dm, cm und mm ist 10, zwischen µm, mm, m und km ist er 1000.

Beispiele: 0,55 m = 5,5 dm = 55 cm = 550 mm
350 cm = 35 dm = 3,5 m = 3500 mm.

Maße in technischen Zeichnungen des Maschinenbaus werden stets in der Einheit mm angegeben. Im Bauwesen werden Maße unter 1 m in cm und Maße ≥ 1 m in m angegeben oder es wird die Maßeinheit dazu geschrieben.

Rohre werden durch die Angabe von Außendurchmesser und Wandstärke in mm gekennzeichnet, z. B. Cu-Rohr 15 × 1.

Formelzeichen für die Länge ist l, verwendet werden aber auch s (Wandstärke), b (Breite), h (Höhe), U (Umfang) und d (Durchmesser).

3.2 Längenteilung

Das Problem der Teilung von Gesamtlängen tritt z.B. auf beim Setzen von Bohrungen, bei Sägenschnitten oder sonstigen Einteilungen einer Gesamtlänge. Dabei versteht man unter der Teilung t den Abstand zwischen zwei Teilungspunkten. Bei der Teilung gerader Längen muss der Randabstand – der Abstand des ersten und letzten Teilungspunktes jeweils vom Rand – beachtet werden.

Bei der Teilung gerader Längen gilt die Grundregel, dass n Teilungspunkte n – 1 Teilungen begrenzen, also haben z.B. 5 Bohrungen nur 4 Zwischenräume.

Bei Kreisteilungen sind die Verhältnisse einfacher, weil es keinen Rand gibt. Dadurch ist die Anzahl der Bohrungen genauso groß wie die Anzahl der Zwischenräume.

In der Regel unterscheidet man daher drei Fälle:

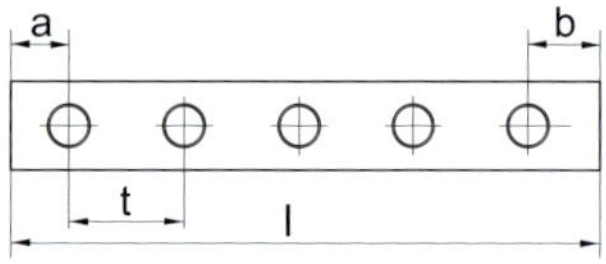

Fall 1: Randabstand ist nicht gleich Teilung t. Geteilt wird die Strecke l – (a + b):

$t = \frac{l - (a + b)}{n - 1}$ mit n = Anzahl der Bohrungen, Sägeschnitte...

Anzahl der Bohrungen minus 1 gleich Anzahl der Teilungen

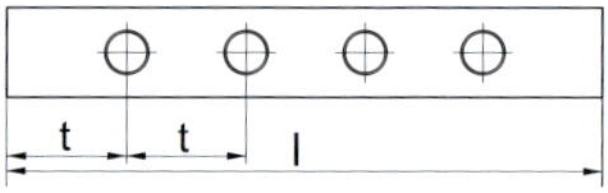

Fall 2: Randabstand ist gleich Teilung t. Geteilt wird die Strecke l:

$t = \frac{l}{n + 1}$ mit n = Anzahl der Bohrungen, Sägeschnitte...

Anzahl der Bohrungen plus 1 gleich Anzahl der Teilungen

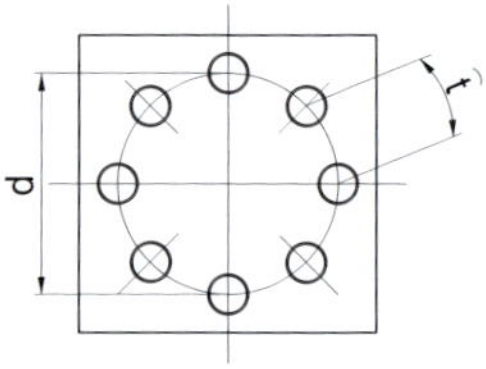

Fall 3: Bei Kreisteilungen ist die Anzahl der Teilungen so groß wie die Anzahl der Bohrungen.

$\hat{t} = \frac{\pi \cdot d}{n}$ mit n = Anzahl der Bohrungen, $\hat{t}$ Teilung im Bogenmaß

Beispiel 3.1

Ein Verkleidungsblech soll auf seiner 620 mm langen Seite mit 5 Nieten befestigt werden, die gleichmäßig zu verteilen sind. Wie groß wird die Teilung (mm), wenn das erste und das letzte Niet jeweils 20 mm Randabstand haben sollen?

Lösung:

Geg.: l = 620 mm, a = b = 20 mm, n = 5

$$t = \frac{l - (a + b)}{n - 1} = \frac{620\,\text{mm} - (20\,\text{mm} + 20\,\text{mm})}{5 - 1} = \frac{580\,\text{mm}}{4} = \underline{\underline{145\,\text{mm}}}$$

Beispiel 3.2
Ein 1 m langes Flachstahlstück soll in 9 gleich lange Teile zersägt werden. Sägeschnittbreite 1,25 mm. Wie lang wird ein Teil (mm)?

Lösung:
Geg.: l = 1000 mm, 9 Teile, Sägeschnittbreite 1,25 mm
9 gleich lange Teile bedeuten in diesem Fall 8 Schnitte zu je 1,25 mm. Das bedeutet 8 × 1,25 mm = 10 mm werden zerspant, 1000 mm - 10 mm = 990 mm werden geteilt.

$$t = \frac{l}{n+1} = \frac{990\,\text{mm}}{8+1} = \frac{990\,\text{mm}}{9} = \underline{\underline{110\,\text{mm}}}$$

3.3 Kreisumfang

Der Kreisumfang wird als Produkt der Kreiszahl π (= 3,1415926…) mit dem Durchmesser des Kreises berechnet. Bei Kreisbögen ist der Mittelpunktswinkel zu berücksichtigen.

Kreisumfang
$U = \pi \cdot d$

Kreisbogen
$$\hat{l}_B = \frac{\pi \cdot d \cdot \alpha}{360°}$$

U Umfang,
d Durchmesser,
$\hat{l}_B$ Kreisbogenlänge,
α Mittelpunktswinkel in °

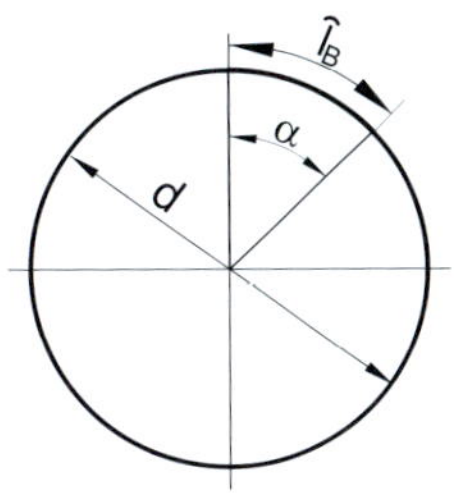

3.4 Gestreckte Länge

Beim Biegen bleibt die neutrale Faser in ihrer Länge unverändert. Deswegen lässt sich die gestreckte Länge l eines gebogenen Teils aus der Länge der neutralen Faser berechnen. Diese liegt bei symmetrischem Querschnitt und – wenn nicht scharfkantig gebogen (geknickt) wird – auf dem mittleren Durchmesser des gebogenen Werkstücks. Beim Biegen von Rohren mit der Biegezange werden diese so gebogen, dass die neutrale Faser mittig bleibt und die Rohre nicht abplatten.

$$l = \pi \cdot d_m$$

$$d_m = \frac{D + d}{2}$$

$$b = \frac{D - d}{2} = D - d_m = d_m - d$$

$$d_m = D - b = d + b$$

$$D = d + 2b \quad \text{bzw.} \quad d = D - 2b$$

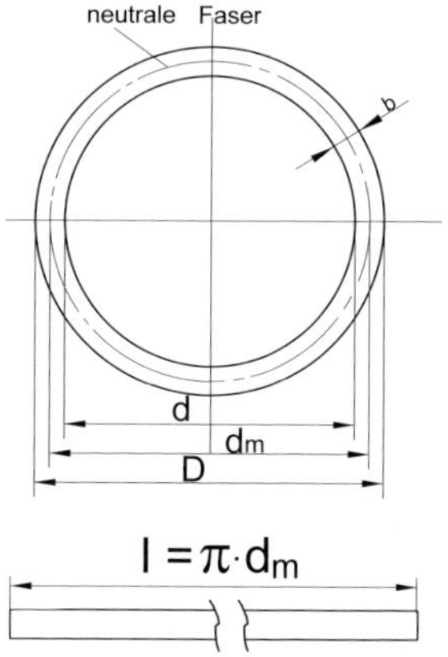

d Innendurchmesser
D Außendurchmesser
d_m mittlerer Durchmesser
b Werkstückdicke

Beispiel 3.3

Für einen Auftrag benötigen Sie 18 m Cu-Rohr 10 × 1. Auf einem Ring im Lager zählen Sie 13,5 Windungen bei einem Innendurchmesser des Rings von 0,6 m. Reicht der Ring? Wie viel bleibt übrig bzw. fehlt (in m)?

Lösung:
Geg.: d = 0,6 m, b = 10 mm, 13,5 Windungen
Ges.: l

1. Schritt: d_m berechnen

$$d_m = d + b = 0{,}6\,\text{m} + 0{,}01\,\text{m} = \underline{0{,}601\,\text{m}}$$

2. Schritt: Gestreckte Länge für 13,5 Windungen berechnen

$$l = 13{,}5 \cdot \pi \cdot d_m = 13{,}5 \cdot \pi \cdot 0{,}601\,\text{m} = \underline{25{,}49\,\text{m}}$$

Da nur 18 m benötigt werden, bleiben also 25,49 m – 18 m = 7,49 m übrig.

3.5 Aufgaben

1. Ein Verkleidungsblech soll auf seiner 520 mm langen Seite mit 7 Nieten befestigt werden, die gleichmäßig zu verteilen sind. Wie groß wird die Teilung (mm), wenn das erste und das letzte Niet jeweils 20 mm Randabstand haben sollen?

2. Ein Flachstahl von 1000 mm Länge soll in 6 Stücke geteilt werden. Davon sollen 3 jeweils doppelt so lang sein wie die anderen drei. Sägeschnittbreite 2 mm. Berechnen Sie die Länge eines langen und die eines kurzen Stücks.

3. Der 700 mm lange senkrechte Träger einer Konsole soll mit 3 Schrauben in der Wand befestigt werden. Die oberste soll 7 cm von der Oberkante entfernt gesetzt werden, die unterste 12 cm von der Unterkante.
   a) Welchen Abstand (mm) müssen die Bohrungen (Mitte) für die Schrauben bekommen, wenn sie gleichmäßig verteilt werden sollen?
   b) Wie groß ist der Abstand zwischen benachbarten Bohrungsrändern bei einem Bohrungsdurchmesser von 12 mm?

4. Auf einem Kreis mit d = 400 mm sind 8 Bohrungen gleichmäßig zu verteilen. Berechnen Sie die Teilung im Bogenmaß.

5. Sie wickeln 11,5 Windungen aus Cu 10 × 1 zu einer Verdampferschlange mit einem Innendurchmesser von 300 mm. Wieviel m Rohr benötigen Sie?

6. Ein Rundstahl mit 12 mm Durchmesser und einer Länge von 1058 mm wird zu einem Ring gebogen. Berechnen Sie Innen-, Außen- und mittleren Durchmesser in mm!

7. Aus 6 mm Rundstahl soll ein Kreisring gebogen werden mit 250 mm Innendurchmesser.
   a) Wie lang muss das Rundstahlstück sein (mm)?
   b) Versehentlich werden 824,4 mm abgesägt. Welcher Innendurchmesser ergibt sich nun?

8. Berechnen Sie die gestreckte Länge des abgebildeten U-Bogens aus Rundstahl.

9. Welche gestreckte Länge hat die abgebildete Saugleitung
   a) mit den Maßen der Zeichnung aus Cu 15 × 1?
   b) aus Cu 22 × 1,5 bei R = 185 mm und sonst gleichen Maßen?

10. Berechnen Sie die gestreckte Länge der abgebildeten Rohrhalterung aus Flachstahl 32 × 8.

11. Berechnen Sie die gestreckte Länge der abgebildeten Rohrschelle aus Flachstahl 32 × 6.

12. Berechnen Sie die gestreckte Länge des abgebildeten Wärmeübertragers mit 5,5 Windungen aus Cu 22 × 1 und aus Cu 35 × 1,5.

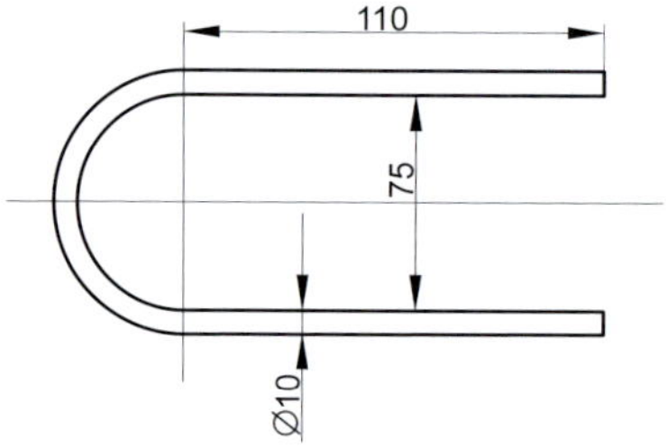

U-Bogen

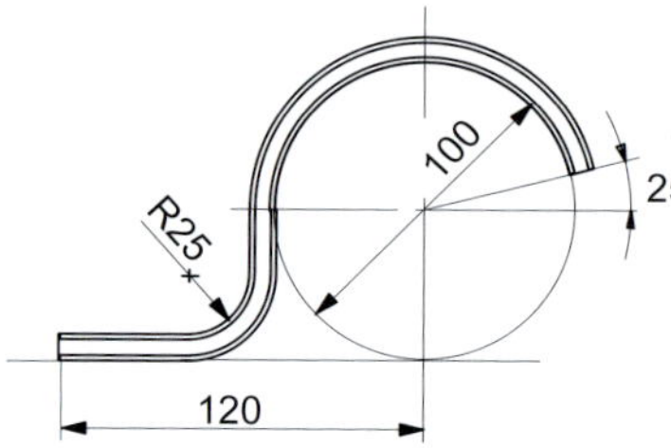

Rohrhalterung

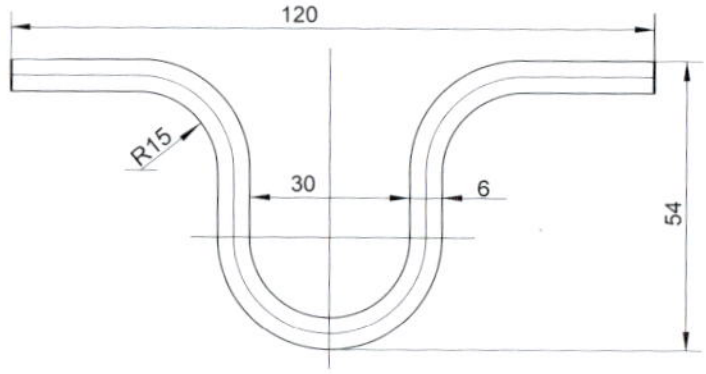

Rohrschelle

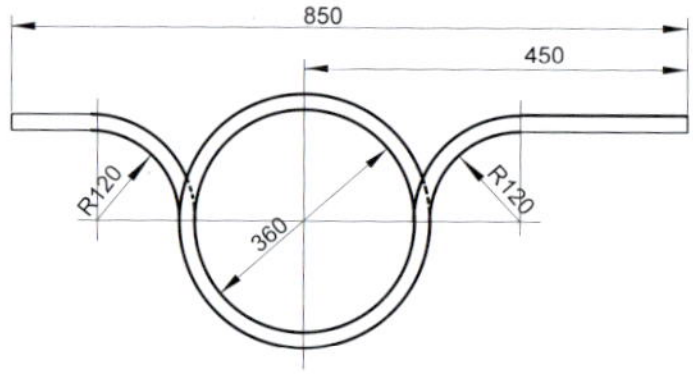

Wärmeübertrager

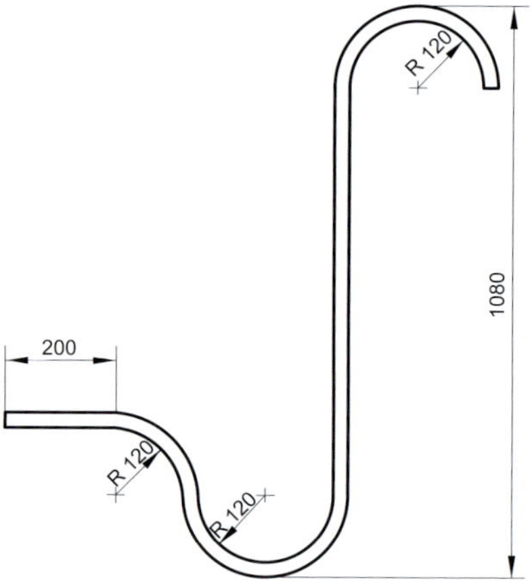

Saugleitung

4 Flächen

4.1 Einheiten und Formelzeichen

Die SI-Einheit der Fläche ist der Quadratmeter mit dem Einheitenzeichen m^2. Ein Quadratmeter ist die Fläche eines Quadrats mit der Seitenlänge 1 m.

Dezimale Teile und Vielfache des Quadratmeters sind:

- Quadratmillimeter (mm^2) $1\,m^2 = 1\,000\,000\,mm^2$
- Quadratzentimeter (cm^2) $1\,m^2 = 10\,000\,cm^2$
- Quadratdezimeter (dm^2) $1\,m^2 = 100\,dm^2$
- Quadratkilometer (km^2) $1\,km^2 = 1\,000\,000\,m^2$

Grundstücksflächen werden in den besonderen Einheiten Ar (a), $1\ a = 100\,m^2$ und Hektar (ha), $1\,ha = 10\,000\ m^2$, angegeben.

Bei Umrechnung von einer der o. a. dezimalen Teile ins nächst größere bzw. kleinere ist der Zahlenwert durch 100 zu teilen (Komma um 2 Stellen nach links) bzw. mit 100 zu multiplizieren (Komma um zwei Stellen nach rechts).

Beispiele: $1{,}23\,m^2 = 123\,dm^2 = 12\,300\,cm^2 = 1\,230\,000\,mm^2$
$250\,cm^2 = 2{,}5\,dm^2 = 0{,}025\,m^2 = 25\,000\,mm^2$.

Formelzeichen für die Fläche ist A, wobei Indizes zur Verdeutlichung, um welche Art Fläche es sich handelt, verwendet werden, z. B. A_O = Oberfläche eines Körpers, A_M = Mantelfläche eines Zylinders usw.

4.2 Flächenarten (Auswahl)

Quadrat

$A = l \cdot l \quad A = l^2$

$U = 4 \cdot l$

$e = \sqrt{2} \cdot l$

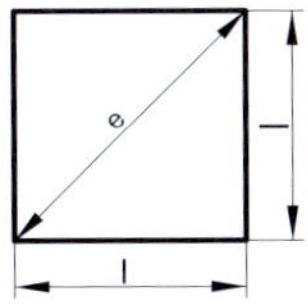

Kreis[1]

$A = \frac{\pi \cdot d^2}{4}$

$U = \pi \cdot d$

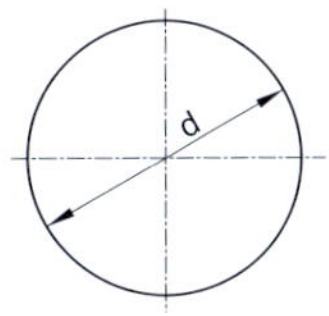

1) Aus der Geometrie sind die Formeln für Kreisfläche ($A = \pi \cdot r^2$) und Umfang ($U = 2\pi \cdot r$) mit dem Radius r bekannt. In der Technik wird der Durchmesser d (= 2r) verwendet. Er lässt sich einfacher messen.

Rechteck

$A = l \cdot b$

$U = 2 \cdot (l + b)$

$e = \sqrt{l^2 + b^2}$

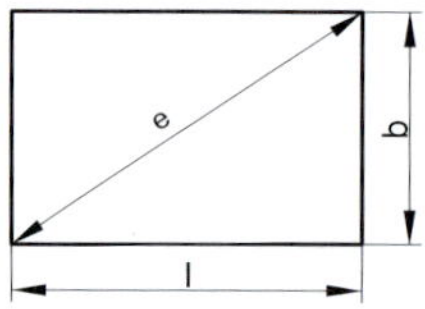

Kreisring

$A = \frac{\pi \cdot D^2}{4} - \frac{\pi \cdot d^2}{4}$

$A = \frac{\pi}{4} \cdot (D^2 - d^2)$

$A = \pi \cdot d_m \cdot b$

$d_m = \frac{D + d}{2}$

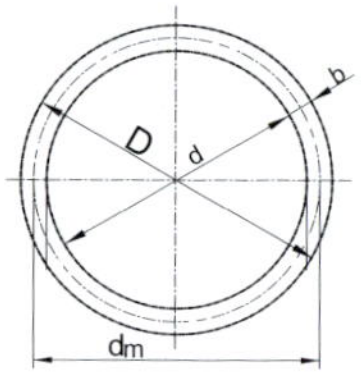

Beispiel 4.1

Ein Vitrinenverdampfer hat auf einer Breite von 500 mm Lamellen im Abstand (Mitte – Mitte) von 5 mm. Die Lamellen haben die Maße 120 mm × 40 mm und sind von 12 Bohrungen von 10 mm Durchmesser durchbrochen (s. Skizze).

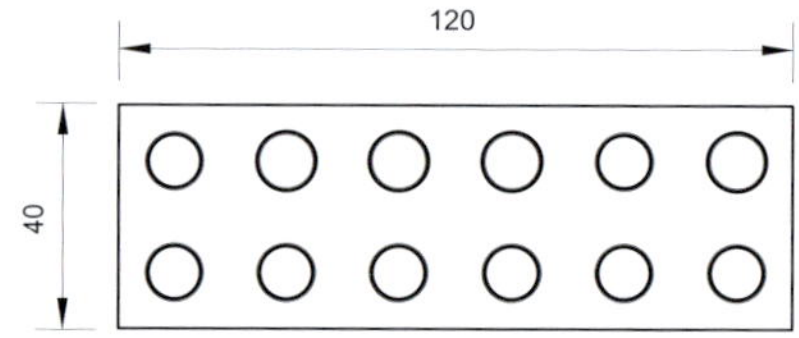

a) Wie viele Lamellen hat der Verdampfer?

b) Wie groß ist die Oberfläche einer Lamelle in dm^2?

c) Wie groß ist die zur Wärmeaufnahme verfügbare Fläche aller Lamellen in m^2?

Lösung:

a) Die Anzahl der Lamellen ist gleich der Anzahl der Zwischenräume plus 1

$$n = \frac{500\,mm}{5\,mm} + 1 = \underline{\underline{101}}$$

b) Die Oberfläche ist gleich der Rechteckfläche abzüglich der Fläche der 12 Bohrungen:

$$A = l \cdot b - 12 \cdot \frac{\pi \cdot d^2}{4} = 1{,}2\,dm \cdot 0{,}4\,dm - 12 \cdot \frac{\pi \cdot (0{,}1\,dm)^2}{4}$$

$$= 0{,}48\,dm^2 - 0{,}09424\,dm^2 = \underline{\underline{0{,}38575\,dm^2}}$$

c) Die Gesamtfläche ist gleich der doppelten Lamellenfläche mal Lamellenzahl (doppelt, weil auf jeder Seite einer Lamelle Wärmeübertragung stattfindet).

$$A_{ges} = 101 \cdot A \cdot 2 = 101 \cdot 0{,}38575\,dm^2 \cdot 2 = 38{,}96\,dm^2 \cdot 2 = \underline{\underline{0{,}779\,m^2}}$$

Beispiel 4.2

Statt einer Leitung 12 × 1 wird versehentlich 10 × 1 verlegt. Um wie viel % verändert sich die freie Querschnittsfläche (Innenquerschnittsfläche)?

Lösung:

Die Flächen verhalten sich wie die Quadrate der Innendurchmesser zueinander, denn in der Kreisflächenformel $A = \frac{\pi \cdot d^2}{4}$ ist $\frac{\pi}{4}$ eine Konstante, die sich beim Ins-Verhältnissetzen der beiden Formeln für A_2 und A_1 heraus kürzt: Der Innendurchmesser beträgt bei der ursprünglich geplanten Leitung (12 × 1) 10 mm und bei der versehentlich verlegten (10 × 1) 8 mm. Die ursprünglich geplante Leitung wird als Grundwert (100 %) genommen, kommt also in den Nenner des Bruchs.

$$\frac{A_2}{A_1} = \frac{d_2^{\,2}}{d_1^{\,2}} = \frac{(8\,\text{mm})^2}{(10\,\text{mm})^2} = \frac{64}{100} = 0{,}64 = 64\,\%$$

Die freie Querschnittsfläche beträgt also nur noch 64 % der ursprünglich geplanten, verringert sich also um 36 % (100 – 64 = 36).

4.3 Aufgaben

1. Vervollständigen Sie die Tabelle, indem Sie die Einheiten umrechnen.

	m^2	dm^2	cm^2	mm^2
a)		3,7		
b)				1 470 000
c)	0,21			
d)			1250	

	m^2	dm^2	cm^2	mm^2
e)	1,152			
f)		243		
g)				470
h)			110	

2. Berechnen Sie bei den folgenden Flächen die jeweils fehlenden Werte:

Quadrat	a)	b)
l	36 mm	mm
e	mm	63,63 mm
A	mm^2	cm^2
U	mm	cm

Rechteck	a)	b)
l	76 mm	52,5 cm
b	mm	cm
e	mm	cm
A	cm^2	dm^2
U	mm	172,8 cm

Kreis	a)	b)
d	25 mm	cm
r	mm	cm
A	mm^2	1772 cm^2
U	mm	cm

Kreisring	a)	b)
D	32 mm	85 mm
d	26 mm	mm
A	mm^2	4222 mm^2

3. Ein Luftkanal hat die Innenmaße 60 cm × 75 cm. Berechnen Sie seine Querschnittsfläche in m^2.

4. Auf einem Verdampferrohr aus Cu 18 × 1 hat sich eine 7 mm dicke Eisschicht gebildet. Berechnen Sie die Querschnittsfläche dieser Eisschicht in mm^2 und cm^2.

5. Ein Luftkanal 0,4 m × 0,6 m teilt sich auf in 2 Luftleitungen zu je 30 cm Innendurchmesser. Berechnen Sie den freien Querschnitt in dm^2 vor und nach der Teilung.

6. Ein Luftkanal mit den Innenmaßen 50 cm × 40 cm soll durch einen Kanal mit kreisförmigem Querschnitt gleicher Querschnittsfläche ersetzt werden. Welchen Innendurchmesser in cm muss er bekommen?

7. Ein Bürogebäude soll klimatisiert werden. Berechnen Sie die gesamte Fläche und die Fläche der einzelnen Räume gemäß vorliegender Grundrisszeichnung.

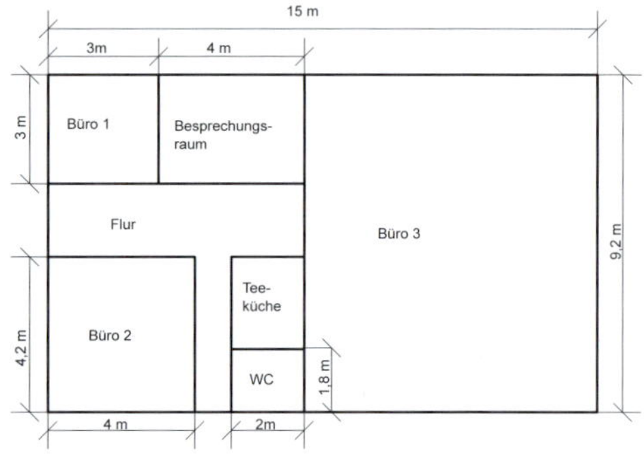

8. Eine Rohrleitung aus Cu 22 × 1,5 teilt sich auf in zwei gleich große Leitungen aus Cu 15 x 1. Berechnen Sie den freien Querschnitt in dm^2 vor und nach der Teilung.

9. Ein Monteur verlegt versehentlich eine Druckleitung aus 10 × 1 statt 16 × 1. Um wie viel Prozent ändert sich die freie Querschnittsfläche?

10. Vervollständigen Sie folgende Tabelle zu Rohren:

Außendurchmesser × Wandstärke D × b in mm	Innendurchmesser d in mm	mittlerer Durchmesser d_m in mm	freier Querschnitt in dm^2	Materialquerschnitt in mm^2 (Kreisring)
6 × 1	4	5	0,001257	15,71
8 × 1				
10 × 1				
12 × 1				
15 × 1				
18 × 1				
22 × 1				
22 × 1,5				
28 × 1,5				
35 × 1,5				
42 × 1,5				
54 × 2				
64 × 2				
76,1 × 2				

5 Volumen

5.1 Einheiten und Formelzeichen

Die SI-Einheit des Volumens ist der Kubikmeter mit dem Einheitenzeichen m^3. Ein Kubikmeter ist das Volumen eines Würfels mit der Kantenlänge 1 m.

Dezimale Teile und Vielfache des Kubikmeters sind:

- Kubikmillimeter (mm^3) $1\,m^3 = 1\,000\,000\,000\,mm^3$
- Kubikzentimeter (cm^3) $1\,m^3 = 1\,000\,000\,cm^3$
- Kubikdezimeter(dm^3) $1\,m^3 = 1\,000\,dm^3$

Ein besonderer Name für den Kubikdezimeter ist der Liter (Einheitenzeichen l). Dezimale Vielfache oder Teile des Liters sind der Hektoliter (hl, 1 hl = 100 l), der Zentiliter (cl, 1 l = 100 cl) und der Milliliter (ml, 1 l = 1000 ml; 1 ml = 1 cm^3).

Bei Umrechnung von einer der o.a. dezimalen Teile des Kubikmeters ins nächst größere bzw. kleinere ist der Zahlenwert durch 1000 zu teilen (Komma um 3 Stellen nach links) bzw. mit 1000 zu multiplizieren (Komma um 3 Stellen nach rechts).

Beispiele: $0{,}75\,m^3 = 750\,dm^3 = 750\,000\,cm^3 = 750\,000\,000\,mm^3$
$450\,cm^3 = 0{,}45\,dm^3 = 0{,}00045\,m^3 = 450\,000\,mm^3$.

Formelzeichen für das Volumen ist im Allgemeinen V.

5.2 Körperarten (Auswahl)

Würfel

$V = l^3$

$A_O = 6 \cdot l^2$

A_O Oberfläche

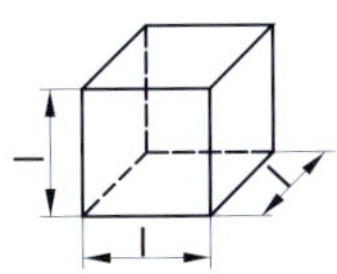

Quader

$V = l \cdot b \cdot h$

$A_O = 2 \cdot (l \cdot b + l \cdot h + b \cdot h)$

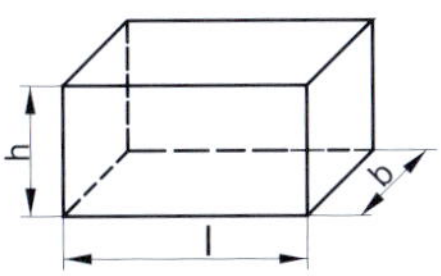

Kugel

$V = \frac{\pi \cdot d^3}{6}$

$A_O = \pi \cdot d^2$

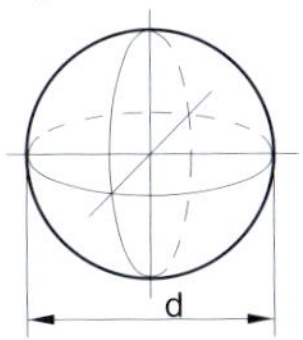

Zylinder

$V = \frac{\pi \cdot d^2}{4} \cdot h$

$A_M = \pi \cdot d \cdot h$

A_M Mantelfläche

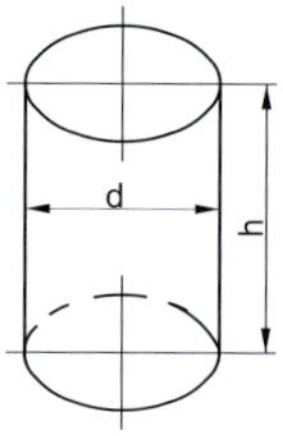

Hohlzylinder

$V = \frac{\pi \cdot h}{4} \cdot (D^2 - d^2)$

$s = \frac{D - d}{2}$

$d = D - 2s$

s Wandstärke

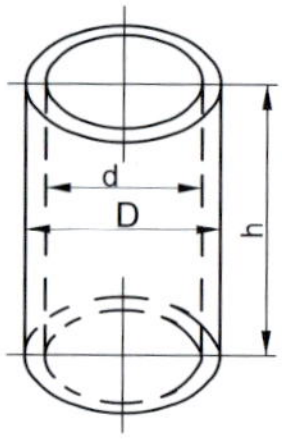

Beispiel 5.1

Ein zylindrischer Wärmerückgewinnungsbehälter hat die Innenmaße d = 500 mm und h = 1000 mm. Das durchlaufende, gewendelte Verflüssiger-Rohr Cu 22 × 1,5 ist 15 m lang.

a) Wie viel dm^3 Wasser fasst der Behälter?

b) Wie viel dm^3 Kältemittelflüssigkeit befinden sich im Verflüssiger-Rohr, wenn man 20 % Füllgrad annimmt?

Lösung:

a) Wasservolumen (V) ist gleich Behältervolumen (V_1) minus Volumen des Verflüssiger-Rohrs (V_2). Da ein Ergebnis in dm^3 erwartet wird, rechnet man die Längen zweckmäßigerweise gleich in dm um
Geg.: Zylinder, d = 500 mm = 5 dm; h = 1000 mm = 10 dm.

$$V_1 = \frac{\pi \cdot d^2}{4} \cdot h = \frac{\pi \cdot (5\,\text{dm})^2}{4} \cdot 10\,\text{dm} = \underline{196{,}35\,\text{dm}^3}$$

Das im Behälter gewendelte Rohr ist zwar ein Hohlzylinder, aber für seine Verdrängung von Wasser ist hier das Außenvolumen maßgeblich.
Geg.: Zylinder, D = 22 mm = 0,22 dm; h = 15 m = 150 dm.

$$V_2 = \frac{\pi \cdot D^2}{4} \cdot h = \frac{\pi \cdot (0{,}22\,\text{dm})^2}{4} \cdot 150\,\text{dm} = \underline{5{,}70\,\text{dm}^3}$$

$$V = V_1 - V_2 = 196{,}35\,\text{dm}^3 - 5{,}70\,\text{dm}^3 = \underline{\underline{190{,}65\,\text{dm}^3}}$$

Der Behälter fasst 190,65 Liter Wasser.

b) Für diese Aufgabe ist das Innenvolumen des Verflüssiger-Rohrs 22 × 1,5 maßgeblich. Davon werden 20 % berechnet. 20 % sind 0,2. Mit diesem Faktor wird also das Innenvolumen multipliziert.
Der Innendurchmesser beträgt d = D – 2s = 22 mm – 2 × 1,5 mm = 19 mm = 0,19 dm.
Geg.: Zylinder, d = 0,19 dm; h = 15 m = 150 dm; Füllgrad 20 %.

$$V_1 = 0{,}2 \cdot \frac{\pi \cdot d^2}{4} \cdot h = 0{,}2 \cdot \frac{\pi \cdot (0{,}19\,\text{dm})^2}{4} \cdot 150\,\text{dm} = \underline{\underline{0{,}851\,\text{dm}^3}}$$

Beispiel 5.2

Von einem wassergekühlten Verflüssiger führt eine Leitung aus Stahlrohr 120 × 2,5 von insgesamt 36 m Länge zum Kühlturm und zurück.

a) Wie viel Liter Wasser befinden sich im Betrieb in der Leitung ?

b) Wie groß ist die Mantelfläche dieser Rohrstrecke in m^2?

c) Wie viele 1 kg-Dosen Farbe werden zum Anstreichen der Leitung benötigt, wenn eine Dose der Farbe für 5 m^2 ausreicht?

Lösung:

a) Gefragt ist das Innenvolumen der Leitung in Litern. 1 Liter = 1 dm^3. Deswegen werden die nötigen Rohrmaße gleich in dm umgerechnet:
Der Innendurchmesser beträgt $d = D - 2s = 120\,mm - 2 \times 2{,}5\,mm = 115\,mm = 1{,}15\,dm$.
Die Länge (= Höhe des Zylinders) beträgt 36 m = 360 dm.
Geg.: Zylinder, d = 1,15 dm; h = 360 dm.

$$V = \frac{\pi \cdot d^2}{4} \cdot h = \frac{\pi \cdot (1{,}15\,dm)^2}{4} \cdot 360\,dm = \underline{\underline{373{,}9\,dm^3}}$$

b) Gefragt ist die Mantelfläche der Leitung in m^2. Deswegen werden die nötigen Rohrmaße gleich in m umgerechnet:
Der Außendurchmesser beträgt D = 120 mm = 0,12 m. Die Länge ist mit 36 m angegeben.
Geg.: Zylinder, d = 0,12 dm; h = 36 m.

$$A_M = \pi \cdot D \cdot h = \pi \cdot 0{,}12\,m \cdot 36\,m = \underline{\underline{13{,}57\,m^2}}$$

c) Diese Aufgabe ist mit Schlussrechnung (Dreisatz) zu lösen:

$$5\,m^2 \leftrightarrow 1\text{ Dose}$$

$$1\,m^2 \leftrightarrow \frac{1}{5}\text{ Dose}$$

$$13{,}37\,m^2 \leftrightarrow \frac{1 \cdot 13{,}57}{5}\text{ Dosen} = 2{,}7\text{ Dosen}$$

Es werden also 3 Dosen der Farbe benötigt.

5.3 Aufgaben

1. Vervollständigen Sie die Tabelle, indem Sie die Einheiten umrechnen.

	m^3	dm^3	cm^3
a)	0,025		
b)		0,21	
c)			1250

	m^3	dm^3	cm^3
d)	0,65		
e)		147	
f)		1200	

2. Berechnen Sie bei den folgenden Körpern jeweils die fehlenden Werte:

Quader	a)	b)
l	75 mm	80 cm
b	30 mm	35 cm
h	15 mm	cm
V	cm^3	56 dm^3
A_O	cm^2	dm^2

Hohlzylinder	a)	b)
D	32 mm	85 mm
d	26 mm	80 mm
s	mm	mm
h	112 mm	145 mm
V	cm^3	cm^3

Würfel	a)	b)
l	140 mm	mm
V	dm^3	cm^3
A_O	dm^2	61,44 cm^2

Zylinder	a)	b)
d	25 mm	50 mm
h	25 mm	mm
V	cm^3	49,09 dm^3
A_M	cm^2	dm^2

3. Ein zylindrischer Auffangbehälter hat die Innenmaße 1 m Durchmesser und Höhe 1,5 m. Wie groß ist sein Fassungsvermögen in m^3?

4. Ein zylindrischer Auffangbehälter hat einen Durchmesser von 2 m und soll 10 000 l fassen. Wie hoch muss der Behälter sein, aufgerundet auf ganze dm?

5. Ein Verdichter hat 6 Zylinder mit d = 50 mm und Hubhöhe l_h = 40 mm. Berechnen Sie das Hubvolumen.

6. Für eine große Kälteanlage wird das Kältemittel direkt vom Hersteller in großen Behältern (siehe Skizze) geliefert. Der Behälter ist zu 80 % mit Flüssigkeit gefüllt. Wie viel dm^3 Kältemittelflüssigkeit befinden sich in dem Behälter?

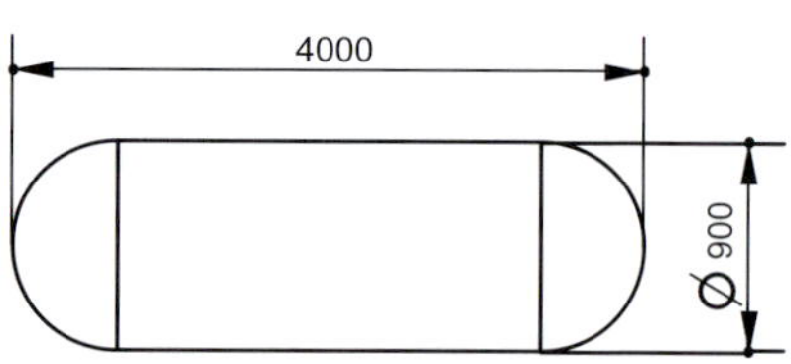

7. An der 180 m langen Verdampferschlange aus Cu 15 × 1 eines Eisspeichers hat sich eine Eisschicht von 6 mm Dicke gebildet. Wie viel dm^3 Eis sind das?

8. In einem Wärmerückgewinnungs-Behälter mit d = 700 mm und h = 1400 mm (Innenmaße) befinden sich 40 Windungen einer Rohrschlange (Wendel) aus Cu 18 × 1,5 mit einem Innendurchmesser von 450 mm.
   a) Wie lang ist die Rohrschlange (m)?
   b) Welche Oberfläche hat die Rohrschlange (m^2)?
   c) Welches Volumen nimmt die Rohrschlange ein (dm^3)?
   d) Welches Volumen hat der Behälter (dm^3)?
   e) Wie viel Liter Wasser fasst der Behälter?

9. Ein kugelförmiger Gasbehälter hat ein Volumen von 20 000 m^3.
   a) Wie groß ist sein lichter (= innerer) Durchmesser (m)?
   b) Wie viel m^2 Stahlblech von 19 mm Dicke werden für die Behälterwandung benötigt?

10. In einem Eisspeicher hängen 30 Speicherplatten von 85 cm × 120 cm, die auf beiden Seiten innerhalb von 6 min eine Eisschicht von 2 mm Dicke bilden. Anschließend wird das Eis durch Heißgasabtauung abgeschmolzen (Zeitbedarf 1 min) und fällt in ein Eissilo.
    a) Welche Speicherfläche hat eine Speicherplatte (m^2)?
    b) Wie viel dm^3 Eis bilden sich im Eisspeicher bei einmaligem Anfrieren?
    c) Wie viel dm^3 Eis sind nach 7 Stunden im Eissilo?

11. Ein Zylinder hat den Durchmesser d und die Höhe h. Wie verändern sich Volumen V und Mantelfläche A_M, wenn sich die Maße des Zylinders gemäß Tabelle vergrößern?

	h	$2 \cdot h$	$3 \cdot h$
d	V, A_M		
$2 \cdot d$			
$3 \cdot d$			

6 Masse, Dichte, spezifisches Volumen

6.1 Masse – Einheiten und Formelzeichen

Die Masse ist ein Maß für die Stoffmenge eines Körpers. Sie kann durch Vergleich mit einem Körper bekannter Masse (z. B. Gewichtssatz einer Balkenwaage) bestimmt werden. Die Masse eines Körpers ist ortsunabhängig, nicht jedoch die Gewichtskraft, die sie ausübt, die von der jeweiligen Gravitation abhängt. Die SI-Einheit der Masse ist das Kilogramm mit dem Einheitenzeichen kg. 1 kg ist gleich der Masse des internationalen Kilogrammprototyps.

Umgangssprachlich wird für den Begriff Masse oft die Bezeichnung Gewicht verwendet. Gewicht ist dann aber nicht zu verwechseln mit der Gewichtskraft (F_G in Newton), die eine Masse ausübt. Federwaagen bestimmen die Masse über die Messung der Gewichtskraft und sind dementsprechend auch in kg bzw. g skaliert.

Weitere Einheiten der Masse sind:

- Gramm (g) 1 g = 0,001 kg
- Milligramm (mg) 1 mg = 0,001 g
- Tonne (t) 1 t = 1000 kg

Umrechnungsfaktor zwischen mg, g, kg und t ist jeweils 1000.

Beispiele: 75 g = 0,075 kg
1,2 t = 1200 kg

6.2 Dichte

Die Masse eines Körpers kann als Produkt aus seinem Volumen und der Dichte des Stoffs berechnet werden.

Die Dichte ρ (Rho) eines Stoffs gibt an, wie groß seine Masse pro Volumeneinheit ist.

$$\text{Dichte} = \frac{\text{Masse}}{\text{Volumen}} \quad \text{bzw.} \quad \rho = \frac{m}{V}$$

Die SI-Einheit der Dichte ergibt sich damit zu kg/m^3. Für feste Stoffe und Flüssigkeiten wird meistens die Einheit kg/dm^3 gewählt. So ergeben sich anschauliche Zahlenwerte. Die Dichte von Kupfer wird z. B. mit 8,93 kg/dm^3 angegeben. Aufgrund des 1000-er Umrechnungsfaktors sowohl bei Volumen- als auch bei Gewichtseinheiten ändert sich der Zahlenwert der Dichte eines Stoffs nicht, wenn man über und unter dem Bruchstrich zur nächst größeren oder kleineren Einheit wechselt:

$$1\frac{kg}{dm^3} = 1\frac{g}{cm^3} = 1\frac{t}{m^3} = 1\frac{mg}{mm^3}$$

Bei Gasen gibt man die Dichte in kg/m^3 an, weil sich dadurch auch wieder anschauliche Zahlenwerte ergeben. So beträgt die Dichte von Luft bei 0 °C und 1013,25 hPa Luftdruck 1,293 kg/m^3. Es ist zu berücksichtigen, dass die Dichte von Gasen stark abhängig vom Druck und von der Temperatur ist. **Bei Gasen** gibt man deshalb die **Normdichte bei 0 °C und dem Normalluftdruck von 1013(,25) hPa** an.

Stoff	Dichte kg/dm^3
Aluminium	2,7
Eisen	7,85
Kupfer	8,93
Wasser	1
Eis	0,9

Die Kenntnis der Normdichten von Gasen und der von Luft ist bedeutsam, weil sie eine Aussage darüber ermöglicht, ob diese Gase bei Leckagen aufsteigen („leichter" sind als Luft) oder sich am Boden sammeln, weil sie eine höhere Dichte als Luft besitzen. Maschinenräume von Ammoniak-Kälteanlagen besitzen deshalb z. B. ihre Abluftventilatoren im Deckenbereich.

Wenn das Volumen einer Stoffmenge bekannt ist, kann seine Masse mithilfe der Dichte berechnet werden:

$$\text{Masse} = \text{Dichte} \times \text{Volumen} \quad \text{bzw.} \quad m = \rho \cdot V \qquad (6.1)$$

Stoff	Normdichte kg/m^3
Acetylen (C_2H_2)	1,17
Ammoniak (R717, NH_3)	0,771
Butan (R600, C_4H_{10})	2,7
Propan (R290, C_3H_8)	2,00
Kohlenstoffdioxid (R744, CO_2)	1,98
Luft	**1,293**
Sauerstoff (O_2)	1,429
Stickstoff (N_2)	1,250
R134a ($CH_2F\text{-}CF_3$)	4,55

Die Dichte des Kältemittels im Kältemittelkreislauf ändert sich fortlaufend. Im Verdampfer und im Verflüssiger, wo die Änderungen des Aggregatzustands stattfinden, gelten die Werte des Nassdampfgebietes, die in einer Dampftabelle in Abhängigkeit von der Sättigungstemperatur angegeben werden (s. Anhang). Dabei gilt, dass ein Strich hochgestellt für Flüssigkeit, zwei Striche für Dampf stehen. Also ρ' ist die Dichte der Flüssigkeit, ρ" die des Dampfs.

6.3 Spezifisches Volumen

In den Dampftabellen für Kältemittel wird nicht nur die Dichte von Flüssigkeit und Dampf angegeben, sondern auch deren spezifisches Volumen v. Das ist die Angabe, welches Volumen 1 kg eines Stoffs einnimmt:

$$\text{spezifisches Volumen} = \frac{\text{Volumen}}{\text{Masse}} \quad \text{bzw.} \quad v = \frac{V}{m}$$

Die SI-Einheit des spezifischen Volumens ergibt sich damit zu m^3/kg. In den Dampftabellen der Kältemittel wird meistens die Einheit dm^3/kg verwendet.

Wenn das spezifische Volumen einer Stoffmenge bekannt ist, kann man mithilfe der Masse sein Volumen V berechnen:

$$\text{Volumen} = \text{Masse} \times \text{spezifisches Volumen} \quad \text{bzw.} \quad V = m \cdot v \qquad (6.2)$$

Das spezifische Volumen wird benötigt für die Volumenberechnung bei gegebener Masse, die Rohrleitungsdimensionierung und bei der Berechnung der volumenstrombezogenen Kälteleistung (volumetrische Kälteleistung, vgl. Kapitel 20.3), einer wichtigen Kenngröße von Kältemittelkreisprozessen.

Wie man an ihren Definitionsgleichungen erkennt, hängen Dichte und spezifisches Volumen unmittelbar miteinander zusammen, indem mathematisch gesehen das eine der Kehrwert des anderen ist:

$$\rho = \frac{m}{V} \quad \text{und} \quad v = \frac{V}{m} \quad \text{also gilt:} \quad \rho = \frac{1}{v} \quad \text{bzw.} \quad v = \frac{1}{\rho}$$

Wenn man also die Dichte eines Stoffs kennt, kann man daraus leicht sein spezifisches Volumen berechnen, indem man den Zahlenwert der Dichte in den Taschenrechner eintippt und die 1/x-Taste betätigt. R134a hat laut Dampftabelle z. B. bei 0 °C (und 2,93 bar) eine Dampfdichte von $\rho'' = 14{,}43\,kg/m^3$. Das ergibt als Kehrwert $0{,}0693\,m^3/kg$. In der Dampftabelle findet man bei gleicher Temperatur den Wert für das spezifische Volumen mit $v'' = 69{,}28\,dm^3/kg$ ($= 0{,}06928\,m^3/kg$).

Beispiel 6.1
Ein Kältemittelsammler hat ein nutzbares Innenvolumen von 8 Litern. Wie viel kg R134a Flüssigkeit von 35 °C fasst er?

Lösung:
Geg.: $V = 8\,dm^3$, R134a mit $t = 30\,°C$ hat lt. Dampftabelle $\rho' = 1{,}187\,kg/dm^3$

$$m = \rho \cdot V = 1{,}187 \frac{kg}{dm^3} \cdot 8\,dm^3 = \underline{\underline{9{,}496\,kg}}$$

Beispiel 6.2
Eine Kälteanlage enthält eine Füllmenge von 17,5 kg R134a. Welches Volumen muss der Sammler haben, wenn im Servicefall das gesamte Kältemittel mit einer Temperatur von 40 °C in den Sammler verlagert wird und der Sammler dann noch 10 % Dampfpolster als Berstschutz haben soll?

Lösung:
Geg.: $m = 17{,}5\,kg$ R134a Flüssigkeit von 40 °C mit $v' = 0{,}872\,dm^3/kg$ (lt. Dampftabelle)
1. Schritt: Berechnung des Flüssigkeitsvolumens

$$V = m \cdot v = 17{,}5\,kg \cdot 0{,}872 \frac{dm^3}{kg} = \underline{\underline{15{,}26\,dm^3}}$$

2. Schritt: Berechnung des Sammlervolumens
Das errechnete Volumen der Flüssigkeit darf den Sammler nur zu 90 % füllen, weil noch 10 % Dampfpolster zur Sicherheit bleiben soll.
Es gilt also: $15{,}26\,dm^3$ entspricht 90 %, gesucht sind 100 %. Der Sammler muss also ein Volumen haben von

$$\frac{15{,}26\,dm^3 \cdot 100}{90} = \frac{15{,}26\,dm^3}{0{,}9} = \underline{\underline{16{,}96\,dm^3}}$$

Beispiel 6.3
Ein zylindrischer Wärmerückgewinnungsbehälter aus 2 mm Stahlblech ist 2 m hoch bei einem Durchmesser von $d = 0{,}8\,m$ (Innenmaße). Er ist allseitig mit 10 cm Wärmedämmung aus PU-Schaum ($\rho = 0{,}045\,kg/dm^3$) versehen, die von 0,4 mm Stahlblech verkleidet wird.

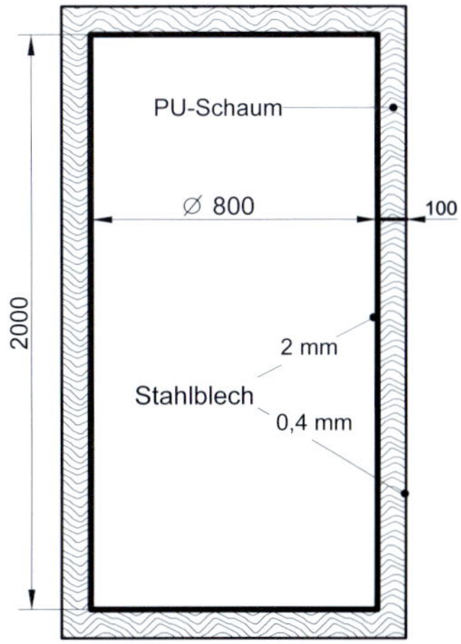

a) Wie viel Liter Wasser fasst der Behälter (brutto, d. h. ohne Berücksichtigung der Einbauten)?
b) Wie viel kg wiegt der innere Behälter?
c) Wie viel kg wiegt die Verkleidung?

d) Wie viel kg wiegt die Wärmedämmung?
Bei der Berechnung können die Blechstärken bei der Ermittlung der Durchmesser vernachlässigt werden.

Lösung:
Geg.:
1. Innenbehälter: Zylinder mit Deckel d = 800 mm, h = 2000 mm, 2 mm Stahlblech;
2. Außenbehälter: Zylinder mit Deckel d = 1000 mm, h = 2000 mm, 0,4 mm Stahlblech;
3. Hohlzylinder mit D = 1000 mm, d = 800 mm, h = 2200 mm mit Deckel von d = 800 mm, 100 mm stark; PU-Schaum mit $\rho = 0{,}045\,\text{kg/dm}^3$;

Für die Volumenberechnungen empfiehlt sich das Umwandeln der Längenmaße in dm, weil auch die Werte für die Dichten in kg/dm^3 vorliegen.

a) $V = \frac{\pi \cdot d^2}{4} \cdot h = \frac{\pi \cdot (8\,\text{dm})^2}{4} \cdot 20\,\text{dm} = \underline{\underline{1005{,}3\,\text{dm}^3}}$

b) Das Volumen des Stahlbehälters wird über die Zylinderoberfläche (Mantelfläche plus 2 Deckel) und die Wanddicke s berechnet:

$$V = \left(\pi \cdot d \cdot h + 2 \cdot \frac{\pi \cdot d^2}{4}\right) \cdot s = \left(\pi \cdot 8\,\text{dm} \cdot 20\,\text{dm} + 2 \cdot \frac{\pi \cdot (8\,\text{dm})^2}{4}\right) \cdot 0{,}02\,\text{dm}$$
$$= \underline{12{,}06\,\text{dm}^3}$$

Mithilfe der Dichte von Stahl ($7{,}85\,\text{kg/dm}^3$) kann jetzt die Masse berechnet werden:

$$m = \rho \cdot V = 7{,}85\,\frac{\text{kg}}{\text{dm}^3} \cdot 12{,}06\,\text{dm}^3 = \underline{\underline{94{,}67\,\text{kg}}}$$

c) Ebenso wird bei der Verkleidung aus 0,4 mm Stahlblech verfahren:

$$V = \left(\pi \cdot d \cdot h + 2 \cdot \frac{\pi \cdot d^2}{4}\right) \cdot s = \left(\pi \cdot 10\,\text{dm} \cdot 22\,\text{dm} + 2 \cdot \frac{\pi \cdot (10\,\text{dm})^2}{4}\right) \cdot 0{,}004\,\text{dm}$$
$$= \underline{3{,}393\,\text{dm}^3}$$
$$m = \rho \cdot V = 7{,}85\,\frac{\text{kg}}{\text{dm}^3} \cdot 3{,}393\,\text{dm}^3 = \underline{\underline{26{,}6\,\text{kg}}}$$

d) Zunächst wird das Volumen des Hohlzylinders mit 2 Deckeln bestimmt:

$$V = \frac{\pi}{4} \cdot (D^2 - d^2) \cdot h + 2 \cdot \frac{\pi \cdot d^2}{4} \cdot s$$
$$= \frac{\pi}{4} \cdot ((10\,\text{dm})^2 - (8\,\text{dm})^2) \cdot 20\,\text{dm} + 2 \cdot \frac{\pi \cdot (8\,\text{dm})^2}{4} \cdot 1\,\text{dm} = \underline{666\,\text{dm}^3}$$

Daraus ergibt sich die Masse der Wärmedämmung:

$$m = \rho \cdot V = 0{,}045 \frac{kg}{dm^3} \cdot 666\,dm^3 = \underline{\underline{30\,kg}}$$

6.4 Aufgaben

1. Füllen Sie die Tabelle aus, indem Sie richtig umwandeln.

1234 g = kg	560 kg = t	1,174 kg/dm³ = kg/m³	
5,2 g = mg	0,745 kg = g	250 dm³ = m³	0,36 m³ = dm³
145 l = m³	0,045 m³ = dm³	34 g = kg	3,26 kg = g
1164 kg/m³ = kg/dm³		1,218 kg/dm³ = kg/m³	
500 dm³/kg = m³/kg		1,4 g = kg	
1,118 g/cm³ = kg/dm³		5,21 kg = g	

2. Ein Lotstab von 2 mm Durchmesser und 40 cm Länge wiegt 10,3 g. Berechnen Sie die Dichte des Lotes in g/cm^3.

3. Ein Lotstange hat 2 mm × 2 mm Querschnitt und ist 40 cm lang.
   a) Welches Volumen in cm^3 hat die Lotstange?
   b) Was wiegt eine Lotstange in g bei einer Dichte von $\rho = 8{,}4\,g/cm^3$?
   c) Wie viele ganze Lotstangen enthält eine Packung von 1 kg?
   d) Wie lang (auf ganze mm gerundet) ist die unvollständige Lotstange, damit das Gewicht genau stimmt?

4. Für eine Fittinglötung mit T-Stück sind folgende Werte bekannt: Rohr aus Cu 18 × 1 (42 × 1,5) Lötspalt 0,1 (0,2) mm, Lötspaltlänge je 20 (31) mm, Dichte des Lotes 8,2 (9,5) kg /dm^3.
   a) Welches Volumen haben die Lötspalte eines Fittings (mm^3)?
   b) Wie viel Gramm Lot sind für 40 derartige Lötungen erforderlich?
   c) Wie viel cm Lotstange von 4 mm Durchmesser werden dafür gebraucht?

5. Ein Hersteller setzt Cu 10 × 0,7 statt 10 × 1 ein. Wie viel kg wird ein Verdampfer mit 160 m Rohr leichter?

6. In einem Verdampfer verlaufen 22 m Cu 6 × 1. Welche Gewichtsersparnis in kg ergibt sich, wenn das Rohr durch ein gleichstarkes Aluminiumrohr ersetzt wird?

7. Ein Cu-Rohr 22 × 1,5 wird durch eins aus Al 22 × 2 ersetzt.
   a) Wie viel kg Gewichtsersparnis ergibt sich bei einem Wärmeaustauscher mit 240 m Rohr?
   b) Wie groß ist die Gewichtsersparnis in %?

8. Damit ein Auftreten von Flüssigkeitsdruck (der zum Bersten führen kann) nicht auftritt, sollte das in der Gesamtanlage enthaltene Flüssigkeitsvolumen bei 20 °C 10 % kleiner sein als das absperrbare Volumen des Sammlers.
Der Sammler einer R507-Anlage mit 14 kg Füllgewicht hat ein Volumen von 15 dm^3.
   a) Wie viel Prozent des Sammlervolumens nimmt das Kältemittel R507 ein? (20 °C: $v' = 0{,}926\,dm^3/kg$)
   b) Prüfen Sie rechnerisch nach, ob nach Umstellung auf das Kältemittel R407F (15 kg, 20 °C: $v' = 0{,}878\,dm^3/kg$) die Sicherheit gegen Flüssigkeitsdruck noch gewährleistet ist.

9. In einem zylindrischen Sammler von 85 mm Durchmesser und 300 mm Höhe (Innenmaße) befinden sich 1,5 dm^3 R134a-Flüssigkeit von 33 °C.
   a) Wie hoch steht die Flüssigkeit im Sammler?
   b) Wie viel kg Flüssigkeit befinden sich im Sammler?
   c) Wie viel kg Kältemittel befinden sich im Sammler (einschließlich Dampf von 33 °C)?

10. Ein stehender zylindrischer Sammler mit $d = 200\,mm$ und $h = 400\,mm$ ist bis zur Hälfte mit R134a-Flüssigkeit von $t = 32\,°C$ gefüllt.
   a) Welches Volumen (dm^3) hat der Sammler?
   b) Ermitteln Sie die Dichte von Flüssigkeit und Dampf aus der Dampftabelle.
   c) Wie viel kg R134a (flüssig und dampfförmig) sind enthalten?

11. Vitrinenverdampfer: Auf einer Breite von 250 mm befinden sich Lamellen von 75 mm × 500 mm im Abstand von 5 mm, auf denen sich beidseitig eine 1 mm dicke Eisschicht gebildet hat.
   a) Wie viele Lamellen hat der Verdampfer?
   b) Welche Oberfläche (dm^2) haben die Lamellen?
   c) Wie viel kg Eis ($\rho = 0{,}9\,kg/dm^3$) hat sich gebildet?

12. In einem Eisspeicher hängen 44 Speicherplatten von 90 cm × 130 cm, die auf beiden Seiten innerhalb von 4 min jeweils eine Eisschicht von 3 mm Dicke bilden. Anschließend wird das Eis durch Heißgasabtauung abgeschmolzen (Zeitbedarf 1 min) und fällt in ein Eissilo.
   a) Welche Speicherfläche hat eine Speicherplatte (m^2)?
   b) Wie viel dm^3 Eis bilden sich im Eisspeicher bei einmaligem Anfrieren?
   c) Wie viel kg Eis sind nach 7 Stunden im Eissilo? ($\rho_{Eis} = 0{,}9\,kg/dm^3$)

7 Kraft, Gewichtskraft, Zugfestigkeit

7.1 Kraft

Kräfte können Körper in eine beschleunigte Bewegung versetzen. Auf diesem Tatbestand beruht Newtons 2. Axiom, indem er Kraft als Produkt aus Masse und Beschleunigung definiert.

Kraft = Masse × Beschleunigung $F = m \cdot a$ (7.1)

Die SI-Einheit der Kraft ergibt sich als Produkt der SI-Einheit der Masse m in kg und der SI-Einheit der Beschleunigung a in m/s^2 zu $kg \cdot m/s^2$. Zu Ehren des britischen Physikers Isaak Newton (1643 – 1727) wird die Einheit der Kraft Newton benannt:

$$1\,N = 1\,kg \cdot 1\,\frac{m}{s^2} = 1\,\frac{kg \cdot m}{s^2}$$

1 Newton ist die Kraft, die einer Masse von 1 kg die Beschleunigung 1 m/s^2 verleiht.

Häufig verwendete Vielfache sind:
- Dekanewton 1 daN = 10 N
- Kilonewton 1 kN = 1000 N

1 daN entspricht ungefähr der Gewichtskraft der Masse 1 kg.

7.2 Gewichtskraft

Die Gewichtskraft F_G in N ist die Kraft, mit der ein Körper auf seine Unterlage drückt oder an seiner Aufhängung zieht. Sie ergibt sich als Produkt aus Masse m in kg und Fallbeschleunigung a in m/s^2:

Gewichtskraft = Masse × Fallbeschleunigung $F_G = m \cdot g$ (7.2)

Die Gewichtskraft ist zum Erdmittelpunkt hin gerichtet und abhängig von der Ortshöhe, das heißt der Entfernung vom Erdmittelpunkt. Wegen der Erdabflachung ist die Gewichtskraft eines Körpers an den Polen etwa 6 ‰ größer als am Äquator.

Die Normalbeschleunigung beträgt 9,80665 m/s². Es genügt, mit dem Näherungswert 9,81 m/s² zu rechnen.

Beispiel 7.1

Ein Verflüssiger mit einem Gewicht von 230 kg wird von einem Kran auf ein Dach gehoben. Welche Gewichtskraft überwindet der Kran?

Lösung:

Geg.: $m = 230\,\text{kg}$; $F_G = m \cdot g = 230\,\text{kg} \cdot 9{,}81\,\text{m/s}^2 = \underline{\underline{2256{,}3\,\text{N}}}$

7.3 Zugfestigkeit, Streckgrenze, Festigkeitsklassen

Wirkt eine Zugkraft auf einen Körper, so setzt er dieser einen inneren Widerstand entgegen, der abhängig vom Werkstoff und der belasteten Querschnittsfläche einen Maximalwert besitzt. Die auf den mm² Querschnittsfläche bezogene Zugkraft wird Zugspannung σ_z („Sigma“, der Index z steht für Zugbelastung) benannt.

$$\text{Zugspannung} = \frac{\text{Zugkraft}}{\text{Querschnittsfläche}} \quad \text{bzw.} \quad \sigma_z = \frac{F}{S} \qquad (7.3)$$

Die maximale Zugspannung, der ein Werkstoff standhält, wird Zugfestigkeit R_m genannt und für jeden Werkstoff in einem genormten Zugversuch ermittelt.

$$\text{Zugfestigkeit} = \frac{\text{Höchstzugkraft}}{\text{Querschnittsfläche}} \quad \text{bzw.} \quad R_m = \frac{F_{zB}}{S} \qquad (7.4)$$

Viele Werkstoffe verhalten sich im Zugversuch bis zu einer bestimmten Belastung elastisch, d. h. sie verlängern sich unter Zugbelastung und federn wieder zurück auf die Ursprungslänge, wenn die Belastung vorbei ist. Die im Zugversuch ermittelte Grenze dieses elastischen Bereichs wird Streckgrenze R_e genannt.

$$\text{Streckgrenze} = \frac{\text{Höchstzugkraft, elastisch}}{\text{Querschnittsfläche}} \quad \text{bzw.} \quad R_e = \frac{F_e}{S} \qquad (7.6)$$

Wird ein Werkstück über die Streckgrenze hinaus belastet, verformt es sich dauerhaft und wird dadurch unbrauchbar, bei Überschreiten der Zugfestigkeit kommt es zum Bruch.

Wenn Werkstücke einer Zugbelastung ausgesetzt werden, hält man aus Sicherheitsgründen einen gebührenden Abstand von der Zugfestigkeit oder der Streckgrenze, damit sie unter Belastung auf keinen Fall brechen oder sich plastisch verformen. Die zulässige Zugspannung $\sigma_{z\,zul}$ wird durch eine Sicherheitszahl ν („Ny“) als Teiler von R_m oder R_e ermittelt.

$$\sigma_{z\,zul} = \frac{R_m}{\nu} \quad \text{bzw.} \quad \sigma_{z\,zul} = \frac{R_e}{\nu} \qquad (7.7)$$

Formelzeichen	Größe	Einheit	Formelzeichen	Größe	Einheit
F	Zugkraft	N	σ_z	Zugspannung	N/mm^2
F_{zB}	Höchstzugkraft	N	R_m	Zugfestigkeit	N/mm^2
F_e	Höchstzugkraft, elastisch	N	R_e	Streckgrenze	N/mm^2
F_{zul}	Zulässige Zugkraft	N	$\sigma_{z\,zul}$	Zulässige Zugspannung	N/mm^2
ν	Sicherheitszahl	1			

Bei hochwertigen Schrauben sind Zugfestigkeit und Streckgrenze auf dem Kopf durch zwei Zahlen codiert, die so genannte Festigkeitsklasse, z. B. 10.8. Die erste Zahl mit 100 multipliziert ergibt die Zugfestigkeit, die Streckgrenze erhält man als Produkt beider Zahlen und 10. Die Angabe bedeutet also:

$$R_m = 100 \times 10\,N/mm^2 = 1000\,N/mm^2$$
$$R_e = 10 \times 8 \times 10\,N/mm^2 = 800\,N/mm^2$$

Gewindegröße	Spannungsquerschnitt A_S in mm^2
M4	8,78
M5	14,2
M6	20,1
M8	36,6
M10	58,0
M12	84,3

Die Querschnittsfläche von Gewinden ist der so genannte Spannungsquerschnitt A_S. Er ist in Tabellen dokumentiert.

Beispiel 7.2

Ein Verdampfer mit einem Gewicht von 108 kg wird mit 4 Schrauben M12 aus Nylon ($R_m = 70\,N/mm^2$) an der Kühlzellendecke befestigt. Wie groß ist die Sicherheit gegen Bruch?

Lösung:

Geg.: $m = 108\,kg$, 4 Schrauben M12, $A_S = 84{,}3\,mm^2$, $R_m = 70\,N/mm^2$

1. Schritt: Berechnung der Gewichtskraft mit Gleichung (7.2)

$$F_G = m \cdot g = 108\,kg \cdot 9{,}81\,m/s^2 = \underline{1059{,}48\,N}$$

2. Schritt: Berechnung der Zugspannung mit Gleichung (7.3)

$$\sigma_z = \frac{F}{S} = \frac{F_G}{4 \cdot A_S} = \frac{1059{,}48\,N}{4 \cdot 84{,}3\,mm^2} = \underline{3{,}142\,N/mm^2}$$

3. Schritt: Berechnung der Sicherheitszahl mit Gleichung (7.7), umgestellt

$$\nu = \frac{R_m}{\sigma_z} = \frac{70\,N/mm^2}{3{,}142\,N/mm^2} = \underline{\underline{22{,}28}}$$

7.4 Aufgaben

1. Ein Rundstahlstab von 10 mm Durchmesser nimmt im Zugversuch eine maximale Kraft von 29 800 N auf. Wie groß ist die Zugfestigkeit R_m in N/mm^2?

2. Eine Zugprobe aus Kupfer hat einen Querschnitt von 20 mm × 1 mm. Welche Bruchlast ist zu erwarten, wenn man von $R_m = 250\,N/mm^2$ ausgeht?

3. Eine Schraube M 8 der Festigkeitsklasse wird auf Zug belastet.
   a) Wie hoch sind Zugfestigkeit und Streckgrenze dieser Schraube (N/mm^2)?
   b) Ermitteln Sie den Spannungsquerschnitt A_S in mm^2 (Tabelle).
   c) Welche maximale Zugkraft (N) kann die Schraube elastisch aufnehmen?
   d) Bei welcher Zugkraft (N) tritt der Bruch ein?

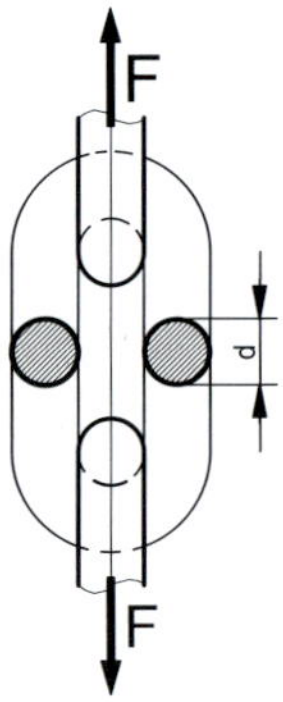

4. Ein Verdampfer hat ein Gewicht von 38 kg. Er wird mit 4 Gewindestangen M 10 aus Nylon mit einer Zugfestigkeit von $R_m = 70\,N/mm^2$ an der Decke befestigt.
   a) Wie groß ist der Spannungsquerschnitt des Gewindes (Tabelle)?
   b) Welche maximale Zugkraft F_m in N kann eine der Gewindestangen übertragen?
   c) Wie groß ist die Sicherheit gegen Bruch bei dieser Verdampferaufhängung?

5. Eine Kette aus 8 mm-Rundstahl ($R_m = 700\,N/mm^2$, $R_e = 360\,N/mm^2$) wird auf Zug belastet.
   a) Berechnen Sie die tragende Querschnittsfläche eines Kettengliedes (beide Querschnitte) in mm^2.
   b) Wie hoch ist die Bruchlast der Kette in N?
   c) Mit welcher Kraft darf die Kette bei 2-facher Sicherheit gegen Verformung belastet werden?
   d) Welchem Gewicht (kg) entspricht das?

6. Ein Drahtseil besteht aus 114 Drähten von 0,5 mm Durchmesser.

a) Wie groß ist die Querschnittsfläche des Drahtseils in mm^2?
b) Welche Bruchlast hat das Seil, bei $R_m = 1200\,N/mm^2$ Zugfestigkeit?
c) Welche Höchstlast (kg) darf mit dem Seil bei 3-facher Sicherheit gegen Bruch gehoben werden?
d) Bei welcher Länge würde das Seil durch sein Eigengewicht reißen ($\rho = 7{,}85\,kg/dm^3$)?

7. Zur Auswahl stehen zwei Schrauben: M8 12.9 und M10 8.8.
   a) Welche Schraube hat die höhere Bruchlast?
   b) Welche kann elastisch die größere Kraft aufnehmen?

8. Eine Last von 800 kg soll durch zwei Schrauben M8 12.9 gehalten werden.
   a) Wie groß ist die Sicherheit gegen Bruch?
   b) Wie groß ist die Sicherheit gegen Verformung?

9. Eine Kette aus Rundstahl ($R_m = 700\,N/mm^2$) soll eine Last von 5000 kg bei dreifacher Sicherheit gegen Bruch tragen können.
   a) Wie hoch muss die Bruchlast der Kette sein (N)?
   b) Berechnen Sie die Querschnittsfläche eines Kettenglieds in mm^2.
   c) Welcher Kettenglieddurchmesser ergibt sich daraus?

10. Die Inneneinheit eines Splitklimageräts wiegt 26 kg. Sie wird mit 4 Gewindestangen M8 aus Stahl mit einer Zugfestigkeit von $R_m = 320\,N/mm^2$ an der Decke befestigt.
    a) Wie groß ist der Spannungsquerschnitt des Gewindes (s. Tabelle)?
    b) Welche maximale Zugkraft F_m in N kann eine der Gewindestangen übertragen?
    c) Wie groß ist die Sicherheit gegen Bruch bei dieser Aufhängung?

11. Eine Kette aus 8 mm-Rundstahl mit $R_m = 700\,N/mm^2$, $R_e = 360\,N/mm^2$ wird auf Zug belastet. Berechnen Sie
    a) die Bruchlast der Kette in N,
    b) die maximale Last bei 2-facher Sicherheit gegen Verformung.

8 Arbeit, Energie, Leistung, Wirkungsgrad

8.1 Mechanische Arbeit – Einheiten und Formelzeichen

Mechanische Arbeit wird verrichtet, wenn eine Kraft längs eines Weges wirkt. Sie wird als Produkt aus Kraft und dem zugehörigen Kraftweg berechnet:

Arbeit = Kraft × Weg $$W = F \cdot s \qquad (8.1)$$

Die SI-Einheit der Arbeit ergibt sich als Produkt aus der Einheit der Kraft Newton (N) und der Einheit der Länge Meter (m) zu Newtonmeter (Nm). Zu Ehren des britischen Physikers James Prescott Joule (1818 – 1889) wird ein Newtonmeter auch Joule (J) (sprich: dschul) genannt:

$$1\,\text{J} = 1\,\text{Nm} = 1\,\frac{\text{kg m}}{\text{s}^2} \cdot \text{m} = 1\,\frac{\text{kg m}^2}{\text{s}^2}$$

1 Joule ist 1 Newtonmeter und damit die Arbeit, die verrichtet wird, wenn die Kraft 1 N über eine Strecke von 1 m wirkt, z. B. beim Anheben einer Last um 1 m, deren Gewichtskraft 1 N beträgt.

Weitere Einheiten sind:

- Kilojoule (kJ) 1 kJ = 1000 J = 1000 Nm
- Megajoule (MJ) 1 MJ = 1000 kJ = 1 000 000 J
- Wattsekunde (Ws) 1 Ws = 1 J = 1 Nm
- Wattstunde (Wh) 1 Wh = 3600 Ws = 3600 J
- Kilowattstunde (kWh) 1 kWh = 3600 kWs = 3600 kJ

8.2 Hubarbeit

Wenn ein Körper angehoben wird, muss seine Gewichtskraft F_G aufgebracht werden, der zurückgelegte Weg entspricht der Hubhöhe, die dabei überwunden wird. Damit ergibt sich die Hubarbeit zu

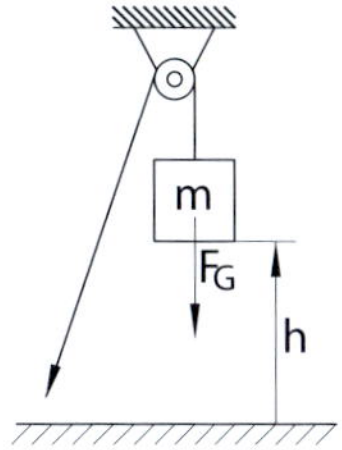

Hubarbeit = Gewichtskraft × Hubhöhe

$$W = F_G \cdot h = m \cdot g \cdot h \qquad (8.2)$$

Beispiel 8.1

Ein Verflüssiger mit einem Gewicht von 830 kg wird von einem Kran auf ein Dach in 26 m Höhe gehoben. Welche Hubarbeit (kJ) verrichtet der Kran?

Lösung:

Geg.: m = 830 kg, h = 26 m

$$W = F_G \cdot h = m \cdot g \cdot h = 830\,\text{kg} \cdot 9{,}81\,\frac{\text{m}}{\text{s}^2} \cdot 26\,\text{m} = 211\,699{,}8\,\text{J} = \underline{\underline{211{,}7\,\text{kJ}}}$$

8.3 Energie, Satz von der Erhaltung der Energie

Betrachten wir noch einmal den Fall der Hubarbeit: Ein Gewicht der Masse m wird über eine Seilrolle auf die Höhe h gezogen.

Dem Gewicht wird dabei die Hubarbeit $W_{Hub} = m \cdot g \cdot h$ zugeführt. Wo ist diese Arbeit geblieben?

Das Gewicht hat sich äußerlich nicht verändert, aber es hat eine andere Lage als vorher und kann jetzt selbst Arbeit verrichten, wenn es wieder auf die Ausgangshöhe absinkt. Es kann z. B. ein anderes Gewicht hochziehen, ein Uhrwerk antreiben (Standuhr) oder ein Geschoss beschleunigen (antike Schleuder). Im Fall der Schleuder würde die potenzielle Energie des Gewichts in Bewegungsenergie des Geschosses umgewandelt. Man bezeichnet die Fähigkeit, Arbeit zu verrichten, als **Energie**. In diesem Fall hat das Gewicht durch die zugeführte Hubarbeit an Energie der Lage oder potenzieller Energie E_{pot} gewonnen.

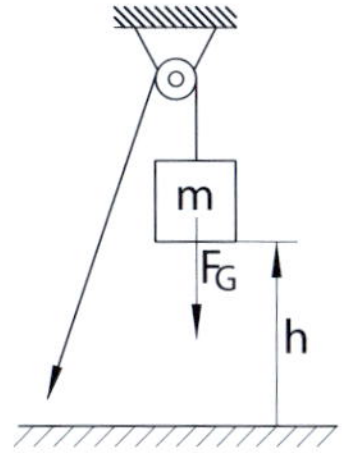

$$E_{pot} = m \cdot g \cdot h \qquad (8.3)$$

Energie ist die Fähigkeit, Arbeit zu verrichten. Sie ist in einem physikalischen System gespeicherte Arbeit.

Das Formelzeichen der Energie ist E, die Einheit genau so wie die der Arbeit, also Joule.

In der Mechanik tritt neben der potenziellen Energie hauptsächlich noch die schon oben erwähnte Bewegungsenergie auf. Sie wird auch kinetische Energie genannt:

$$E_{kin} = \frac{m}{2} \cdot w^2 \qquad (8.4)$$

m Masse in kg
w[1] Geschwindigkeit in m/s

Es ist ein grundlegendes Naturgesetz, dass Energie weder erzeugt noch vernichtet werden kann. Diese Tatsache wird im **Energieerhaltungssatz** formuliert:

Energie kann weder erzeugt noch vernichtet, sondern nur von einer Energieform in eine andere umgewandelt werden.

Mit dem Satz von der Erhaltung der Energie lassen sich über eine Energiebilanz bei vielen Vorgängen Aussagen über das Ergebnis machen, ohne dass man über Zwischenzustände genau Bescheid wissen muss:

Beispiel 8.2
Ein Körper der Masse m = 10 kg wird auf die Höhe h = 10 m gehoben. Welche maximale Geschwindigkeit erreicht der Körper beim Herabfallen aus der gleichen Höhe (Luftwiderstand vernachlässigt)?

Lösung:
Geg.: m = 10 kg, h = 10 m
Beim Fallen wird die Lageenergie in Bewegungsenergie umgewandelt. Wenn der Körper um die Höhe h gefallen ist, entspricht seine Bewegungsenergie der abgegebenen Lageenergie:

$$E_{pot} = E_{kin}$$

$$m \cdot g \cdot h = \frac{m}{2} \cdot w^2 \quad |: m$$

$$g \cdot h = \frac{w^2}{2} \text{ daraus folgt durch Umstellen:}$$

1) Im Bereich der Kältetechnik wird für die Geschwindigkeit das Formelzeichen w verwendet, weil das sonst übliche kleine v für das spezifische Volumen reserviert ist.

$$w = \sqrt{2 \cdot g \cdot h}$$
$$= \sqrt{2 \cdot 9{,}81\,m/s^2 \cdot 10\,m}$$
$$= \underline{\underline{14{,}0\,m/s}}$$

Die Rechnung zeigt, dass die Fallgeschwindigkeit unabhängig von der Masse ist (wenn der Luftwiderstand vernachlässigt wird).

8.4 Leistung

Welche Arbeit eine Maschine verrichtet, hängt von der Größe der wirksamen Kraft und dem zugehörigen Weg ab. Für wirtschaftliche Betrachtungen ist aber vor allem maßgeblich, in welcher Zeit eine bestimmte Arbeit verrichtet wird. Ein Kran, der einen Verflüssiger auf das Dach eines Supermarkts hebt und dafür 3 Stunden benötigt, ist wenig hilfreich. In der Physik führt man deshalb die Leistung ein, als ein Maß dafür, in welcher Zeit eine Arbeit verrichtet wird. Je kürzer die benötigte Zeit desto größer ist die Leistung:

Die (mittlere) Leistung innerhalb eines Zeitintervalls ist der Quotient aus verrichteter Arbeit W und dafür benötigter Zeit τ [1]:

$$\text{Leistung} = \frac{\text{Arbeit}}{\text{Zeit}} \quad \text{bzw.} \quad P = \frac{W}{\tau} \qquad (8.5)$$

Die SI-Einheit der Leistung ist das Watt. Sie ergibt sich als Quotient aus der Einheit der Arbeit (Joule) und der Einheit der Zeit (Sekunde) zu:

$$1\,\frac{J}{s} = 1\,\frac{Nm}{s} = 1\,W$$

Die Einheit der Leistung ist zu Ehren des britischen Ingenieurs James Watt (1736 – 1819), der 1765 die erste brauchbare Dampfmaschine entwickelte, benannt worden.

Weitere Einheiten sind:

- Kilowatt (kW) 1 kW = 1000 W
- Megawatt (MW) 1 MW = 1000 kW = 1 000 000 W

---

1) Im Bereich der Kältetechnik wird für die Zeit das Formelzeichen τ (Tau) verwendet, weil das sonst übliche kleine t für die Celsius-Temperatur reserviert ist.

Beispiel 8.3

Ein Körper der Masse m = 100 kg wird innerhalb von 10 Sekunden auf die Höhe h = 10 m gehoben. Welcher Leistung entspricht das?

Lösung:

Geg.: m = 100 kg, h = 10 m, τ = 10 s.

$$P = \frac{W}{\tau} = \frac{m \cdot g \cdot h}{\tau} = \frac{100\,\text{kg} \cdot 9{,}81\,\text{m/s}^2 \cdot 10\,\text{m}}{10\,\text{s}} = \frac{9810\,\text{Nm}}{10\,\text{s}} = \underline{\underline{981\,\text{W}}}$$

Häufig wird bei bekannter Leistung einer Maschine nach der in einer bestimmten Zeit verrichteten Arbeit gefragt. Sie ergibt sich durch Umstellen der Formel für die Leistung zu:

Arbeit = Leistung × Zeit bzw. $W = P \cdot \tau$ (8.6)

Beispiel 8.4

Die Pumpe eines Wasserrückkühlwerks arbeitet mit einer Leistung von 750 Watt.

a) Welche Arbeit (kJ) hat sie nach 1 Stunde verrichtet?

b) Wie viel Wasser (kg) kann damit 8 m hoch gepumpt werden?

Lösung:

Geg.: P = 750 W = 0,75 kW, τ = 1 h = 3600 s

a) $W = P \cdot \tau = 0{,}75\,\text{kW} \cdot 3600\,\text{s} = 2700\,\text{kWs} = 2700\,\text{kJ}$

b) $$W = m \cdot g \cdot h \Rightarrow m = \frac{W}{g \cdot h} = \frac{2700\,\text{kJ}}{9{,}81\,\text{m/s}^2 \cdot 8\,\text{m}} = \frac{2\,700\,000\,\frac{\text{kg} \cdot \text{m}}{\text{s}^2}\,\text{m}}{9{,}81\,\text{m/s}^2 \cdot 8\,\text{m}} = \underline{\underline{34\,403{,}67\,\text{kg}}}$$

8.5 Wirkungsgrad

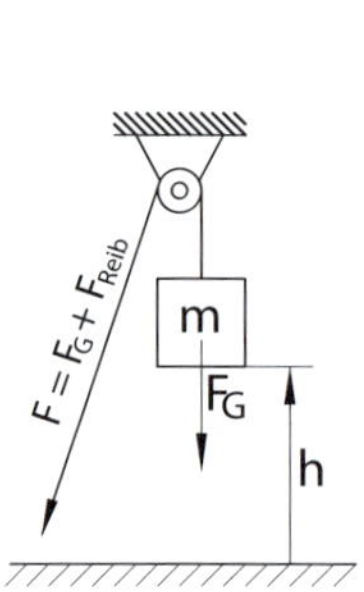

Betrachten wir wieder die Seilrolle als Maschine zum Anheben von Lasten. Diesmal vernachlässigen wir aber nicht mehr die allgegenwärtige Reibung: Wenn das Gewicht die Gewichtskraft F_G entwickelt, so werden wir am Zugseil mit einer Kraft, die größer als F_G ist, ziehen müssen, denn

1. an der Achse der Seilrolle entsteht Reibung
2. das Seil wird beim Hochziehen ständig geknetet, nämlich gebogen und wieder gerade gezogen.

Beide Effekte sorgen dafür, dass beim Hochziehen die Zugkraft F am Seil größer ist als die Gewichtskraft: $F = F_G + F_{Reib}$.

Wenn wir also mit dieser Maschine das Gewicht auf die Höhe h bringen, ändern wir seine potenzielle Energie um den Betrag $E_{pot} = m \cdot g \cdot h = F_G \cdot h$, müssen dazu aber Arbeit verrichten, die größer ist, nämlich $W = (F_G + F_{Reib}) \cdot h = F_G \cdot h + F_{Reib} \cdot h = W_{Hub} + W_{Reib}$. Wir müssen also Hubarbeit und Reibarbeit verrichten.

Da bei allen realen mechanischen Vorrichtungen und Maschinen Reibung auftritt, gilt stets, dass die verrichtete Nutzarbeit W_{ab} um den Betrag der Reibarbeit kleiner ist als die der Maschine zugeführte Energie E_{zu} (der Aufwand).

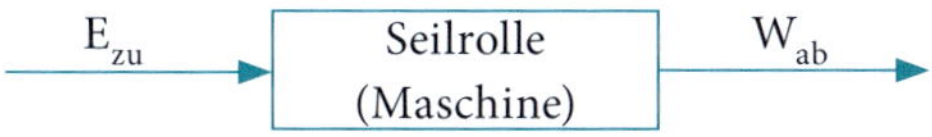

Das Verhältnis der Nutzarbeit zur zugeführten Energie ist der Wirkungsgrad η („Eta"). Er ist stets kleiner als 1. Der Wirkungsgrad ist als Verhältnis zweier Größen mit gleicher Einheit eine reine Zahl, z. B. $\eta = 0{,}8$ bzw. 80 %, er hat also keine Einheit bzw. die Einheit 1.

$$\text{Wirkungsgrad } \eta = \frac{\text{Nutzarbeit}}{\text{zugeführte Energie}} \quad \text{bzw.} \quad \eta = \frac{W_{ab}}{E_{zu}} \qquad (8.7)$$

Da bei einer Maschine die Verrichtung der Nutzarbeit und die Energiezufuhr fast immer in derselben Zeit stattfinden, ergibt sich der Wirkungsgrad in diesem Fall auch als Verhältnis der entsprechenden Leistungen:

$$\text{Wirkungsgrad } \eta = \frac{\text{Nutzleistung}}{\text{zugeführte Leistung}} = \frac{P_{ab}}{P_{zu}} \qquad (8.8)$$

Wenn in einer Maschine mehrere Energieumwandlungen hintereinander stattfinden, ergibt sich der Gesamtwirkungsgrad als Produkt der Einzelwirkungsgrade:

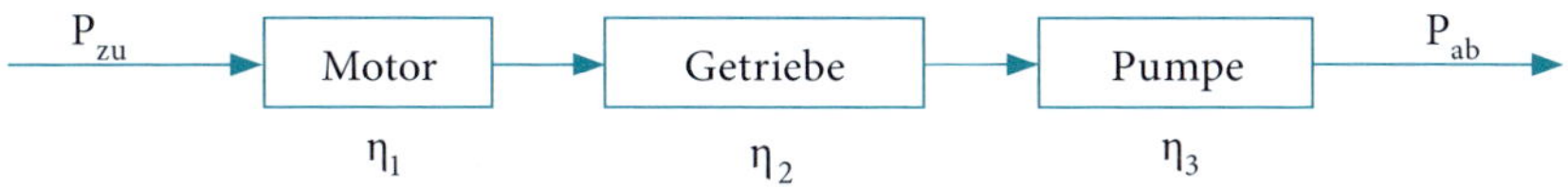

$$\eta_{ges} = \eta_1 \cdot \eta_2 \cdot \eta_3 \qquad (8.9)$$

Beispiel 8.5

Über eine Seilrolle, die 20 N Reibkraft hervorruft, wird ein Gewicht der Masse m = 56 kg auf eine Höhe von 3 m gezogen.

a) Welche Arbeit muss verrichtet werden?

b) Um welchen Betrag erhöht sich die potenzielle Energie des Gewichts?

c) Wie hoch ist der Wirkungsgrad der Maschinerie?

Lösung:

Geg.: $m = 56\,\text{kg}$, $F_{Reib} = 20\,\text{N}$, $h = 3\,\text{m}$

a) $W = (F_G + F_{Reib}) \cdot h = (56\,\text{kg} \cdot 9{,}81\,\text{m/s}^2 + 20\,\text{N}) \cdot 3\,\text{m} = \underline{\underline{1708{,}08\,\text{Nm}}}$

Diese Arbeit ist am Zugseil zu verrichten.

b) $E_{pot} = m \cdot g \cdot h = 56\,\text{kg} \cdot 9{,}81\,\text{m/s}^2 \cdot 3\,\text{m} = \underline{\underline{1648{,}08\,\text{Nm}}}$

Diese Energie wird dem Gewicht als Hubarbeit zugeführt.

c) $\eta = \frac{W_{ab}}{E_{zu}} = \frac{1648{,}08\,\text{Nm}}{1708{,}08\,\text{Nm}} = \underline{\underline{0{,}965}}$

Beispiel 8.6

Die elektromotorisch angetriebene Pumpe eines wassergekühlten Verflüssigers hat einen Wirkungsgrad von 60 %. Sie soll 40 t Wasser pro Stunde 5 m hoch fördern.

a) Welche Hubarbeit muss verrichtet werden?

b) Welche Leistung muss ihr Antrieb haben (kW)?

Lösung:

Geg.: $\eta = 0{,}6$, $m = 40\,\text{t} = 40\,000\,\text{kg}$, $h = 5\,\text{m}$

a) $W = F_G \cdot h = m \cdot g \cdot h = 40\,000\,\text{kg} \cdot 9{,}81\,\frac{\text{m}}{\text{s}^2} \cdot 5\,\text{m} = 1\,962\,000\,\text{J} = \underline{\underline{1962\,\text{kJ}}}$

$P_{ab} = \frac{W_{ab}}{\tau} = \frac{1962\,\text{kJ}}{3600\,\text{s}} = \underline{0{,}545\,\text{kW}}$

b) $\eta = \frac{P_{ab}}{P_{zu}} \Rightarrow P_{zu} = \frac{P_{ab}}{\eta} = \frac{0{,}545\,\text{kW}}{0{,}6} = \underline{\underline{0{,}908\,\text{kW}}}$

8.6 Wärme und Arbeit – 1. Hauptsatz der Wärmelehre

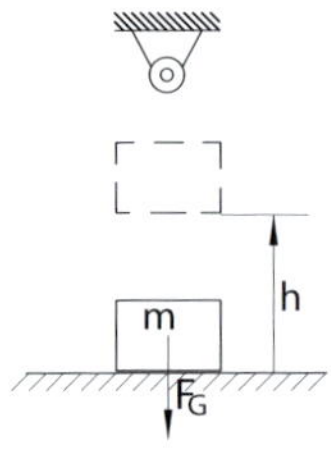

Betrachten wir weiterhin die Seilrolle als Maschine zum Anheben von Lasten. Durch das Hochziehen des Gewichts verrichten wir Arbeit, die dann gemäß Energieerhaltungssatz als Lageenergie im Gewicht gespeichert ist (vgl. 8.3). Wo ist diese Energie geblieben, wenn das Gewicht zu Boden fällt? Sie wird beim Fallen in Bewegungsenergie umgewandelt. Aber beim Aufprall wird die Bewegungsgeschwindigkeit und damit auch die Bewegungsenergie nahezu schlagartig zu null. Das Gewicht wird beim Aufprall den Boden etwas verformen und seine gesamte Bewegungsenergie wird durch Reibungsvorgänge im Boden letztlich in Wärme umgewandelt. Die einmal verrichtete mechanische Arbeit ist in eine andere, der Mechanik fremde Energieform umgewandelt worden.

Heute wissen wir, dass die einem System oder einem Körper zugeführte Wärme als Innere Energie U, das ist die Bewegungsenergie seiner kleinsten Teilchen (Atome, Moleküle), gespeichert wird. Je mehr Wärme einem Körper zugeführt wird, desto größer wird die (mittlere) Bewegungsgeschwindigkeit seiner kleinsten Teilchen.

Die Umwandlung mechanischer Energie in Wärme hat Joule in seinem berühmten **Jouleschen Versuch** messtechnisch erfasst: Ein Fallgewicht überträgt seine Energie über ein Seil in ein Rührwerk in einem wärmegedämmten Behälter mit Wasser. Seine Lageenergie wird dabei über Reibarbeit vollständig in Wärmeenergie umgewandelt, deren Menge er über die Temperaturerhöhung des Wassers erfassen konnte. Heute ist das von ihm gefundene mechanische Wärmeäquivalent ohne Bedeutung, weil Wärme und Arbeit als Energieformen die gleiche Einheit (Joule) haben.

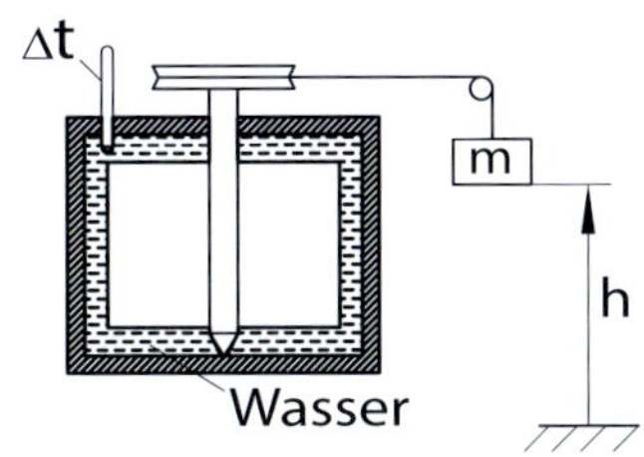

Joule lieferte mit seinen Versuchen den experimentellen Beweis für den **1. Hauptsatz der Wärmelehre**, der eine Erweiterung des Satzes von Erhaltung der Energie darstellt. In einer einfachen Formulierung lautet dieser:

Wärme und Arbeit sind gleichwertig

Die Umwandlung mechanischer Energie in Wärme durch Reibvorgänge findet bei vielen technischen Vorgängen in großem Maße statt, so dass die dadurch entstehende Wärme mithilfe von Kältetechnik abgeführt werden muss. Das gilt z. B. beim Teigkneten in der Brotfabrik genauso wie beim Fleischzerkleinern zur Herstellung von Wurst oder für das Rückkühlen der Schneidöle bei Werkzeugmaschinen.

Beispiel 8.7

In einem CNC-Bearbeitungszentrum werden die Flächen und Bohrungen gegossener Verdichtergehäuse bearbeitet. Der E-Motor des Antriebs nimmt 12 kW elektrische Leistung auf und hat einen Wirkungsgrad von $\eta_{EL} = 0{,}88$, der Wirkungsgrad des Werkzeugmaschinen-Getriebes beträgt $\eta_G = 0{,}84$. Die Bearbeitung eines Gehäuses dauert 6 Minuten, von denen 75 Sekunden für Werkzeugwechsel genutzt werden.

c) Wie groß ist der Gesamtwirkungsgrad der Maschine?

d) Welche Leistung steht zum Bearbeiten des Werkstücks zur Verfügung?

e) Welche Wärmemenge ist pro Gehäuse durch das Schneidöl abzuführen unter der Annahme, dass die gesamte Leistung als Reib- und Trennarbeit in Wärme umgewandelt und 30 % dieser Energie vom Gehäuse und den Spänen aufgenommen wird?

Lösung:

Geg.: $P = 12\,kW$, $\eta_{EL} = 0{,}88$, $\eta_G = 0{,}84$, $\tau = 285\,s$ $(6 \times 60\,s - 75\,s)$

a) $\eta = \eta_{EL} \cdot \eta_G = 0{,}84 \cdot 0{,}88 = \underline{\underline{0{,}7392}}$

b) $\eta = \frac{P_{ab}}{P_{zu}} \Rightarrow P_{ab} = \eta \cdot P_{zu} = 0{,}7392 \cdot 12\,kW = \underline{\underline{8{,}8704\,kW}}$

c) $W = P \cdot \tau = 8{,}8704\,kW \cdot 285\,s = 2528\,kWs = \underline{\underline{2528\,kJ}}$

Von dieser vollständig in Wärmeenergie umgewandelten Arbeit verbleiben 70 % im Schneidöl: $2528\,kJ \cdot 0{,}7 = 1769{,}6\,kJ$

Es ist also eine Wärmemenge von 1769,6 kJ pro Gehäuse durch das Schneidöl abzuführen.

8.7 Jahresarbeit und Energiekosten

Für viele Prozesse bilden die Kosten einen wichtigen Aspekt. Sie werden häufig auf ein Jahr bezogen oder auf die veranschlagte Lebensdauer einer Anlage. Da der Antrieb insbesondere von Kälteanlagen und ihren Komponenten durch elektrische Energie erfolgt, wird zur Ermittlung dieser Kosten die Jahresarbeit an benötigter elektrischer Energie über die Laufzeit berechnet (vgl. Gleichung 8.6) und mit dem Arbeitspreis für die elektrische Energie multipliziert.

$$W_{el} = P_{el} \cdot \tau \tag{8.10}$$

$$K = W_{el} \cdot k \tag{8.11}$$

W_{el} elektrische Arbeit in kWh
P_{el} elektrische Leistung in kW
τ Laufzeit in h
K Kosten in €
k Arbeitspreis elektr. Energie in €/kWh

Beispiel 8.8

Eine Kälteanlage nimmt im Durchschnitt 10,8 kW elektrische Leistung auf bei einer Laufzeit von 16 h/d an 365 Tagen. Berechnen Sie

a) die elektrische Jahresarbeit in kWh,

b) die Energiekosten bei einem Arbeitspreis von 0,295 €/kWh.

Lösung:

a) für die Berechnung der Jahreslaufzeit muss die tägliche Laufzeit mit der Anzahl der Betriebstage im Jahr multipliziert werden

$$W_{el} = P_{el} \cdot \tau = 10{,}8\,\text{kW} \cdot 16\,\frac{\text{h}}{\text{d}} \cdot 365\,\text{d} = \underline{\underline{63\,072\,\text{kWh}}}$$

b) Anwendung Gleichung (8.11)

$$K = W_{el} \cdot k = 63\,072\,\text{kWh} \cdot 0{,}295\,\frac{€}{\text{kWh}} = \underline{\underline{18\,606{,}24\,€}}$$

8.8 Aufgaben

1. Eine Palette mit einer Last von 160 kg wird um 5,5 m verschoben, wobei eine Reibkraft von F_{Reib} = 838 N zu überwinden ist. Wie groß ist die Verschiebearbeit (kJ)?

2. Ein Kran hebt einen Verflüssiger von 350 kg Masse auf ein 7,8 m hohes Dach. Welche Hubarbeit wird verrichtet?

3. Der Kran aus Aufgabe 2 hat eine Antriebsleistung von 5 kW und arbeitet mit einem Gesamtwirkungsgrad von η = 0,5. In welcher Zeit kann er theoretisch den Verflüssiger anheben?

4. Ein Kran mit einer Antriebsleistung von 12,5 kW und einem Gesamtwirkungsgrad von η = 0,55 hat eine Last von 800 kg zu heben. Wie viel Sekunden sind theoretisch für einen Meter Hubhöhe erforderlich?

5. Ein Verflüssigungssatz mit m = 140 kg muss um 1,2 m verschoben werden. Die entstehende Reibkraft beträgt 40 % der Gewichtskraft des Verflüssigers.
   a) Welche Verschiebearbeit muss verrichtet werden?
   b) Wie hoch hätte der Verflüssiger mit dieser Arbeit gehoben werden können?

6. Ein Monteur (75 kg Körpergewicht) trägt seinen Werkzeugkoffer (m = 12 kg) bis ins vierte Obergeschoss eines Kaufhauses (Höhenunterschied h = 22 m).
   a) Welche Hubarbeit hat er verrichtet?
   b) Welche Hubarbeit hat er dabei am Werkzeugkoffer verrichtet?
   c) Wie viel Prozent der gesamten Hubarbeit sind für den Transport des Werkzeugkoffers aufgewendet worden?

7. Eine Palette mit einer Last von 150 kg ist um 2 m zu verschieben, wobei eine Reibkraft von 600 N zu veranschlagen ist. Alternativ steht ein Hubwagen zur Verfügung, der allerdings in 5 m Entfernung steht und beim Anheben der Palette um 4 cm einen Wirkungsgrad von nur 50 % aufweist. Zudem tritt ein Rollwiderstand von 50 N auf und der Hubwagen muss auch wieder zurückgeschoben werden. Welche Transportmöglichkeit erfordert die geringere Arbeit? (Wir vernachlässigen die Beschleunigungsarbeit des Hubwagens und unsere eigene Bewegungsenergie.)

8. Der Antriebsmotor eines alten offenen Verdichters nimmt eine Leistung von 50 kW auf. Sein elektrischer Wirkungsgrad beträgt $\eta_{el} = 0{,}9$ und der Übertragungswirkungsgrad im Riementrieb zum Verdichter wird mit $\eta_{Ü} = 0{,}92$ veranschlagt.
   a) Mit welcher Leistung wird der Verdichter an seiner Welle angetrieben?
   b) Welche Leistung steht zum Verdichten zur Verfügung, wenn im Verdichter der mechanische Wirkungsgrad $\eta_m = 0{,}8$ und der indizierte Gütegrad $\eta_i = 0{,}7$ zu berücksichtigen sind?
   c) Welche Jahresarbeit an elektrischer Energie fällt an bei einer täglichen Laufzeit von 14 h/d und Ganzjahresbetrieb (365 Tage)?
   d) Welche Energiekosten entstehen in einem Jahr (Arbeitpreis 0,26 €/kWh)?

9. Ein Elektromotor ($\eta_{El} = 0{,}85$) nimmt 1,4 kW elektrische Leistung auf und treibt über ein Getriebe ($\eta_G = 0{,}9$) eine Pumpe ($\eta_P = 0{,}7$) an.
   a) Wie groß ist der Gesamtwirkungsgrad des Systems?
   b) Wie viel kg Wasser lassen sich so in einer Stunde auf eine Höhe von 8,6 m befördern?
   c) Welche Energiekosten entstehen im Jahr, wenn die Pumpe 8 Stunden am Tag an 220 Tagen im Jahr läuft bei einem Arbeitspreis für elektrische Energie von 0,26 €/kWh?

10. Die Pumpe eines Wasserrückkühlwerks arbeitet mit einer Leistung von 1,8 kW.
   a) Welche Arbeit (kJ) hat sie nach 1 Stunde verrichtet?
   b) Wie viel Wasser (kg) kann damit 15 m hoch gepumpt werden?

11. In einer Großbäckerei werden 800 kg Brotteig von 16 °C 20 min lang geknetet. Der E-Motor des Knetwerks nimmt 48 kW elektrische Leistung auf und hat einen Wirkungsgrad von $\eta_{El} = 0{,}87$, das Knetwerk-Getriebe $\eta_G = 0{,}92$.
   a) Wie groß ist der Gesamtwirkungsgrad des Knetwerks?
   b) Welche Reibarbeit (kJ) wird dem Teig während des Knetvorgangs zugeführt?
   c) Wie groß sind die Verlustleistungen an E-Motor und Getriebe in (kW).
   d) Welche Energiekosten entstehen im Jahr, wenn das Knetwerk im Zweischichtbetrieb 6 Stunden pro Schicht an 355 Tagen im Jahr läuft bei einem Arbeitspreis für elektrische Energie von 0,28 €/kWh?

12. In einem CNC-Bearbeitungszentrum werden die Flächen und Bohrungen gegossener Verdichtergehäuse bearbeitet. Der E-Motor des Antriebs nimmt 9,8 kW elektrische Leistung auf und hat einen Wirkungsgrad von $\eta_{EL} = 0{,}9$, der Wirkungsgrad des Werkzeugmaschinen-Getriebes beträgt $\eta_G = 0{,}85$. Die Bearbeitung eines Gehäuses dauert 550 Sekunden, von denen 90 Sekunden für Werkzeugwechsel genutzt werden.
   a) Wie groß ist der Gesamtwirkungsgrad der Maschine?
   b) Welche Leistung steht zum Bearbeiten des Werkstücks zur Verfügung?
   c) Welche Wärmemenge ist pro Gehäuse durch das Schneidöl abzuführen unter der Annahme, dass die gesamte Leistung als Reib- und Trennarbeit in Wärme umgewandelt und 25 % dieser Energie vom Gehäuse und den Spänen aufgenommen wird?

13. Einem offenen Verdichter wird von einem direkt angeschlossenen Elektromotor über die Antriebswelle eine Leistung von 5,4 kW zugeführt. Im Verdichter treten Verluste durch mechanische Reibung ($\eta_m = 0{,}85$) und beim Verdichtungsprozess ($\eta_i = 0{,}7$) auf. Der Elektromotor hat bei der Umwandlung von elektrischer in mechanische Energie einen Wirkungsgrad von $\eta_{el} = 0{,}87$.
   a) Wie groß ist der Gesamtwirkungsgrad des Systems?
   b) Wie groß ist der Gesamtwirkungsgrad des Verdichters?
   c) Welche Leistung wird beim Verdichten in das Kältemittel eingebracht?
   d) Welche Leistung entnimmt der Elektromotor dem Stromnetz?
   e) Welche Jahresarbeit an elektrischer Energie fällt an bei einer Laufzeit von 18 Stunden pro Tag und Ganzjahresbetrieb (365 Tage)?
   f) Welche Energiekosten entstehen im Jahr bei einem Arbeitspreis für elektrische Energie von 0,24 €/kWh?

14. Die Kälteanlage eines Supermarkts benötigt 408 800 kWh im Jahr an elektrischer Energie. Durch technische Verbesserungen, die eine Investition von 45 000 € erfordern, können davon 12 % eingespart werden.
   a) Wie groß sind die Jahresenergiekosten vor der Verbesserungsmaßnahme bei einem Arbeitspreis von 0,25 €/kWh ?
   b) Welche Kostenersparnis ergibt sich durch die Verbesserungen pro Jahr?
   c) Nach wie vielen Jahren hat sich die Investition amortisiert?

9 Geschwindigkeit, Volumenstrom, Massenstrom, Kontinuität

9.1 Zeit – Einheiten und Formelzeichen

Die SI-Einheit der Zeit ist die Sekunde mit dem Einheitenzeichen s. Als Formelzeichen wird in der Kältetechnik abweichend vom üblichen t das griechische τ ("Tau") verwendet, damit das kleine t für die sehr häufig genannte Celsius-Temperatur reserviert bleibt.

Weitere Einheiten sind:

- Minute (min) 1 min = 60 s
- Stunde (h) 1 h = 60 min = 3600 s
- Tag (d) 1 d = 24 h = 86 400 s
- Jahr (a) 1 a = 365 d = 8760 h

9.2 Geschwindigkeit

Geschwindigkeit ist die in einer Zeiteinheit zurückgelegte Strecke, also Weg pro Zeit. Bei nicht gleichförmiger Bewegung ergibt dieser Quotient die mittlere oder Durchschnittsgeschwindigkeit. Als Formelzeichen wird in der Kältetechnik abweichend vom üblichen v das w verwendet, damit das kleine v für das sehr häufig benötigte spezifische Volumen (s. 6.3) reserviert bleibt. Beide Größen treten nämlich bei der Rohrleitungsdimensionierung innerhalb derselben Gleichung auf.

$$\text{(mittlere) Geschwindigkeit} = \frac{\text{Weg}}{\text{Zeit}} \quad \text{bzw.} \quad w = \frac{s}{\tau} \qquad (9.1)$$

Die SI-Einheit der Geschwindigkeit ergibt sich somit zu m/s. Weitere Einheiten sind:

- dm/s 1 m/s = 10 dm/s
- km/h 1 m/s = 3,6 km/h

Im Bereich der Kälte- und Klimatechnik kommt der Begriff der Geschwindigkeit meistens im Zusammenhang mit fließenden Medien, also als Strömungsgeschwindigkeit, vor. Die Strömungsgeschwindigkeit wird benötigt, um bei gegebener Strömungsquerschnittsfläche den Volumenstrom zu berechnen bzw. zur Rohrleitungsdimensionierung.

9.3 Volumenstrom, Massenstrom

Unter dem Volumenstrom versteht man das pro Zeiteinheit transportierte Volumen in einer von einem Fluid durchströmten Leitung oder in einem Kanal. Das Formelzeichen ist $\dot{V}$, gesprochen „V Punkt“:

$$\text{Volumenstrom} = \frac{\text{Volumen}}{\text{Zeit}} \quad \text{bzw.} \quad \dot{V} = \frac{V}{\tau} \tag{9.2}$$

Die SI-Einheit des Volumenstroms ergibt sich aus den Einheiten für das Volumen (m^3) und für die Zeit (s) zu m^3/s.

Weitere Einheiten sind:

- m^3/h $\quad 1\,m^3/s = 3600\,m^3/h$
- dm^3/s $\quad 1\,m^3/s = 1000\,dm^3/s$

Unter dem Massenstrom versteht man die pro Zeiteinheit transportierte Masse in einer von einem Fluid durchströmten Leitung oder in einem Kanal. Das Formelzeichen ist $\dot{m}$, gesprochen „m Punkt“:

$$\text{Massenstrom} = \frac{\text{Masse}}{\text{Zeit}} \quad \text{bzw.} \quad \dot{m} = \frac{m}{\tau} \tag{9.3}$$

Die SI-Einheit des Massenstroms ergibt sich aus den Einheiten für die Masse (kg) und für die Zeit (s) zu kg/s.

Weitere Einheiten sind:

- kg/h $\quad$ 1 kg/s = 3600 kg/h
- g/s $\quad$ 1 kg/s = 1000 g/s

Häufig verwendete Indizes sind R für Kältemittel (Refrigerant), L für Luft und W für Wasser:

$\dot{m}_R$ – Massenstrom des Kältemittels
$\dot{m}_L$ – Massenstrom der Luft
$\dot{m}_W$ – Massenstrom des Wassers

Innerhalb eines unverzweigten Kältemittelkreislaufs herrscht an jeder Stelle der gleiche Massenstrom. Der Volumenstrom ändert sich jedoch ständig wegen der Veränderung der Dichte aufgrund der Änderungen von Druck, Temperatur und Aggregatzustand.

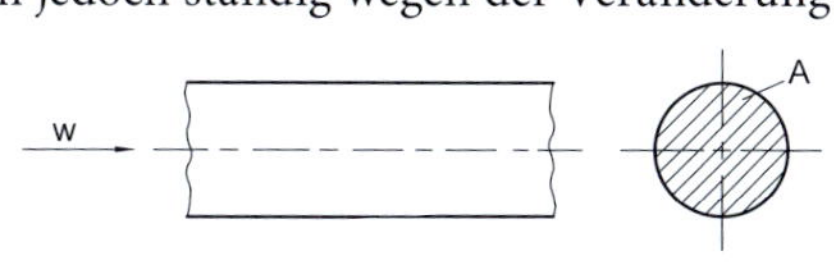

Wird ein freier Querschnitt der Fläche A von einem Fluid mit der (mittleren) Strömungsgeschwindigkeit w durchströmt, so berechnet sich der Volumenstrom $\dot{V}$ in m^3/s als Produkt von Querschnittsfläche und Strömungsgeschwindigkeit, der Massenstrom als Produkt aus Volumenstrom und Dichte des Fluids:

$$\dot{V} = A \cdot w \quad (9.4)$$

$$\dot{m} = \rho \cdot \dot{V} = \rho \cdot A \cdot w \quad (9.5)$$

$$\dot{V} = \dot{m} \cdot v \quad (9.6)$$

A	Querschnittsfläche in m^2
w	Strömungsgeschwindigkeit in m/s
$\dot{m}$	Massenstrom in kg/s
ρ	Dichte des Fluids in kg/m^3
v	spezifisches Volumen in m^3/kg

Beispiel 9.1

Durch einen Kanal von 60 cm × 40 cm lichter Weite strömt Luft mit einer Dichte von 1,18 kg/m³ und einer Geschwindigkeit von 8,5 m/s. Berechnen Sie

a) den Volumenstrom in m^3/s und m^3/h.

b) den Massenstrom in kg/s.

Lösung:

Geg.: Kanal b = 60 cm = 0,6 m, h = 40 cm = 0,4 m, ρ = 1,18 kg/m³, w = 8,5 m/s

a) 1. Schritt: Berechnung der freien Querschnittsfläche (Rechteck)

$$A = b \cdot h = 0{,}6\,m \cdot 0{,}4\,m = \underline{0{,}24\,m^2}$$

2. Schritt: Berechnung des Volumenstroms

$$\dot{V}_L = A \cdot w = 0{,}24\ m^2 \cdot 8{,}5\,\frac{m}{s} = \underline{\underline{2{,}04\,\frac{m^3}{s}}} = 7344\,\frac{m^3}{h}$$

b) 3. Schritt: Berechnung des Massenstroms

$$\dot{m}_L = \rho \cdot \dot{V} = 1{,}18\,\frac{kg}{m^3} \cdot 2{,}04\,\frac{m^3}{s} = \underline{\underline{2{,}41\,\frac{kg}{s}}}$$

9.4 Kontinuitätsgesetz

Wird eine Leitung stetig von einem Fluid mit konstanter Dichte durchströmt, so gilt bei Veränderungen des Querschnitts, dass der Volumenstrom konstant bleibt und sich die Strömungsgeschwindigkeit ändert:

$$\dot{V}_1 = \dot{V}_2$$

$$A_1 \cdot w_1 = A_2 \cdot w_2$$

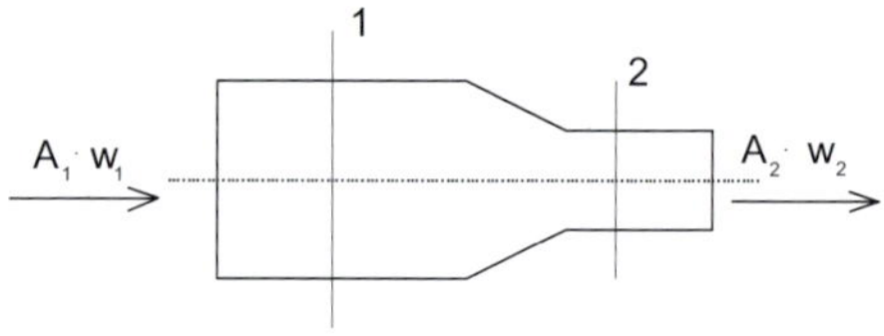

$$\frac{A_1}{A_2} = \frac{w_2}{w_1} \tag{9.7}$$

Damit verhalten sich die Strömungsgeschwindigkeiten umgekehrt proportional zu den Querschnittsflächen.

Bei Rohren mit kreisförmigem Querschnitt ergibt sich das Verhältnis der Querschnittsflächen also zu:

$$\frac{A_1}{A_2} = \frac{\frac{\pi \cdot d_1^2}{4}}{\frac{\pi \cdot d_2^2}{4}} = \frac{d_1^2}{d_2^2} \tag{9.8}$$

Damit verhalten sich bei Rohren mit kreisförmiger Querschnittsfläche die Strömungsgeschwindigkeiten umgekehrt proportional zu den Quadraten der Innendurchmesser:

$$\frac{w_2}{w_1} = \frac{d_1^2}{d_2^2} \tag{9.9}$$

Bei veränderlicher Dichte des Fluids kann man nur von einem konstanten Massenstrom ausgehen:

$$\dot{m}_1 = \dot{m}_2 \quad \text{bzw.} \quad A_1 \cdot w_1 \cdot \rho_1 = A_2 \cdot w_2 \cdot \rho_2 \tag{9.10}$$

Beispiel 9.2

Durch eine Flüssigkeitsleitung aus Cu 12 × 1 strömt R134a mit einer Temperatur von 32 °C und einer Strömungsgeschwindigkeit von 0,8 m/s. Die Leitung teilt sich in zwei Stränge aus Cu 8 × 1 auf. Berechnen Sie

a) den Volumenstrom in dm^3/s,
b) den Massenstrom in kg/s,
c) die Strömungsgeschwindigkeit (m/s) nach der Teilung.

Lösung:

Geg.: $d_1 = 10\,mm = 0{,}1\,dm$, $d_2 = 6\,mm$ (zweimal), $\rho = 1{,}179\,kg/dm^3$ (Dampftabelle R134a ρ' bei 32 °C), $w_1 = 0{,}8\,m/s = 8\,dm/s$

a) 1. Schritt: Berechnung der freien Querschnittsfläche (Kreis) vor der Teilung. Da die Dichte in kg/dm^3 gegeben ist, empfiehlt sich die Berechnung der Fläche in dm^2.

$$A_1 = \frac{d^2 \cdot \pi}{4} = \frac{(0{,}1\,dm)^2 \cdot \pi}{4} = \underline{0{,}007854\,dm^2}$$

2. Schritt: Berechnung des Volumenstroms

$$\dot{V} = A_1 \cdot w = 0{,}007854\,dm^2 \cdot 8\,\frac{dm}{s} = \underline{\underline{0{,}06283\,\frac{dm^3}{s}}}$$

b) 3. Schritt: Berechnung des Massenstroms

$$\dot{m}_R = \rho \cdot \dot{V} = 1{,}179\,\frac{kg}{dm^3} \cdot 0{,}06283\,\frac{dm^3}{s} = \underline{\underline{0{,}0741\,\frac{kg}{s}}}$$

c) 4. Schritt: Anwendung des Kontinuitätsgesetzes: Wegen des kreisförmigen Querschnitts kann mit dem Verhältnis der Quadrate der Durchmesser (10 und 2 × 6) gerechnet werden. Da die Einheiten sich dabei aufheben, lässt man sie gleich weg. Zu beachten: Der gesamte Strömungsquerschnitt nach der Teilung (A_2) besteht aus zwei Kreisflächen.

$$\frac{A_1}{A_2} = \frac{w_2}{w_1} \Rightarrow w_2 = \frac{A_1}{A_2} \cdot w_1 = \frac{10^2}{6^2 + 6^2} \cdot 0{,}8\frac{m}{s} = \frac{100}{72} \cdot 0{,}8\,\frac{m}{s} = \underline{\underline{1{,}11\,\frac{m}{s}}}$$

9.5 Aufgaben

1. Eine Leitung mit d = 100 mm Innendurchmesser und einer Strömungsgeschwindigkeit von 1 m/s teilt sich auf bzw. verändert ihren Innendurchmesser. Berechnen Sie die neue Strömungsgeschwindigkeit
   a) bei Aufteilung auf 2 Leitungen mit d = 50 mm,
   b) bei Verengung auf eine Leitung von d = 50 mm,
   c) bei Aufteilung auf 2 Leitungen mit d = 100 mm,
   d) bei Aufteilung auf 4 Leitungen mit d = 25 mm,
   e) bei Verengung auf eine Leitung von d = 25 mm.

2. Für eine Raumkühlung ist ein Massenstrom von 1,2 kg/s Wasser oder 3,6 kg/s Luft erforderlich. Berechnen Sie
   a) den jeweils erforderlichen Volumenstrom mit der Dichte von Wasser ($1\,kg/dm^3$) bzw. Luft ($1{,}2\,kg/m^3$),
   b) die Querschnittsfläche in dm^2 für eine Wasserleitung bei einer Strömungsgeschwindigkeit von 0,5 m/s bzw. einen Luftkanal bei 8 m/s.

3. Mit einer Kühlsole der Dichte $\rho = 1{,}08\,kg/dm^3$ wird ein Massenstrom von $6\,kg/s$ gefahren. An der Kühlstelle nimmt die Sole Wärme auf und dehnt sich aus, so dass ihre Dichte nun nur noch $1{,}05\,kg/dm^3$ beträgt. Berechnen Sie
   a) den Volumenstrom vor und nach der Kühlstelle,
   b) die Strömungsgeschwindigkeit vor und nach der Kühlstelle bei einem Innendurchmesser der Leitung von $d = 100\,mm$.

4. Ein Luftkanal mit den Innenmaßen $50\,cm \times 50\,cm$ ($b \times h$) wird von Luft der Dichte $1{,}2\,kg/m^3$ mit einer Strömungsgeschwindigkeit von $w = 7\,m/s$ durchströmt und verengt sich nach einem Wanddurchgang auf $50\,cm \times 30\,cm$. Berechnen Sie
   a) den Volumenstrom in m^3/s und m^3/h,
   b) den Massenstrom in kg/s,
   c) die Strömungsgeschwindigkeit nach der Verengung.
   d) Die Strömungsgeschwindigkeit von $10\,m/s$ soll nicht überschritten werden. Welche Höhe muss der Kanal bei gleicher Breite mindestens haben?

5. Ein Luftkanal aus Wickelfalzrohr mit einem Innendurchmesser von $d = 355\,mm$ befördert $1800\,m^3/h$ Luft. Berechnen Sie
   a) die Strömungsgeschwindigkeit in m/s,
   b) die Strömungsgeschwindigkeit nach Übergang in einen quadratischen Kanal mit 40 (30) cm Seitenlänge.

6. Ein Luftkanal mit einem Innendurchmesser von $d = 800\,mm$ befördert Luft mit einer Strömungsgeschwindigkeit von $4{,}5\,m/s$. Berechnen Sie
   a) den Volumenstrom in m^3/s,
   b) den Massenstrom in kg/s bei einer Dichte von $1{,}2\,kg/m^3$.

7. Ein Raum ist mit 25 Personen besetzt. Der Luftbedarf wird mit $30\,m^3/h$ je Person angesetzt. Der Zuluftkanal hat die Maße von $40\,cm \times 30\,cm$ und teilt sich in 8 Auslässe auf. Die Absaugung erfolgt über 2 Rohre von je 20 cm Durchmesser. Berechnen Sie
   a) den erforderlichen Luftvolumenstrom in m^3/h und m^3/s,
   b) die Strömungsgeschwindigkeit (m/s) im Zuluftkanal,
   c) die erforderliche Fläche einer der 8 Austrittsöffnungen damit die Zuluft mit höchstens $0{,}2\,m/s$ austritt,
   d) die Strömungsgeschwindigkeit der Abluft.

8. Ein wassergekühlter Verflüssiger benötigt $25{,}2\,t/h$ Kühlwasser. Die Kühlwasserleitung hat einen Innendurchmesser von 120 mm. Berechnen Sie
   a) den Volumenstrom in m^3/s,
   b) die Strömungsgeschwindigkeit in m/s.

9. In einer Kälteanlage mit R134a wird eine Flüssigkeitsleitung 16 × 1 für eine Strömungsgeschwindigkeit von w = 0,8 m/s geplant. Versehentlich wird eine Rohrleitung 10 x 1 verlegt. Weitere Angaben: t_{cu} = 40 °C; Berechnen Sie
   a) den Volumenstrom in dm^3/s,
   b) den Massenstrom in kg/s,
   c) die neue Strömungsgeschwindigkeit.

10. In einer R134a-Kälteanlage teilt sich eine Flüssigkeitsleitung 16 × 1 mit w = 0,6 m/s in zwei Stränge auf. Zur Auswahl stehen Leitungen 10 × 1 und 12 × 1. Weitere Angaben: t_{cu} = 36 °C; Berechnen Sie
   a) den Volumenstrom in dm^3/s,
   b) den Massenstrom in kg/s,
   c) die Strömungsgeschwindigkeit nach der Teilung auf zwei 10 × 1 oder zwei 12 × 1 Leitungen.

10 Rohrleitungen und Kanäle

10.1 Dimensionierung von Rohrleitungen und Kanälen

Im Bereich der Kälte- und Klimatechnik gibt es für die Fluide (Kältemittel in Rohrleitungen, flüssig oder dampfförmig, Wasser, Luft in Klimakanälen) in der Regel festgelegte Bandbreiten, in denen die Strömungsgeschwindigkeit liegen soll. Im Bereich der Raumlufttechnik unterscheidet man nach der Strömungsgeschwindigkeit

- Niedergeschwindigkeitsanlagen $w = 3 \ldots 12\,m/s$
- Hochgeschwindigkeitsanlagen $w = 15 \ldots 30\,m/s$

Bei Kältemittelleitungen ist die Bandbreite geringer. Eine höhere Strömungsgeschwindigkeit hat nämlich höheren Druckabfall und damit höhere Betriebskosten zur Folge, ermöglicht andererseits jedoch kleinere Leitungen bei gleichem Volumen- bzw. gleichem Massenstrom, wodurch die Investitionskosten sinken. Dadurch ergeben sich abhängig von der Dichte des Fluids bestimmte Bereiche für die wirtschaftlichen Strömungsgeschwindigkeiten:

Kältemittel	Saugleitung	Druckleitung	Flüssigkeitsleitung	Kondensatleitung
R134a, R404A usw.	6 – 12	6 – 15	0,3 – 1,2	0,3 – 0,5
NH_3 (R717)	15 – 20	16 – 25	0,5 – 2,0	0,3 – 0,5

Strömungsgeschwindigkeiten in m/s

Für eine durch die Kühlaufgabe vorgegebene Kälteleistung wird aufgrund der Prozessdaten der erforderliche Massenstrom (an Kältemittel, Wasser oder Luft) berechnet. Mit diesem Massenstrom und dem für die jeweilige Leitung charakteristischen spezifischen Volumen v erfolgt dann die Dimensionierung der Rohrleitungen und Kanäle bei gegebener bzw. gewählter Strömungsgeschwindigkeit.

Die Querschnittsfläche A in m^2 ergibt sich aus dem Volumenstrom und der Strömungsgeschwindigkeit durch Umstellen der Gleichung (9.4) $\dot{V} = A \cdot w$ zu:

$$A = \frac{\dot{V}}{w} \qquad (10.1)$$

Für Kältemittelleitungen und Luftleitrohre mit ihrem kreisförmigem Querschnitt ergibt sich der Innendurchmesser zunächst durch Umstellen der Formel für die Querschnittsfläche:

$$A = \frac{d^2 \cdot \pi}{4} \Rightarrow d = \sqrt{\frac{4 \cdot A}{\pi}} \qquad (10.2)$$

In Verbindung mit der Gleichung (10.1) für die Querschnittsfläche A ergibt sich der Innendurchmesser zu:

$$d = \sqrt{\frac{4 \cdot \dot{V}}{\pi \cdot w}} \qquad (10.3)$$

Der Volumenstrom lässt sich aus dem Massenstrom berechnen (vgl. 9.3): $\dot{V} = \dot{m} \cdot v$. Somit ergibt sich eine Formel für den Innendurchmesser, die den Zusammenhang zwischen Massenstrom $\dot{m}$, spezifischem Volumen v und Strömungsgeschwindigkeit w herstellt:

$$d = \sqrt{\frac{4 \cdot \dot{m} \cdot v}{\pi \cdot w}} \qquad (10.4)$$

Beispiel 10.1

Eine R134-Anlage hat einen Massenstrom von 252 kg/h. Berechnen Sie

a) den Durchmesser der Flüssigkeitsleitung bei t_{cu} = 32 °C und w_{FL} = 0,6 m/s in mm.

b) den Volumenstrom am Ende des Verdampfungsvorgangs (t_0 = –18 °C) in m^3/s und m^3/h.

c) den Innendurchmesser der Saugleitung, wenn am Ende des Verdampfungsvorgangs eine Strömungsgeschwindigkeit von 7 m/s erreicht werden soll (mm).

Lösung:

Geg.: $\dot{m}_R$ = 252 kg/h = 0,07 kg/s;

a) v = 0,848 dm^3/kg (Dampftabelle R134a, v' bei 32 °C), w_{FL} = 0,6 m/s

b) und c) v = 135,86 dm^3/kg (Dampftabelle R134a, v'' bei –18 °C), w_{SL} = 7 m/s

1. Schritt: Berechnung des erforderlichen Innendurchmessers der Flüssigkeitsleitung

Weil das spezifische Volumen v in dm^3/kg angegeben wird, ist es sinnvoll, die Strömungsgeschwindigkeit w in dm/s einzusetzen, w_{FL} = 0,6 m/s = 6 dm/s. Dementsprechend wird auch der Massenstrom in kg/s eingesetzt.

$$d = \sqrt{\frac{4 \cdot \dot{m}_R \cdot v}{\pi \cdot w}} = \sqrt{\frac{4 \cdot 0{,}07\frac{kg}{s} \cdot 0{,}848\frac{dm^3}{kg}}{\pi \cdot 6\frac{dm}{s}}} = \sqrt{0{,}012597\,dm^2} = 0{,}1122\,dm$$

$$= \underline{\underline{11{,}2\,mm}}$$

2. Schritt: Berechnung des Volumenstroms am Ende des Verdampfungsvorgangs

$$\dot{V} = \dot{m}_R \cdot v = 0{,}07\frac{kg}{s} \cdot 135{,}86\frac{dm^3}{kg} = 9{,}51\frac{dm^3}{s} = \underline{\underline{0{,}00951\frac{m^3}{s} = 34{,}24\frac{3}{h}}}$$

3. Schritt: Berechnung des erforderlichen Innendurchmessers der Saugleitung mit einer Sauggasgeschwindigkeit von $w_{SL} = 7\,m/s = 70\,dm/s$

$$d = \sqrt{\frac{4 \cdot \dot{V}}{\pi \cdot w}} = \sqrt{\frac{4 \cdot 9{,}51\frac{dm^3}{s}}{\pi \cdot 70\frac{dm}{s}}} = \sqrt{0{,}17198\,dm^2} = 0{,}416\,dm = \underline{\underline{41{,}6\,mm}}$$

10.2 Prüfen der Strömungsgeschwindigkeit

Mit dem so berechneten Innendurchmesser bzw. der so berechneten Querschnittsfläche muss ein geeignetes Rohr bzw. ein geeigneter Kanal gewählt werden (Rohrdimensionen für Kupferrohre siehe Tabelle am Ende des Kapitels 4, Flächen).

Da die tatsächlich verfügbaren Rohre nicht beliebig fein gestuft sind, wird man das Rohr mit dem nächst kleineren oder nächst größeren Innendurchmesser wählen müssen. Insbesondere bei starker Abweichung wird dann zu prüfen sein, ob die Strömungsgeschwindigkeit noch im gewünschten Bereich liegt. Die Strömungsgeschwindigkeit w in m/s ergibt sich durch Umstellen obiger Gleichungen zu:

63	70	80	125
140	150	160	180
200	224	250	280
300	315	335	400
450	500	560	600
630	710	800	900
1000	1120	1250	1400
1500	1600	1700	1800
1900	2000		

Normgrößen von Wickelfalzrohren nach DIN EN 1506 und DIN 24145

$$w = \frac{\dot{V}}{A} = \frac{4 \cdot \dot{V}}{d^2 \cdot \pi} = \frac{4 \cdot \dot{m} \cdot v}{d^2 \cdot \pi} = \frac{4 \cdot \dot{m}}{\rho \cdot d^2 \cdot \pi} \qquad (10.5 \text{ bis } 10.8)$$

Beispiel 10.2

Für die Anlage aus Beispiel 1 wird eine Flüssigkeitsleitung aus Cu 12 × 1 und eine Saugleitung aus Cu 42 × 1,5 gewählt. Berechnen Sie jeweils die sich nun einstellende Strömungsgeschwindigkeit.

Lösung:
Geg.: $\dot{m}_R = 252\,kg/h = 0{,}07\,kg/s$; $d_{FL} = 10\,mm$, $v_{FL} = 0{,}848\,dm^3/kg$, $v_{SL} = 135{,}86\,dm^3/kg$, $d_{SL} = 39\,mm$

1. Schritt: Berechnung der Strömungsgeschwindigkeit der gewählten Flüssigkeitsleitung
Da Massenstrom $\dot{m}$, spezifisches Volumen v und Innendurchmesser d bekannt sind, wählen wir die passende Gleichung (10.7) aus:

$$w = \frac{4 \cdot \dot{m}_R \cdot v}{d^2 \cdot \pi} = \frac{4 \cdot 0{,}07\frac{kg}{s} \cdot 0{,}848\frac{dm^3}{kg}}{(0{,}1\,dm)^2 \cdot \pi} = 7{,}558\frac{dm}{s} = \underline{\underline{0{,}756\,m/s}}$$

Die Strömungsgeschwindigkeit in der Flüssigkeitsleitung bewegt sich damit noch im Rahmen zulässiger Werte (vgl. Tabelle am Anfang dieses Kapitels).

2. Schritt: Berechnung der Strömungsgeschwindigkeit der gewählten Saugleitung

$$w = \frac{4 \cdot \dot{m}_R \cdot v}{d^2 \cdot \pi} = \frac{4 \cdot 0{,}07\frac{kg}{s} \cdot 135{,}86\frac{dm^3}{kg}}{(0{,}39\,dm)^2 \cdot \pi} = 79{,}61\,\frac{dm}{s} = \underline{\underline{7{,}96\,m/s}}$$

Auch die Strömungsgeschwindigkeit in der Saugleitung bewegt sich damit noch im Rahmen zulässiger Werte (vgl. Tabelle am Anfang dieses Kapitels).

Beispiel 10.3
Ein Verdichter erzeugt einen Volumenstrom $\dot{V} = 46\,m^3/h$.
Wie groß ist der Massenstrom, wenn das Kältemittel R134a bei $t_0 = -10\,°C$ verdampft und bis zum Verdichtereingang auf $t_{V1} = 10\,°C$ überhitzt wird?
a) Welchen Durchmesser muss die Saugleitung bekommen, wenn am Verdichtereingang eine Strömungsgeschwindigkeit von 10 m/s erreicht werden soll?
b) Welche Strömungsgeschwindigkeit ergibt sich bei einer Saugleitung aus Cu 42 × 1,5?

Lösung:
Geg.: R134a, $\dot{V} = 46\,m^3/h$, $t_0 = -10\,°C$, $t_{V1} = 10\,°C$, $d_{SL} = 39\,mm$.
a) 1. Schritt: Da das Kältemittel bis zum Verdichtereingang, für den der Wert des Volumenstroms bekannt ist, überhitzt, wird das spezifische Volumen nicht aus der Dampftabelle, sondern aus der Überhitzungstabelle bei $t_s = -10\,°C$ und Überhitzung auf 10 °C abgelesen (ergibt $v = 109{,}14\,dm^3/kg$) und mit der umgestellten Gleichung (9.3) der Massenstrom berechnet. Dabei wird der Volumenstrom in m^3/s eingesetzt,: $\dot{V} = 46\frac{m^3}{h} = \frac{46\,m^3}{3600\,s}$:

$$\dot{m}_R = \frac{\dot{V}}{v} = \frac{46\,m^3}{3600\,s \cdot 0{,}10914\,\frac{m^3}{kg}} = \underline{\underline{0{,}1171\,\frac{kg}{s}}}$$

b) 2. Schritt:Berechnung des Innendurchmessers der Saugleitung mit Gleichung 10.3

$$d = \sqrt{\frac{4\,\dot{V}}{\pi \cdot w}} = \sqrt{\frac{4 \cdot 46\,m^3}{3600\,s \cdot \pi \cdot 10\,\frac{m}{s}}} = 0{,}040\,m = \underline{\underline{40\,mm}}$$

c) 3. Schritt: Berechnung der Strömungsgeschwindigkeit mit Gleichung (10.6) bei der gewählten Leitung Cu 42 × 1,5 mit d = 39 mm Innendurchmesser

$$w = \frac{4 \cdot \dot{V}}{\pi \cdot d^2} = \frac{4 \cdot 46\,m^3}{3600\,s \cdot \pi \cdot (0{,}039\,m)^2} = \underline{\underline{10{,}69\,\frac{m}{s}}}$$

10.3 Aufgaben

1. Ein wassergekühlter Verflüssiger benötigt 20 t/h Kühlwasser. Die Strömungsgeschwindigkeit soll 0,75 m/s betragen. Berechnen Sie
   a) den Volumenstrom in dm^3/s,
   b) den erforderlichen Innendurchmesser (mm) der Leitung zum Kühlturm,
   c) die Strömungsgeschwindigkeit bei einer gewählten Leitung mit d = 91 mm/96 mm.

2. Durch eine Flüssigkeitsleitung fließt ein Massenstrom von 0,06 kg/s R134a mit t_{cu} = 34 °C Berechnen Sie
   a) den Volumenstrom in dm^3/s,
   b) den erforderlichen Innendurchmesser d in mm der Leitung für w_{FL} = 0,6 m/s,
   c) die Strömungsgeschwindigkeit bei einer gewählten Leitung mit d = 10 mm/12 mm.

3. Berechnen Sie die fehlenden Werte der Tabelle zur Rohrleitungsdimensionierung (Index 1) bzw. Prüfen der Strömungsgeschwindigkeit (Index 2):

Medium	Ltg.	$\dot{m}$ in kg/s	ρ in kg/dm^3	$\dot{V}$ in dm^3/s	w in m/s	d in mm
Kältemittel A	FL_1	0,052	1,150		0,6	
Kältemittel A	FL_2	0,052	1,150			8
Kältemittel A	SL_1	0,052	0,01189		8	
Kältemittel A	SL_2	0,052	0,01189			25
Kältemittel B	FL_1	0,65	1,171		1	

Medium	Ltg.	$\dot{m}$ in kg/s	ρ in kg/dm^3	$\dot{V}$ in dm^3/s	w in m/s	d in mm
Kältemittel B	FL_2	0,65	1,171			25
Kältemittel B	SL_1	0,65	0,0275		10	
Kältemittel B	SL_2	0,65	0,0275			50
Sole A	1	3,5	1,08		0,7	
Sole A	2	3,5	1,08			72
Sole B	1	1,75	1,06		0,75	
Sole B	2	1,75	1,06			50

4. Berechnen Sie die fehlenden Werte der Tabelle für das Medium Luft in Leitungen mit kreisförmigem Querschnitt:

$\dot{V}$ in m^3/h	$\dot{V}$ in m^3/s	ρ in kg/m^3	$\dot{m}$ in kg/s	w in m/s	d in m
12000		1,189		8	
12000		1,189			0,630
5500		1,2		8	
5500		1,2			0,5
100000		1,175		25	
100000		1,175			1,12
22000		1,245		8	
22000		1,245			0,9

5. Berechnen Sie die fehlenden Werte der Tabelle für das Medium Luft in Kanälen mit quadratischem Querschnitt:

$\dot{V}$ in m^3/h	$\dot{V}$ in m^3/s	ρ in kg/m^3	$\dot{m}$ in kg/s	w in m/s	l in m
300000		1,2		9	
300000		1,2			3,5
17500		1,18		6	
17500		1,18			0,85
29500		1,28		5	
29500		1,28			1,2
74500		1,2		9	
74500		1,2			1,55

6. Eine R134a-Anlage hat einen Massenstrom von 288 kg/h. Berechnen Sie
   a) den Innendurchmesser der Flüssigkeitsleitung (FL) bei t_{cu} = 28 °C und w_{FL} = 1 m/s in mm,

b) die Strömungsgeschwindigkeit in m/s, wenn eine Flüssigkeitsleitung aus Cu 10 × 1 gewählt wird,

c) die Strömungsgeschwindigkeit in m/s, wenn eine Kondensatleitung aus Cu 12 × 1 gewählt wird (Volumenstrom wie in der Flüssigkeitsleitung angenommen),

d) den Volumenstrom in dm^3/s und m^3/h am Verdichtereingang bei einer Verdampfungstemperatur von $t_0 = -12\,°C$ und einer Überhitzung bis zum Verdichtereingang auf $t_{V1} = 15\,°C$,

e) die Strömungsgeschwindigkeit am Verdichtereingang bei einer gewählten Leitung aus Cu 35 × 1,5.

7. Eine Verbundkälteanlage hat einen Volumenstrom von $\dot{V} = 0{,}115\,m^3/s$ in der Saugleitung. Berechnen Sie
   a) den Innendurchmesser der Saugleitung in mm, wenn eine Strömungsgeschwindigkeit von 12 m/s erreicht werden soll,
   b) die Strömungsgeschwindigkeit bei einer Saugleitung mit 104 mm Innendurchmesser,
   c) die Strömungsgeschwindigkeit, bei Drosselung auf 25 % der Leistung,
   d) den erforderlichen Innendurchmesser einer Leitung, die bei 25 % Leistung noch 8,4 m/s Strömungsgeschwindigkeit gewährleistet.

8. Dic Verbundkälteanlage aus Aufgabe 7 hat einen senkrecht steigenden Abschnitt in der Saugleitung. Wegen der erforderlichen Mindestströmungsgeschwindigkeit zum Öltransport von 8,4 m/s im steigenden Abschnitt wird die Leitung dort aufgeteilt (Splitting). Der höchst zulässige Innendurchmesser der kleineren Leitung (A) für 8,4 m/s wurde in 7 d) bereits zu d = 66 mm bestimmt, gewählt wird d = 59 mm. Berechnen Sie

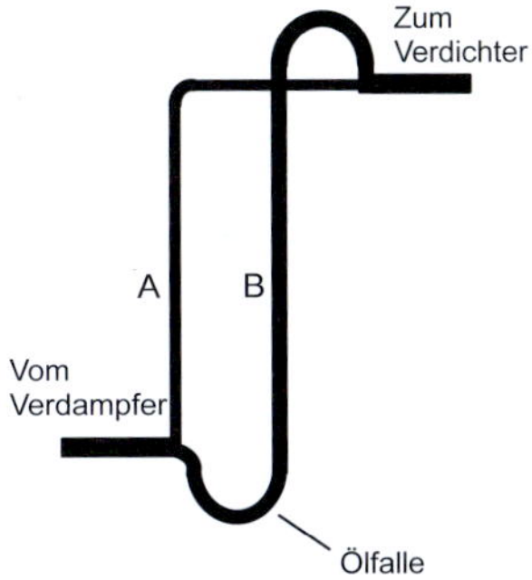

Splitting

   a) die Strömungsgeschwindigkeit in der kleinen Leitung (A) (59 mm), wenn die Anlage bis auf 25 % ihrer Leistung gedrosselt wird (Leitung B außer Betrieb),
   b) den erforderlichen Innendurchmesser der größeren Leitung (B) in mm im Steigteil der Saugleitung, wenn bei Volllast eine Strömungsgeschwindigkeit von 10 m/s erreicht werden soll,
   c) die Strömungsgeschwindigkeit in Leitung B bei Volllast (Leitung A + B in Betrieb) und einem gewähltem Innendurchmesser von 104 mm.

9. Eine bis auf 30 % regelbare Kälteanlage hat bei voller Leistung einen Massenstrom von 0,108 kg/s bei einem spezifischen Volumen des Saugdampfs von 28 dm^3/kg. Die steigende Saugleitung (SL) wird aufgeteilt (Splitting). Berechnen Sie
   a) den erforderlichen Innendurchmesser der SL in mm, wenn bei Volllast eine Strömungsgeschwindigkeit von 11 m/s erreicht werden soll,
   b) den erforderlichen Innendurchmesser der kleinen Leitung (A) in mm, wenn bei 30 % Teillast (Leitung B außer Betrieb) eine Strömungsgeschwindigkeit von 9 m/s erreicht werden soll,
   c) die Strömungsgeschwindigkeit in Leitung A bei 30 % Teillast (Leitung B außer Betrieb) und einem gewähltem Innendurchmesser von 10 mm,
   d) den erforderlichen Innendurchmesser der Leitung B in mm, wenn bei Volllast (Leitung A + B in Betrieb) eine Strömungsgeschwindigkeit von 11 m/s erreicht werden soll,
   e) die Strömungsgeschwindigkeit in Leitung B bei Volllast (Leitung A + B in Betrieb) und einem gewähltem Innendurchmesser von 14 mm.

10. Für eine R134a-Anlage wurde für eine Kälteleistung von 80 kW ein Massenstrom von 0,54 kg/s ermittelt. Weitere Angaben: Verdampfungstemperatur $t_0 = -12\,°C$, Überhitzung bis zum Verdichtereingang um 12 K, Verflüssigungstemperatur $t_c = 40\,°C$, Unterkühlung 1 K, spezifisches Volumen des Druckgases $v_2 = 23{,}5\,dm^3/kg$. Berechnen Sie
   a) den erforderlichen Durchmesser der Saugleitung bei $w_{SL} = 10$ m/s,
   b) den erforderlichen Durchmesser der Druckleitung bei $w_{DL} = 12$ m/s,
   c) den erforderlichen Durchmesser der Flüssigkeitsleitung bei $w_{FL} = 1$ m/s,
   d) die Strömungsgeschwindigkeit, wenn eine Saugleitung aus Cu 88,9 × 2 gewählt wurde,
   e) die Strömungsgeschwindigkeit, wenn eine Druckleitung aus Cu 35 × 1,5 gewählt wurde,
   f) die Strömungsgeschwindigkeit, wenn eine Flüssigkeitsleitung aus Cu 28 × 1,5 gewählt wurde
   g) die Strömungsgeschwindigkeit, nach Teilung der Flüssigkeitsleitung auf drei Leitungen aus Cu 12 × 1.
   h) Bewerten Sie die Strömungsgeschwindigkeiten bei den gewählten Leitungen.

11 Druck, Hydrostatischer Druck, Auftrieb, Druckverlust

11.1 Druck – Einheiten und Formelzeichen

Druck ist definiert als der Quotient aus Kraft und (Druck-)Fläche.

$$\text{Druck} = \frac{\text{Kraft}}{\text{Fläche}} \quad \text{bzw.} \quad p = \frac{F}{A} \tag{11.1}$$

Die SI-Einheit des Drucks ergibt sich als Quotient der SI-Einheit der Kraft F in N und der SI-Einheit der Fläche A in m^2 zu N/m^2. Zu Ehren des französischen Physikers Blaise Pascal (1623 – 1662) wird die Einheit des Drucks Pascal benannt:

$$1\,\text{Pa} = \frac{1\,\text{N}}{1\,\text{m}^2}$$

1 Pascal ist der Druck, den eine Kraft von 1 Newton (das entspricht der Gewichtskraft von etwa 100 Gramm) auf die Fläche 1 Quadratmeter ausübt, somit ein sehr geringer Druck.

Häufig verwendete Vielfache sind:

- Hektopascal 1 hPa = 100 Pa
- Kilopascal 1 kPa = 1 000 Pa
- Megapascal 1 MPa = 1 000 000 Pa (= 10 bar)

Eine besondere Einheit ist das Bar. 1 Bar ist der Druck, den eine Kraft von 10 Newton auf die Fläche 1 Quadratzentimeter ausübt und somit 100 000 Pascal.

$$1\,\text{bar} = 10\frac{\text{N}}{\text{cm}^2} = 100\,000\,\text{Pa}$$

Häufig verwendeter dezimaler Teil ist das Millibar, was einem Hektopascal (hPa) entspricht:

- 1 bar = 1000 mbar
- 1 mbar = 100 Pa = 1 hPa

11.2 Druckarten

Auf der Erde wirkt durch das Gewicht der Lufthülle ein Luftdruck, der erstmals 1644 durch Torricelli (1608 – 1647) mit einem Quecksilberbarometer gemessen wurde. Der Luftdruck ist abhängig von der aktuellen Wetterlage (Hochdruck, Tiefdruck) und der Höhe, in der gemessen wird. Als Normalluftdruck in Meereshöhe wurden 760 mm Quecksilbersäule (760 Torr) festgelegt, das sind 101 325 Pa bzw. 1013,25 hPa und damit ca. 1 bar. Der **Luftdruck** wird mit **Barometern** gemessen und in **Hektopascal** angegeben.

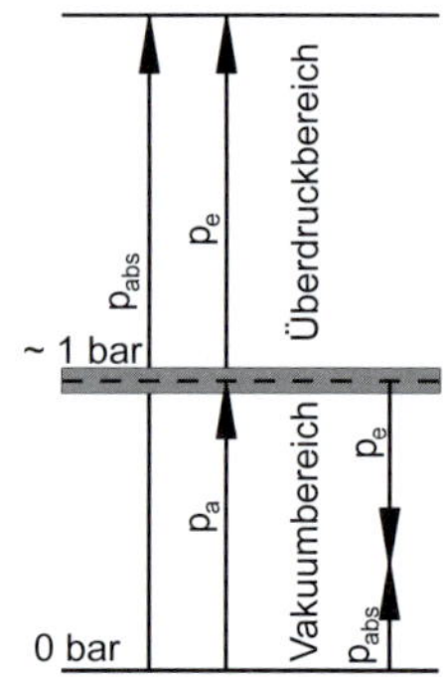

Die in der Kälteanlage herrschenden Drücke werden mit **Manometern** gemessen und in **bar** angegeben. Manometer zeigen den effektiven Überdruck, weil sie bauartbedingt die Differenz messen zwischen dem umgebenden Atmosphärendruck p_a und dem absoluten Druck p_{abs}, der in der Anlage herrscht. Diese Differenz wird als effektiver Überdruck p_e bezeichnet. Dampftabellen für Kältemittel geben den absoluten Druck an.

Überdruck = absoluter Druck – Umgebungsluftdruck

Absoluter Druck = Überdruck + Umgebungsluftdruck

$$p_e = p_{abs} - p_a \quad \text{bzw.} \quad p_{abs} = p_e + p_a \qquad (11.2)$$

Formelzeichen	Größe	Einheit	Bemerkung
p_{abs}	absoluter Druck	bar	vom absoluten Drucknullpunkt aus gemessen
p_a	Umgebungs(luft)druck	hPa	abhängig von Wetterlage und Höhe, mit Barometer zu messen
p_e	effektiver Überdruck	bar	Differenz aus p_{abs} und p_a, mit Manometern zu messen, wird im Vakuumbereich negativ

Beim Evakuieren sinkt der Druck in einem System unter den Umgebungsdruck, der effektive Überdruck wird negativ und wir befinden uns im **Vakuumbereich**. Beim Evakuieren von Kälteanlagen ist die Kenntnis des absoluten Drucks wichtig. Er wird mit einem Absolut-Vakuummeter bestimmt oder als Summe aus effektivem Überdruck (Relativ-Vakuummeter) und Luftdruck (Barometer) berechnet.

Beispiel 11.1
Beim Evakuieren zeigt ein Relativ-Vakuummeter einen effektiven Überdruck von $p_e = -999\,\text{hPa}$, zugleich ein Barometer den Luftdruck mit 1020 hPa. Wie groß ist der absolute Druck in der Anlage?

Lösung:

$$p_{abs} = p_e + p_a = 1020\,\text{hPa} + (-999\,\text{hPa}) = 1020\,\text{hPa} - 999\,\text{hPa} = 21\,\text{hPa}.$$

Dieser Restdruck ist unakzeptabel hoch.

Beispiel 11.2
Eine R134a-Anlage verflüssigt bei $t_c = 35\,°\text{C}$. Mit welcher Kraft wir die Halterung eines Schauglases in der Flüssigkeitsleitung von 2 cm Durchmesser belastet? Der Umgebungsdruck wird mit 1 bar veranschlagt.

Lösung:
Geg.: R134a, $t_c = 35\,°\text{C}$, $p_a = 1\,\text{bar}$, $d = 2\,\text{cm}$

1. Schritt: Druck ermitteln; Dampftabelle R134a bei 35 °C: $p = 8{,}87\,\text{bar}$ (absolut)
2. Schritt: Effektiven Überdruck berechnen: $p_e = p_{abs} - p_a = 8{,}87\,\text{bar} - 1\,\text{bar} = 7{,}87\,\text{bar}$
3. Schritt: Kraft berechnen durch Umstellen der Definitionsgleichung für Druck nach F

$$p = \frac{F}{A} \Rightarrow F = p \cdot A = 7{,}87\frac{10\,\text{N}}{\text{cm}^2} \cdot \frac{(2\,\text{cm})^2 \cdot \pi}{4} = 78{,}7\frac{\text{N}}{\text{cm}^2} \cdot 1\,\text{cm}^2 \cdot \pi = \underline{\underline{247{,}24\,\text{N}}}$$

11.3 Hydrostatischer Druck

So wie das Gewicht der Lufthülle einen Luftdruck verursacht, übt auch eine Flüssigkeitssäule einen **Flüssigkeitsdruck** aus. Er wird als hydrostatischer Druck p in Pa bezeichnet und ist, da sich Druck in Flüssigkeiten und Gasen gleichmäßig in alle Richtungen fortpflanzt, proportional zur Höhe der Flüssigkeitssäule, außerdem ist er abhängig von der Dichte der Flüssigkeit und der Fallbeschleunigung:

$$p = \rho \cdot h \cdot g \qquad (11.3)$$

h	Höhe der Flüssigkeitssäule in m
ρ	Dichte der Flüssigkeit (Rho) in kg/m^3
g	Fallbeschleunigung $9{,}81\,m/s^2$

Der hydrostatische Druck in senkrechten Flüssigkeitsleitungen von Kälteanlagen ist bedeutsam, weil er den Vordruck vor dem Expansionsventil entweder erhöht (fallende Leitung) oder verringert (steigende Leitung).

Beispiel 11.3

Welchen Druck in bar baut eine Wassersäule von 10 m Höhe auf?

Lösung:

Geg.: Wassersäule h = 10 m, $\rho = 1\,kg/dm^3 = 1000\,kg/m^3$

$$p = \rho \cdot h \cdot g = 1000\,\frac{kg}{m^3} \cdot 10\,m \cdot 9{,}81\,\frac{m}{s^2} = 98\,100\,Pa = \underline{\underline{0{,}981\,bar}}$$

In der Praxis wird 10 m Wassersäule mit 1 bar veranschlagt.

Beispiel 11.4

Eine R134a-Anlage verflüssigt bei t_c = 32 °C. Die Flüssigkeitsleitung fällt vor dem Thermostatischen Expansionsventil (TEV) 5 m ab. Ihr Druckverlust durch Strömung und Einbauteile wird mit 20 000 Pa veranschlagt. Welcher Vordruck (bar) herrscht vor dem TEV?

Lösung:

Geg.: R134a, t_c = 32 °C, Flüssigkeitsleitung 5 m fallend

1. Schritt: Druck und Dichte ermitteln

Dampftabelle R134a bei 32 °C: $p = 8{,}15\,bar$ (absolut),

$\rho' = 1{,}179\,kg/dm^3$

$= 1179\,kg/m^3$.

2. Schritt: Hydrostatischen Druck berechnen, dabei das Ergebnis von Pascal in bar umrechnen

$$p = \rho \cdot h \cdot g = 1179\,\frac{kg}{m^3} \cdot 5\,m \cdot 9{,}81\,\frac{m}{s^2} = 57\,829{,}95\,Pa = \underline{0{,}578\,bar}$$

3. Schritt: Gesamtdruck berechnen: Bei fallender Flüssigkeitsleitung addieren sich hydrostatischer Druck und Verflüssigungsdruck, der Druckverlust wirkt stets mindernd

$$p = p_c + p_{hydr.} - p_{Ström.} = 8{,}15\,bar + 0{,}578\,bar - 0{,}2\,bar = \underline{\underline{8{,}528\,bar}}$$

11.4 Auftrieb

Taucht ein Körper in eine Flüssigkeit ein, erfährt er eine Auftriebskraft F_A in N, die der Gewichtskraft der von ihm verdrängten Flüssigkeit entspricht (Archimedisches Prinzip).

$$F_A = \rho \cdot V \cdot g \qquad (11.4)$$

V Eintauchvolumen in m^3 oder dm^3
ρ Dichte der Flüssigkeit in kg/m^3 oder kg/dm^3
g Fallbeschleunigung 9,81 m/s^2

Beispiel 11.5

Welche Auftriebskraft erfährt eine Schwimmerkugel von 12 cm Durchmesser, die zur Hälfte

a) in R134a Flüssigkeit von 30 °C

b) in Öl mit $\rho = 0{,}9\,kg/dm^3$ eingetaucht ist?

Lösung:

Geg.: R134a, $t_{cu} = 30\,°C$, Kugel, $d = 12\,cm$

1. Schritt: Dichte R134a ermitteln;
Dampftabelle R134a bei 30 °C: $\rho' = 1{,}187\,kg/dm^3$.

2. Schritt: Eintauchvolumen der Kugel berechnen, und zwar in dm^3, da die Dichte in kg/dm^3 vorliegt

$$V = \frac{1}{2} \cdot \frac{\pi \cdot d^3}{6} = \frac{\pi \cdot (12\,cm)^3}{12} = \pi \cdot 12^2\,cm^3 = 452{,}39\,cm^3 = \underline{0{,}45239\,dm^3}$$

3. Schritt: Auftriebskraft in R134a berechnen

$$F_{A134a} = \rho \cdot V \cdot g = 1{,}187 \frac{kg}{dm^3} \cdot 0{,}45239\,dm^3 \cdot 9{,}81 \frac{m}{s^2} = \underline{\underline{5{,}27\,N}}$$

4. Schritt: Auftriebskraft in Öl berechnen: Da die Auftriebskraft proportional zur Dichte ist, können wir das Ergebnis von a) mit dem Verhältnis der beiden Dichten umrechnen

$$F_{AÖl} = F_{A134a} \cdot \frac{\rho_{Öl}}{\rho_{134a}} = 5{,}27\,N \cdot \frac{0{,}9}{1{,}187} = \underline{\underline{4\,N}}$$

11.5 Aufgaben

1. Der Arbeitskolben einer Hydraulik-Hebebühne hat einen Durchmesser von 30 (50) cm und soll eine Last von 2000 (15000) kg anheben. Mit welchem effektiven Überdruck in bar muss er beaufschlagt werden?

2. Ein Schauglas hat 2,5 cm Durchmesser. Mit welcher Kraft wird seine Halterung belastet, wenn die Verflüssigungstemperatur t_c = 40 °C beträgt (R134a, p_a = 1 bar)?

3. Ein zylindrischer Sammler von 150 mm Innendurchmesser wird mit Stickstoff bei p_e = 30 bar abgedrückt. Welche Kraft in kN wirkt auf seinen Deckel? (nur mit dem Überdruck rechnen).

4. Mit einem U-Rohr-Manometer, das mit Quecksilber gefüllt ist, wird eine Druckdifferenz gemessen. Der Höhenunterschied zwischen den beiden Flüssigkeitssäulen beträgt 25 mm. Wie groß ist die Druckdifferenz in Pa? (ρ_{Hg} = 13,5951 kg/dm^3)

5. Welcher Höhenunterschied ergäbe sich, wenn das U-Rohr-Manometer aus der vorigen Aufgabe mit Wasser gefüllt wäre?

6. Mit einem Schrägrohrmanometer wird ein Luftfilter überwacht. Welche Druckdifferenz (Pa) herrscht, wenn der Mess-Schenkel bis zu einer Höhe von 55 mm mit einer Flüssigkeit der Dichte 1,0 kg/dm^3 gefüllt ist?

7. Berechnen Sie den Druckverlust von 1 m steigender Flüssigkeitsleitung bei R134a mit einer Temperatur von t_{cu} = 35 °C.

8. Eine Schwimmerkugel hat einen Durchmesser von 10 cm. Welche Auftriebskraft erfährt sie, wenn sie zur Hälfte in Wasser eingetaucht ist?

9. Die Schwimmerkugel eines Schwimmerreglers soll eine Auftriebskraft von 6 N in R134a-Flüssigkeit von 30 °C besitzen, wenn sie zur Hälfte eingetaucht ist. Welchen Durchmesser muss die Kugel besitzen?

10. Ein Hafenponton 12 m × 3 m wiegt 7,5 t und ist mit einem LKW von 20 t Gesamtgewicht beladen. Er liegt in einem abgeschlossenen Hafenbecken.
    a) Wie tief taucht der Ponton ins Wasser?
    b) Auf welchen Wert verändert sich die Eintauchtiefe, wenn der LKW abgeladen wird?
    c) Wie verändert sich die Höhe des Wasserstands im Hafenbecken, wenn der LKW beim Abladen ins Becken fällt?

11. Welche Wassersäule (Höhe) entspricht 1 bar?

12. Berechnen Sie die fehlenden Werte:

	p_{abs}	p_a	p_e
a)	2120 hPa	990 hPa	bar
b)	12,88 bar	hPa	11,87 bar
c)	hPa	1018 hPa	–773 mbar

12 Druckverlust, Verlustleistung, Energiekosten

12.1 Druckverlust

Der Strömungswiderstand (Druckverlust Δp in Pa) in geraden Leitungen ist bei der im Rohrsystem der Kälteanlage meist vorliegenden turbulenten Strömung proportional zum Quadrat der Strömungsgeschwindigkeit, zur Rohrlänge und zur Dichte des Fluids sowie umgekehrt proportional zum Rohrinnendurchmesser. Da die Strömungsgeschwindigkeit wiederum umgekehrt proportional zum Quadrat des Innendurchmessers ist (Gleichung 9.9), wirkt sich eine Änderung des Durchmessers in der fünften Potenz auf den Druckverlust aus. Eine Halbierung des Rohrinnendurchmessers bewirkt also eine Erhöhung des Druckverlusts um den Faktor $2^5 = 32$!

$$\Delta p = \lambda \cdot \frac{l}{d} \cdot \rho \cdot \frac{w^2}{2} \qquad (12.1)$$

l	Rohrlänge in m
d	Rohrinnendurchmesser in m
ρ	Dichte der Flüssigkeit in kg/m^3
w	Strömungsgeschwindigkeit in m/s
λ	Rohrreibungsbeiwert (Kupfer 0,03, Stahl 0,04)

Der Druckverlust von Bögen kann durch eine **äquivalente Rohrlänge** berücksichtigt werden. Das ist die Länge eines geraden Rohrstücks, das den gleichen Druckabfall verursacht wie der Bogen. Die äquivalente Rohrlänge von Bögen und Fittings ist in Tabellen dokumentiert.

Beispiel 12.1

Berechnen Sie den Druckabfall in einer 10 m langen Saugleitung aus Cu 22 × 1,5, die von R134a Saugdampf mit einer Strömungsgeschwindigkeit von 10 m/s durchströmt wird. Der Saugdampf wurde von $t_0 = -10\,°C$ Verdampfungstemperatur auf 10 °C überhitzt. In der Saugleitung sind sechs 90°-Bögen mit je 0,4 m äquivalenter Rohrlänge.

Lösung:

Geg.: R134a, $t_0 = -10\,°C$, $t_{0h} = 10\,°C$, Saugleitung d = 19 mm = 0,019 m, l = 10 m, mit sechs 90°-Bögen à 0,4 m äquivalente Rohrlänge, $\lambda = 0{,}03$, w = 10 m/s

1. Schritt: Rohrlänge berechnen

$$l_{ges} = 10\,m + 6 \times 0{,}4\,m = 12{,}4\,m$$

2. Schritt: Dichte ermitteln

Überhitzungstabelle R134a bei –10 °C, überhitzt auf 10 °C: $\rho = 9{,}16\,\text{kg/m}^3$

3. Schritt: Druckverlust berechnen

$$\Delta p = \lambda \cdot \frac{l}{d} \cdot \rho \cdot \frac{w^2}{2} = 0{,}03 \cdot \frac{12{,}4\,\text{m}}{0{,}019\,\text{m}} \cdot 9{,}16\,\frac{\text{kg}}{\text{m}^3} \cdot \frac{\left(10\,\frac{\text{m}}{\text{s}}\right)^2}{2} = 8969{,}65\,\text{Pa} = \underline{\underline{0{,}09\,\text{bar}}}$$

Beispiel 12.2

Statt einer Leitung 12 × 1 wird versehentlich 10 × 1 verlegt.

a) Um wie viel Prozent verringert sich die Querschnittsfläche?

b) Um wie viel Prozent steigt die Strömungsgeschwindigkeit?

c) Um wie viel Prozent steigt der Strömungswiderstand?

Lösung:

Geg.: $d_1 = 10\,\text{mm} = 0{,}01\,\text{m}$, $d_2 = 8\,\text{mm} = 0{,}008\,\text{m}$

a) Anwendung von Gleichung (9.8). Dabei kommt der Anfangszustand 1 in den Nenner, da die prozentuale Veränderung darauf bezogen wird (Grundwert)

$$\frac{A_2}{A_1} = \frac{d_2{}^2}{d_1{}^2} = \frac{8^2}{10^2} = \frac{64}{100} = 0{,}64 \rightarrow \text{Verringerung um } 36\,\%$$

b) Anwendung von Gleichung (9.7), Kontinuitätsgesetz, die Strömungsgeschwindigkeiten verhalten sich umgekehrt wie die Querschnittsflächen

$$\frac{w_1}{w_2} = \frac{A_2}{A_1} = 0{,}64 \Rightarrow w_2 = \frac{w_1}{0{,}64} = 1{,}5625\,w_1 \rightarrow \text{Steigerung um } 56{,}25\,\%$$

c) Die beiden Druckverluste für d_1 und d_2 (Gleichung 12.1) werden ins Verhältnis gesetzt, wobei die konstanten Größen λ, ρ und l entfallen (sich heraus kürzen), Anfangszustand (Δp_1) wieder als Grundwert in den Nenner

$$\frac{\Delta p_2}{\Delta p_1} = \frac{w_2{}^2 \cdot d_1}{d_2 \cdot w_1{}^2} = \frac{(1{,}5625 w_1)^2 \cdot 10}{8 \cdot w_1{}^2} = 3{,}05 \rightarrow \text{Steigerung um } 205\,\%\ (!)$$

Anmerkung: Der unter c) berechnete Faktor 3,05 ergibt sich auch als fünfte Potenz des Verhältnisses der Innendurchmesser; 10: 8 = 1,25; $(1{,}25)^5 = 3{,}05$.

12.2 Druckverlust und Verlustleistung in Leitungen und an Luftfiltern

Bei Leitungen und Kanälen ergibt sich die zur Überwindung des Strömungswiderstands Δp nötige Leistung P_V in Watt als Produkt von Volumenstrom und Druckverlust.

$$P_V = \dot{V} \cdot \Delta p \qquad (12.2)$$

Bei Luftfiltern in RLT-Anlagen wird der Druckverlust im Anfangszustand Δp_A (Filter neu) und Endzustand Δp_E (Filter ist zu wechseln) angegeben. Die mittlere Verlustleistung P_{Vm} lässt sich als Mittelwert der Verlustleistung im Anfangs- und im Endzustand oder mit dem mittleren Druckverlust Δp_m berechnen:

$$P_{Va} = \dot{V} \cdot \Delta p_a \qquad (12.2\text{-}1)$$

$$P_{Ve} = \dot{V} \cdot \Delta p_e \qquad (12.2\text{-}2)$$

$$P_{Vm} = \frac{P_{Va} + P_{Ve}}{2} \qquad (12.3)$$

$$P_{Vm} = \dot{V} \cdot \Delta p_m \qquad (12.4)$$

$$\Delta p_m = \frac{\Delta p_a + \Delta p_e}{2} \qquad (12.5)$$

P_V Verlustleistung in W
P_{Va} Verlustleistung Anfangszustand in W
P_{Ve} Verlustleistung Endzustand in W
P_{Vm} Mittlere Verlustleistung in W
$\dot{V}$ Volumenstrom in m^3/s
Δp Druckverlust in Pa
Δp_a Druckverlust Anfangszustand in Pa
Δp_e Druckverlust Endzustand in Pa
Δp_m Mittlerer Druckverlust in Pa

12.3 Leistung des Antriebs (Pumpe, Ventilator) und Energiekosten

Flüssigkeiten werden durch Pumpen befördert, bei RLT-Anlagen wird der Lufttransport durch Ventilatoren gewährleistet. Deren Antriebsleistung muss wegen der Verluste im Antriebssystem größer sein als die Verlustleistung im System (Rohrleitungsnetz, Filter). Das wird durch einen entsprechenden Wirkungsgrad berücksichtigt. Die Energiekosten sind abhängig von der verrichteten Arbeit (abhängig von der Laufzeit) und dem Arbeitspreis für elektrische Energie:

$$P_{Motm} = \frac{P_{Vm}}{\eta} \qquad (12.6)$$

$$W_{el} = P_{Motm} \cdot \tau \qquad (12.7)$$

$$K = W_{el} \cdot k \qquad (12.8)$$

P_{Motm} Mittlere Motorleistung in kW
P_{Vm} Mittlere Verlustleistung in W
η Wirkungsgrad in –
K Kosten in €
k Arbeitspreis elektr. Energie in €/kWh
W_{el} Elektrische Arbeit in kWh
τ Laufzeit in h

Beispiel 12.3

Der F5-Filter einer RLT-Anlage hat einen Anfangsdruckverlust von $\Delta p_a = 120\,\text{Pa}$ und muss bei $\Delta p_e = 400\,\text{Pa}$ Enddruckverlust ausgetauscht werden. Der Kanal hat die Innenmaße 60 cm × 80 cm, die Strömungsgeschwindigkeit beträgt w = 8 m/s.

a) Wie groß ist die Verlustleistung in beiden Fällen?

b) Wie groß ist die mittlere Verlustleistung?

c) Welche Leistung nimmt der Antriebsmotor des Ventilators dafür aus dem Stromnetz auf, wenn ein Gesamtwirkungsgrad von $\eta = 0{,}7$ angenommen wird?

d) Welche Jahresarbeit an elektrischer Energie wird benötigt bei 8 h Laufzeit pro Tag an 220 Tagen?

e) Welche Kosten im Jahr entstehen bei einem Arbeitspreis von 0,3 €/kWh?

Lösung:

Geg.: Kanal 0,6 m × 0,8 m, w = 8 m/s, $\Delta p_a = 120\,\text{Pa}$, $\Delta p_e = 400\,\text{Pa}$, $\eta = 0{,}7$, Laufzeit 8 h, 220 d/a.

1. Schritt: Volumenstrom mit Gl. in m³/s berechnen

$$\dot{V} = A \cdot w = 0{,}6\,\text{m} \cdot 0{,}8\,\text{m} \cdot 8\frac{\text{m}}{\text{s}} = \underline{3{,}84\frac{\text{m}^3}{\text{s}}}$$

2. Schritt: Verlustleistung für beide Fälle berechen

$$P_{Va} = \dot{V} \cdot \Delta p_a = 3{,}84\frac{\text{m}^3}{\text{s}} \cdot 120\,\text{Pa} = \underline{\underline{460{,}8\,\text{W}}}$$

$$P_{Ve} = \dot{V} \cdot \Delta p_e = 3{,}84\frac{\text{m}^3}{\text{s}} \cdot 400\,\text{Pa} = \underline{1536\,\text{W}}$$

3. Schritt: Mittlere Verlustleistung berechnen:

$$P_{Vm} = \frac{P_{Va} + P_{Ve}}{2} = \frac{460{,}6\,\text{Pa} + 1536\,\text{Pa}}{2} = \underline{\underline{998{,}4\,\text{W}}}$$

4. Schritt: Mittlere Motorleistung berechnen

$$P_{Motm} = \frac{P_{Vm}}{\eta} = \frac{998{,}4\,\text{W}}{0{,}7} = \underline{\underline{1426{,}29\,\text{W}}}$$

5. Schritt: Jahresarbeit als Produkt aus Laufzeit und Motorleistung berechnen:

$$W_{el} = P_{Motm} \cdot \tau = 1426{,}29\,\text{W} \cdot 8\frac{\text{h}}{\text{d}} \cdot 220\frac{\text{h}}{\text{a}} = 251\,027{,}4\frac{\text{Wh}}{\text{a}} = \underline{\underline{2510{,}3\frac{\text{kWh}}{\text{a}}}}$$

6. Schritt: Jahresenergiekosten als Produkt aus Jahresarbeit und Arbeitspreis berechnen

$$K = W_{el} \cdot k = 2510{,}3\frac{\text{kWh}}{\text{a}} \cdot 0{,}3\frac{€}{\text{kWh}} = \underline{\underline{753{,}08\frac{€}{\text{a}}}}$$

12.4 Aufgaben

1. Statt einer Leitung Cu 18 × 1 wird 15 × 1 verlegt.
   a) Um wie viel Prozent verringert sich die Querschnittsfläche?
   b) Um wie viel Prozent steigt die Strömungsgeschwindigkeit?
   c) Um wie viel Prozent steigt der Strömungswiderstand?

2. Berechnen Sie den Druckabfall in einer 6 m langen Saugleitung aus Cu 18 × 1, die von R134a Saugdampf mit einer Strömungsgeschwindigkeit von 12 m/s durchströmt wird. Der Saugdampf wurde von $t_0 = -2\,°C$ Verdampfungstemperatur auf 20 °C überhitzt. In der Saugleitung sind vier 90°-Bögen mit je 0,3 m äquivalenter Rohrlänge.

3. Die Saugleitung aus Aufgabe 2 wird durch eine der Maße 22 × 1 ersetzt. Volumenstrom und Dichte des Saugdampfs bleiben gleich. Berechnen Sie
   a) die neue Strömungsgeschwindigkeit in m/s,
   b) den neuen Druckverlust in Pa,
   c) die prozentuale Veränderung des Druckverlusts.

4. Eine Saugleitung aus Cu 88,9 × 2 von 10 m Länge wird mit einem Volumenstrom von 235 m^3/h beaufschlagt. Sie wird durch eine gleich lange Leitung aus Stahl mit 105 mm Innendurchmesser ersetzt. Die Dichte des Saugdampfs beträgt 12,5 kg/m^3. Berechnen Sie
   a) die Strömungsgeschwindigkeit der Cu-Leitung in m/s,
   b) den Druckverlust der Cu-Leitung,
   c) die Strömungsgeschwindigkeit der Stahlleitung,
   d) den Druckverlust der Stahlleitung.

5. Ein Feinstaubfilter mit $\Delta p_a = 35\,Pa$, $\Delta p_e = 220\,Pa$ sitzt in einem Luftkanal, der von 2 m^3/s Luft durchströmt wird. Berechnen Sie
   a) die Verlustleistung in W im Anfangszustand
   b) die Verlustleistung in W im Endzustand
   c) die mittlere Verlustleistung in W

6. Ein F5-Filter mit $\Delta p_a = 120\,Pa$, $\Delta p_e = 400\,Pa$ ist in einem rechteckigen Luftkanal 80 cm × 1 m eingebaut bei einer Strömungsgeschwindigkeit von $w = 6\,m/s$. Berechnen Sie
   a) die Querschnittsfläche in m^2
   b) den Volumenstrom in m^3/s
   c) die Verlustleistung im Anfangs- und Endzustand in W
   d) die mittlere Verlustleistung in W

7. An einem Luftfilter stehen folgende Angaben: Filterklasse F5, Volumenstrom 30 000 m^3/h, $\Delta p_a = 120$ Pa, Δp_e 300 Pa. Berechnen Sie
   a) die Verlustleistung im Anfangs- und Endzustand in W
   b) die mittlere Verlustleistung in kW
   c) die mittlere Leistung des Lüftermotors bei einem Wirkungsgrad des Antriebs von 60 % in kW
   d) die Energiekosten an 200 Tagen bei 8 h /d Laufzeit und 0,28 € / kWh.

8. Der Filter aus Aufgabe 7 wird durch einen hochwertigeren F7-Filter ersetzt mit $\Delta p_a = 150$ Pa, $\Delta p_e = 450$ Pa. Berechnen Sie
   a) die mittlere Verlustleistung in Watt
   b) die Erhöhung der Energiekosten durch den neuen Filter bei 8 h/d Laufzeit an 200 Arbeitstagen und Stromkosten von 0,28 €/kWh.

9. Der F5-Filter aus Aufgabe 7 sollte nach 200 Tagen gewechselt werden. Der Kunde will Servicekosten sparen und lässt ihn erst nach 400 Tagen wechseln. In den zusätzlichen 200 Tagen erhöht sich die Druckdifferenz am Filter von 300 Pa auf 500 Pa. Berechnen Sie die Mehrkosten, die dem Kunden entstehen (Energiekosten wie oben).

10. Der über Keilriemen angetriebene Ventilator aus Aufgabe 7 wird durch einen direkt angetriebenen mit hochwertigem Motor ersetzt, sodass der Wirkungsgrad des Antriebs auf $\eta = 0{,}92$ steigt. Berechnen Sie
   a) die Energiekosten an 200 Tagen bei 8 h/d Laufzeit und 0,28 €/kWh,
   b) die Amortisationszeit bei einer Mehrinvestition von 1480 €
   c) die Amortisationszeit bei einer Mehrinvestition von 1480 € und einem Arbeitspreis von 0,11 €/kWh.
   d) Bewerten Sie das Ergebnis von Aufgabe c).

11. Der F7-Filter einer RLT-Anlage hat einen Anfangsdruckverlust von $\Delta p_a = 140$ Pa und muss bei $\Delta p_e = 420$ Pa Enddruckverlust ausgetauscht werden. Der Kanal hat die Innenmaße 80 cm × 100 cm, die Strömungsgeschwindigkeit beträgt $w = 8{,}5$ m/s.
   a) Wie groß ist die Verlustleistung in beiden Fällen?
   b) Wie groß ist die mittlere Verlustleistung?
   c) Welche Leistung nimmt der Antriebsmotor des Ventilators dafür aus dem Stromnetz auf, wenn ein Gesamtwirkungsgrad von $\eta = 0{,}9$ angenommen wird?
   d) Welche Jahresarbeit an elektrischer Energie wird benötigt bei 8 h Laufzeit pro Tag an 365 Tagen?
   e) Welche Kosten im Jahr entstehen bei einem Arbeitspreis von 0,2 €/kWh?

13 Thermodynamische Temperatur, Gasgesetze

13.1 Thermodynamische Temperatur T

Die thermodynamische Temperatur T geht vom absoluten Temperaturnullpunkt aus und wird in Kelvin (K) angegeben. Sie wird deswegen auch absolute Temperatur genannt. Der absolute Temperaturnullpunkt liegt bei $-273{,}15\,°C$, so dass für die Zahlenwerte gilt:

$$T \text{ in K} = t \text{ in °C} + 273{,}15$$

Die Kelvinskala hat die gleiche Schrittweite wie die im Alltag verwendete Celsius-Skala. Beispiel Wasser:

- Eispunkt: 0 °C = 273,15 K,
- Siedepunkt: 100 °C = 373,15 K.

Temperaturdifferenzen werden stets in Kelvin angegeben.
Beispiel: $\Delta T = 50\,°C - 23\,°C = 27\,K$

13.2 Gasgesetze

Ein ideales Gas erfüllt die Gasgesetze. Reale Gase nähern sich den Eigenschaften idealer Gase um so mehr, je weiter sie von ihrem Verflüssigungspunkt entfernt sind (Druck gering, Temperatur hoch). Bei Raumtemperatur und Normaldruck gilt das für Luft, Stickstoff, Edelgase, Sauerstoff, Wasserstoff usw. Kältemittel sind beim Verdampfen und Verflüssigen nicht wie ideale Gase zu berechnen, ihre Stoffwerte entnimmt man der Dampftabelle. Liegen Kältemittel rein gasförmig vor, können ihre Zustandsgrößen näherungsweise mit den Gasgesetzen berechnet werden.

1. Boyle-Mariotte: Bei konstanter Temperatur T ist das Produkt von Druck p und Volumen V eines idealen Gases konstant:

$$T = \text{const.:} \quad p_1 \cdot V_1 = p_2 \cdot V_2 \qquad (13.1)$$

2. Gay-Lussac 1: Bei konstantem Druck ist das Volumen eines idealen Gases proportional zu seiner thermodynamischen Temperatur T:

$$p = \text{const.:} \quad \frac{V_1}{T_1} = \frac{V_2}{T_2} \tag{13.2}$$

3. Gay-Lussac 2: Bei konstantem Volumen ist der Druck eines idealen Gases proportional zu seiner thermodynamischen Temperatur:

$$V = \text{const.:} \quad \frac{p_1}{T_1} = \frac{p_2}{T_2} \tag{13.3}$$

4. Vereinigtes Gasgesetz: Das Produkt aus Druck und Volumen geteilt durch die thermodynamische Temperatur eines idealen Gases ist konstant.

$$\frac{p_1 \cdot V_1}{T_1} = \frac{p_2 \cdot V_2}{T_2} \tag{13.4}$$

13.3 Die allgemeine Zustandsgleichung des idealen Gases, Gaskonstante

In Gleichung 13.4 ist allein das Volumen V abhängig von der Stoffmenge, also der Masse des betrachteten Gases. Teilt man die Gleichung durch die Masse, ersetzt man also das Volumen V durch das spezifische Volumen v (siehe Kapitel 6.3), erhält man eine auf ein Kilogramm des Gases bezogene Konstante. Das ist die so genannte spezielle oder individuelle Gaskonstante R_i:

$$R_i = \frac{p \cdot v}{T} \tag{13.5}$$

Die spezielle Gaskonstante kann leicht aus dem Wertetripel p_0 (Normaldruck 101 325 Pa), T_0 (0 °C = 273,15 K), v_0 (spezifisches Volumen bei p_0, T_0, Kehrwert von ρ_0 = Normdichte) berechnet werden. Mithilfe der Gaskonstanten ergibt sich die allgemeine Zustandsgleichung eines idealen Gases:

$$p \cdot V = m \cdot R_i \cdot T \tag{13.6}$$

Die spezielle Gaskonstante R_i eines Gases multipliziert mit seiner Molmasse M in kg/kmol ergibt die allgemeine (universelle) Gaskonstante R:

$$R = R_i \cdot M = 8314{,}41 \text{ Nm/kmolK} \tag{13.7}$$

Beispiel 13.1

Eine Sauerstoffflasche, die bei Raumtemperatur (t_R = 18 °C) noch p_e = 145 bar anzeigt, kühlt sich in einem Tiefkühlraum auf t_{KR} = –28 °C ab.

a) Welcher absolute Druck herrscht bei 18 °C in der Flasche?

b) Wie lauten die beiden Temperaturwerte in Kelvin?

c) Welcher absolute Druck stellt sich nach der Abkühlung ein?

d) Welche Manometeranzeige stellt sich dabei ein?

Lösung:

Geg.: t_1 = 18 °C, t_2 = –28 °C, p_{e1} = 145 bar

a) $p_1 = p_{e1} + p_a = 145\,\text{bar} + 1\,\text{bar} = 146\,\text{bar}$

b) $t_1 = t_R = 18\,°\text{C} = \underline{\underline{291{,}15\,\text{K}}}$; $t_2 = t_{KR} = -28\,°\text{C} = \underline{\underline{245{,}15\,\text{K}}}$

c) Das Volumen der Sauerstoffflasche ist konstant (V = const.), also gilt Gl. (13.3):

$$\frac{p_1}{T_1} = \frac{p_2}{T_2} \Rightarrow p_2 = \frac{p_1 \cdot T_2}{T_1} = \frac{146\,\text{bar} \cdot 245{,}15\,\text{K}}{291{,}15\,\text{K}} = \underline{\underline{122{,}93\,\text{bar}}}$$

d) $p_{e2} = p_2 - p_a = 122{,}93\,\text{bar} - 1\,\text{bar} = \underline{\underline{121{,}93\,\text{bar}}}$

Beispiel 13.2

Eine Kälteanlage wird mit Stickstoff abgedrückt. Dazu steht Stickstoff in 50-Liter-Flaschen mit 200 bar Überdruck bei 20 °C zur Verfügung. Weitere Angaben: Prüfdruck p_e = 25 bar, Volumen sämtlicher Leitungen, Sammler etc. 720 dm³, t = 20 °C.

a) Wie viel kg Stickstoff enthält eine Flasche (R_{N2} = 296,76 Nm/kgK)?

b) Wie viel kg Stickstoff sind bei Erreichen des Prüfdrucks in der Anlage?

c) Welcher Druck stellt sich ein, wenn die erste Flasche „leer“ ist (Druckausgleich)?

d) Wie viel kg Stickstoff sind dann in der Anlage?

e) Wie viel kg Stickstoff verbleiben dann noch in der Flasche? Bei welchem Druck?

f) Welcher Druck stellt sich ein, wenn die zweite Flasche „leer“ ist (Druckausgleich)?

g) Wie viele Flaschen werden für die Druckprobe benötigt?

Hinweis: Zur Vereinfachung nehmen wir an, dass die Anlage vor Beginn der Druckprobe evakuiert wurde.

Lösung:

Geg.: p_e = 25 bar bzw. 200 bar ⇒ p = 26 bar bzw. 201 bar, t = 20 °C = 293,15 K, V_1 = 50 dm³ = 0,05 m³ bzw. V_2 = 720 dm³ = 0,72 m³

a) 1. Schritt: Da die Masse gefragt ist, benötigen wir Gl. (13.6), die nach m umgestellt wird. Dabei müssen Volumen und Druck in m³ bzw. Pa eingesetzt werden

$$p \cdot V = m \cdot R_i \cdot T \Rightarrow m = \frac{p \cdot V}{R_i \cdot T} = \frac{20\,100\,000\,\text{Pa} \cdot 0{,}05\,\text{m}^3}{296{,}76\,\frac{\text{Nm}}{\text{kgK}} \cdot 293{,}15\,\text{K}} = \underline{\underline{11{,}552\,\text{kg}}}$$

b) Rechnung wie bei a) mit Gl. (13.6), jedoch V = 720 dm³ und p = 26 bar

$$p \cdot V = m \cdot R_i \cdot T \Rightarrow m = \frac{p \cdot V}{R_i \cdot T} = \frac{2\,600\,000\,\text{Pa} \cdot 0{,}72\,\text{m}^3}{296{,}76\,\frac{\text{Nm}}{\text{kgK}} \cdot 293{,}15\,\text{K}} = \underline{\underline{21{,}518\,\text{kg}}}$$

Dieses Ergebnis lässt zunächst erwarten, dass für die Druckprobe nur 2 Flaschen benötigt werden, aber es verbleibt ja jedes Mal ein Rest in der Flasche.

c) 2. Schritt: Da hierbei die Temperatur konstant bleibt (T = const.), können wir Gl. (13.1) anwenden. Dabei ist V_1 das Volumen der Flasche, V_2 das von Flasche + Anlage.

$$p_1 \cdot V_1 = p_2 \cdot V_2 \Rightarrow p_2 = \frac{p_1 \cdot V_1}{V_2} = \frac{201\,\text{bar} \cdot 50\,\text{dm}^3}{770\,\text{dm}^3} = \underline{\underline{13{,}05\,\text{bar}}} \Rightarrow p_e = 12{,}05\,\text{bar}$$

d) 3. Schritt: Wie b), jedoch mit dem Druck von c)

$$m = \frac{p \cdot V}{R_i \cdot T} = \frac{1\,305\,000\,\text{Pa} \cdot 0{,}72\,\text{m}^3}{296{,}76\,\frac{\text{Nm}}{\text{kgK}} \cdot 293{,}15\,\text{K}} = \underline{10{,}800\,\text{kg}}$$

e) Da bei Druckausgleich 10,800 kg in der Anlage sind, verbleiben in der Flasche:

$$11{,}552\,\text{kg} - 10{,}800\,\text{kg} = \underline{\underline{0{,}752\,\text{kg}}}$$

Wegen des Druckausgleichs herrscht in der Flasche der unter b) berechnete Druck von 13,05 bar, also Manometeranzeige p_e = 12,05 bar.

f) 4. Schritt: Die Summe der Massen von Anlage und Flasche verteilt sich auf das Volumen von beiden: m = 11,552 kg + 10,800 kg = 22,352 kg, V beträgt wieder 770 dm³. Gl. (13.6) wird nach p umgestellt

$$p = \frac{m \cdot R_i \cdot T}{V} = \frac{22{,}352\,\text{kg} \cdot 296{,}76\,\frac{\text{Nm}}{\text{kgK}} \cdot 293{,}15\,\text{K}}{0{,}77\,\text{m}^3} = \underline{\underline{2\,525\,346\,\text{Pa} = 25{,}25\,\text{bar}}}$$

g) Da auch mit der zweiten Flasche bei Druckausgleich der Prüfdruck von 26 bar (absolut) noch nicht erreicht wurde, wird eine dritte Flasche benötigt. Zwar enthalten schon zwei Flaschen je 11,552 kg mehr Stickstoff als für die Druckprobe in der Anlage benötigt wird (21,528 kg), aber da die Flaschen nicht „geleert" werden können, reicht das nicht aus.

Beispiel 13.3

In einer Tiefkühlzelle von 6 m × 8 m × 3,5 m herrscht eine Temperatur von –25 °C.

a) Welcher Druck (hPa) stellte sich ein, wenn Außenluft von 1000 hPa und 25 °C in den Raum strömt und dort abkühlt, ohne dass ein Druckausgleich stattfindet?
b) Welche Kraft wäre zum Öffnen der 1 m × 2 m großen Tür erforderlich?
c) Welche Masse entwickelt die gleich große Gewichtskraft?
d) Welche Kraft würde auf Wände und Decke wirken?

Lösung:

Geg.: Tiefkühlzelle 8 m × 6 m × 3,5 m, t_1 = 25 °C, t_2 = –25 °C, p_1 = 1000 hPa.

a) Da in diesem Fall das Volumen konstant bleibt (V = const.), kann Gl. (13.3) angewendet werden:

$$\frac{p_1}{T_1} = \frac{p_2}{T_2} \Rightarrow p_2 = \frac{p_1 \cdot T_2}{T_1} = \frac{1000\,\text{hPa} \cdot 248{,}15\,\text{K}}{298{,}15\,\text{K}} = \underline{\underline{832{,}3\,\text{hPa}}}$$

b) Gleichung (11.2) nach F umstellen und mit dem Differenzdruck von 1000 hPa (Außendruck) und 832,3 hPa (Innendruck) rechnen, Δp = 167,7 hPa. Druck in Pa einsetzen. Dazu wird die Fläche A der Tür benötigt:

$A = b \cdot h = 1\,\text{m} \cdot 2\,\text{m} = \underline{2\,\text{m}^2}$

$$p = \frac{F}{A} \Rightarrow F = p \cdot A = 16\,770\,\text{Pa} \cdot 2\,\text{m}^2 = \underline{\underline{33\,540\,\text{N}}}$$

c) Gleichung (7.2) nach m umstellen und die unter b) berechnete Kraft für F_G nehmen:

$$F_G = m \cdot g \Rightarrow m = \frac{F_G}{g} = \frac{33\,540\,\text{N}}{9{,}81\,\text{m/s}^2} = \underline{\underline{3418{,}96\,\text{kg}}}$$

Bei dieser Druckdifferenz würde also schon die Tür von über 3,4 Tonnen „zugehalten".

d) Rechnung wie a) jedoch mit der Fläche von Wänden und Decke

$A = 2(b \cdot h + l \cdot h) + l \cdot b = 2(6\,\text{m} \cdot 3{,}5\,\text{m} + 8\,\text{m} \cdot 3{,}5\,\text{m}) + 6\,\text{m} \cdot 8\,\text{m} = \underline{146\,\text{m}^2}$

$F = p \cdot A = 16\,770\,\text{Pa} \cdot 146\,\text{m}^2 = \underline{\underline{2\,449\,664{,}4\,\text{N}}}$

Unter dieser Kraft würde jede Kühlzelle zusammenbrechen. Die Rechnung zeigt, wie elementar wichtig eine Druckausgleichsklappe bei Kühlzellen ist.

13.4 Aufgaben

1. Eine Sauerstoffflasche, die bei Raumtemperatur (18 °C) noch p_e = 100 bar anzeigt, kühlt sich in einem Tiefkühlraum auf –24 °C ab. Welche Manometeranzeige stellt sich dabei ein?

2. Trockene Luft hat bei 0 °C und 1,01325 bar eine Normdichte von ρ = 1,293 kg/m³. Welche Dichte hat trockene Luft bei p_1 = 1000 hPa und t_1 = 20 °C?

3. Die Gaskonstante von Ammoniak beträgt 481,13 Nm/kgK.
   a) Berechnen Sie damit seine Normdichte.
   b) Vergleichen Sie sie mit der von Luft (1,293 kg/m³) und geben Sie an, wo sich Ammoniak beim Ausströmen demnach sammelt (oben/unten)!

4. In einem Tiefkühlraum von 6 m × 8 m × 3,5 m herrscht eine Temperatur von –26 °C.
   a) Welcher Druck (hPa) würde sich einstellen, wenn Außenluft von 1000 h Pa und 30 °C in den Raum strömt und dort abkühlt, ohne dass ein Druckausgleich stattfindet?
   b) Welche Kraft wäre zum Öffnen der 1 m × 2 m großen Tür erforderlich?
   c) Welche Kraft würde auf Wände und Decke einwirken?

5. Ein Verdichter für Luft saugt 1000 m³ Luft von 1000 hPa und 20 °C an und verdichtet sie auf p_e = 9 bar, wobei sich ihre Temperatur auf 292,7 °C erhöht.
   a) Welches Volumen nimmt die Luft unmittelbar nach dem Verdichten ein?
   b) Welches Volumen nimmt die verdichtete Luft nach dem Abkühlen auf 20 °C ein?
   c) Welcher Druck würde sich einstellen, wenn die gerade verdichtete Luft in einem geschlossenen Behälter abkühlen würde?

6. Ein evakuierter Sammler von 125 Litern wird bei 20 °C mit Stickstoff abgedrückt (p_e = 25 bar). Wie viel kg Stickstoff sind erforderlich? (R_{N2} = 297 Nm/kgK)

7. Eine R13-Anlage mit m = 1150 kg Füllung soll im Stillstand bei 20 °C maximal p = 20 bar in ihrem Ausgleichsbehälter erreichen. Wie groß muss der Ausgleichsbehälter sein (m³)? (R_{R13} = 79,586 Nm/kgK)

8. Die obige R13-Anlage wird auf R23 (CHF_3) umgestellt.
   a) Wie viel fasst der Behälter unter sonst gleichen Bedingungen? (R_{R23} = 118,76 Nm/kgK)
   b) Welcher absolute Druck stellt sich ein, wenn sich 300 kg R23 bei t = 25 °C in einem 6 m³ große Ausgleichsbehälter befinden? (R_{R23} = 118,76 Nm/kgK)
   c) Welchen Druck zeigt dann das am Behälter angebrachte Manometer?

9. In einer Versuchsanlage (Kaskade) zirkuliert in der Tieftemperaturstufe 20 g Kohlenstoffdioxid (CO_2), das bei –50 °C verdampft und bei –3 °C seine Verflüssigungsenthalpie an R134a abgibt, das bei –10 °C verdampft. Da CO_2 bei Raumtemperatur 20 °C (Stillstand der Anlage) 57,33 bar Dampfdruck entwickelt, muss durch einen Ausgleichsbehälter dafür gesorgt werden, dass es dann nur gasförmig auftreten kann. Welches Volumen (dm^3) muss dieser Menge CO_2 zur Verfügung stehen, damit sein Druck bei 20 °C 20 bar nicht überschreitet? Gaskonstante von CO_2: 188,9 Nm/kgK.

10. Die Gaskonstante von Kohlenstoffdioxid (CO_2) beträgt 188,9 Nm/kgK.
    a) Berechnen Sie sein spezifisches Volumen bei 0 °C mithilfe der Gleichung (13.5) und daraus seine Normdichte.
    b) Vergleichen Sie die Normdichte mit der von Luft (ρ_{0Luft} = 1,293 kg/m^3) und geben Sie an, wo sich CO_2 beim Ausströmen demnach sammelt (oben/unten).

11. Bei einer Lecksuche nach der Seifenblasenmethode bildet sich innerhalb von 10 Sekunden eine 1 cm große kugelförmige Blase aus Stickstoff (Prüfgas). Die Umgebungstemperatur der Anlage beträgt 20 °C. Berechnen Sie
    a) die Dichte von Stickstoff bei dieser Temperatur aus seiner Normdichte von ρ_{0N2} = 1,250 kg/m^3,
    b) die im Laufe eines Jahres aus diesem Leck ausströmende Masse an Stickstoff.

14 Wärmedehnung

14.1 Thermische Längenänderung

Alle Stoffe verändern ihr Volumen abhängig von der Temperatur. Abgesehen von Wasser, das bei 4 °C seine größte Dichte hat (Anomalie des Wassers), dehnen sie sich mit zunehmender Temperatur aus. Für längliche Körper, wie sie in der Technik häufig vorkommen (Stangenmaterial, Rohre), ist nur die Längenänderung Δl interessant. Sie wird mit dem durch Versuche bestimmten, temperaturabhängigen Längenausdehnungskoeffizienten α berechnet:

$$\Delta l = l_1 \cdot \alpha \cdot \Delta T \quad (14.1)$$

$$l_2 = l_1 \cdot (1 + \alpha \cdot \Delta T) \quad (14.2)$$

l_1 Ausgangslänge
α thermischer Längenausdehnungskoeffizient (Alpha) in 1/K
ΔT Temperaturdifferenz in K
l_2 Länge nach Temperaturänderung

14.2 Thermische Volumenänderung

$$\Delta V = V_1 \cdot \gamma \cdot \Delta T \quad (14.3)$$

$$V_2 = V_1 \cdot (1 + \gamma \cdot \Delta T) \quad (14.4)$$

Für feste Körper beträgt der thermische Volumenausdehnungskoeffizient $\gamma = 3\alpha$. Für Flüssigkeiten ist er Tabellen zu entnehmen, für Gase gelten die Gasgesetze (s. Kapitel 13).

ΔV Volumenänderung durch Temperaturänderung
V_1 Ausgangsvolumen
γ therm. Volumenausdehnungskoeffizient (Gamma) in 1/K
ΔT Temperaturdifferenz in K
V_2 Volumen nach Temperaturänderung

Thermischer Längenausdehnungskoeffizient α zwischen 0 °C und 100 °C (Auswahl)					
Glas	0,0000085	Aluminium	0,000024	Messing	0,0000184
PVC	0,000078	Kupfer	0,0000165	Stahl	0,0000118
Thermischer Volumenausdehnungskoeffizient γ (Auswahl)					
Ether	0,0016	Alkohol	0,0011	Wasser	0,0001
Benzol	0,0012	Öl	0,0007	Glykolsole	0,001

Wärmedehnung muss stets berücksichtigt werden, wenn Werkstücke größeren Temperaturschwankungen unterworfen sind, weil die sonst entstehenden Wärmespannungen zu ihrer Verformung oder gar Zerstörung führen können. Das gilt beispielsweise für Leitungen von Kälteanlagen, die im Betrieb wärmer oder kälter sind als im Stillstand der Anlage.

Beispiel 14.1

Eine Saugleitung aus Cu mit einer Länge von 12 m wird bei Raumtemperatur 20 °C installiert. Wie viel mm kürzer wird sie bei Abkühlung auf –28 °C?

Lösung:

Geg.: $t_1 = 20\,°C$, $t_2 = -28\,°C$, ($\Rightarrow \Delta T = -48\,K$), $l_1 = 12\,m$

$$\Delta l = l_1 \cdot \alpha \cdot \Delta T = 12\,000\,mm \cdot 0{,}0000165 \cdot (-48\,K) = \underline{\underline{-9{,}504\,mm}}$$

Beispiel 14.2

In einem offenen Edelstahlbehälter, der bei –20 °C ein Volumen von 2000 dm^3 hat, befinden sich 1950 dm^3 Sole von –20 °C. Im Stillstand der Anlage nehmen Behälter und Sole langsam Raumtemperatur (20 °C) an.

(Behälter: $\alpha = 0{,}000012/K$, Sole: $\gamma = 0{,}001/K$)

a) Wie viel Liter fasst der Behälter bei 20 °C?

b) Welches Volumen nimmt die Sole bei 20 °C ein?

c) Bei welcher Temperatur läuft der Behälter über?

Lösung:

a) Geg.: $V_1 = 2000\,dm^3$, $t_1 = -20\,°C$, $t_2 = 20\,°C$, ($\Rightarrow \Delta T = 40\,K$), $\gamma = 3\alpha = 0{,}000036/K$

$$V_2 = V_1 \cdot (1 + \gamma \cdot \Delta T) = 2000\,dm^3 \cdot (1 + 0{,}000036/K \cdot 40\,K) = \underline{\underline{2002{,}88\,dm^3}}$$

b) Geg.: $V_1 = 1950\,dm^3$, $t_1 = -20\,°C$, $t_2 = 20\,°C$, ($\Rightarrow \Delta T = 40\,K$), $\gamma = 0{,}001/K$

$$V_2 = V_1 \cdot (1 + \gamma \cdot \Delta T) = 1950\,dm^3 \cdot (1 + 0{,}001/K \cdot 40\,K) = \underline{\underline{2028\,dm^3}}$$

c) Bei einer bestimmten Temperatur sind das Volumen des Behälters und das der Sole gleich groß:

$$V_S + \Delta V_S = V_B + \Delta V_B$$

$$V_S + V_S \cdot \gamma_S \cdot \Delta T = V_B + V_B \cdot \gamma_B \cdot \Delta T$$

$$V_S \cdot \gamma_S \cdot \Delta T - V_B \cdot \gamma_B \cdot \Delta T = V_B - V_S$$

$$\Delta T \cdot (V_S \cdot \gamma_S - V_B \cdot \gamma_B) = V_B - V_S$$

$$\Delta T = \frac{V_B - V_S}{V_S\gamma_S - V_B\gamma_B}$$

$$= \frac{2000\,dm^3 - 1950\,dm^3}{1950\,dm^3 \cdot 0{,}001/K \cdot 2000\,dm^3 \cdot 0{,}000036/K}$$

$$= \frac{50\,dm^3}{1{,}878\,dm^3/K}$$

$$= 26{,}62\ K$$

Der Behälter läuft also schon ab (–20 °C + 26,62 K) = 6,6 °C über.

14.3 Flüssigkeitsdruck und Berstschutz

Überall, wo Kältemittel in einem geschlossenen Behälter flüssig vorliegt, besteht die Gefahr, dass die Flüssigkeit bei Erwärmung den Behälter durch ihre thermische Volumenausdehnung zum Bersten bringt. Das gilt für Kältemittelflaschen und innerhalb des Kältemittelkreislaufs für den Sammler, der auch bei Aufnahme der gesamten Füllmenge noch ein Dampfpolster enthalten sollte, sowie für beidseitig absperrbare Leitungsabschnitte, in denen Flüssigkeit vorhanden ist, z. B. in der Flüssigkeitsleitung. Wie sehr sich die Kältemittelflüssigkeit ausdehnt, ist am spezifischen Volumen v' der Flüssigkeit abzulesen, das in der Dampftabelle für die jeweilige Temperatur dokumentiert ist.

Gemäß Gleichung (6.2) V = m · v gilt: Das Volumen V einer bestimmten Masse m eines Stoffs ist proportional zu seinem spezifischen Volumen v. Im Folgenden sind einige Werte für R134a aufgeführt. Jeweils unter der Temperatur in °C steht der Wert für das spezifische Volumen der Flüssigkeit v' in dm^3/kg:

t in °C	10	11	12	13	14	15	16	17	18	19
v' in dm^3/kg	0,793	0,795	0,798	0,800	0,802	0,804	0,807	0,809	0,811	0,814
t in °C	20	21	22	23	24	25	26	27	28	29
v' in dm^3/kg	0,816	0,819	0,821	0,824	0,826	0,829	0,832	0,834	0,837	0,840
t in °C	30	31	32	33	34	35	36	37	38	39
v' in dm^3/kg	0,842	0,845	0,848	0,851	0,854	0,857	0,860	0,863	0,866	0,869
t in °C	40	41	42	43	44	45	46	47	48	49
v' in dm^3/kg	0,872	0,876	0,879	0,882	0,886	0,889	0,893	0,896	0,900	0,904
t in °C	50	51	52	53	54	55	56	57	58	59
v' in dm^3/kg	0,908	0,911	0,915	0,919	0,923	0,928	0,932	0,936	0,941	0,945
t in °C	60	61	62	63	64	65	66	67	68	69
v' in dm^3/kg	0,950	0,955	0,960	0,965	0,970	0,975	0,980	0,986	0,992	0,998
t in °C	70	71	72	73	74	75	76	77	78	79
v' in dm^3/kg	1,004	1,010	1,016	1,023	1,030	1,037	1,044	1,052	1,060	1,068

Beispiel 14.3

Ein Sammler soll bei 20 °C 12 kg R134a Flüssigkeit aufnehmen können und dabei noch 15 % Dampfpolster haben. Berechnen Sie jeweils in dm^3 (Volumenänderung des Behälters vernachlässigt)

a) das Volumen der Flüssigkeit bei 20 °C,
b) das erforderliche Volumen des Sammlers,
c) das Volumen der Flüssigkeit bei 50 °C,
d) das Dampfpolster bei 50 °C,
e) die Temperatur, bei der die Flüssigkeit das gesamte Volumen des Sammlers einnimmt.

Lösung:

Geg.: R134a-Flüssigkeit, t = 20 °C, $v' = 0{,}816\,dm^3/kg$

a) $V_{Fl} = m \cdot v' = 12\,kg \cdot 0{,}816 \frac{dm^3}{kg} = \underline{\underline{9{,}792\,dm^3}}$

b) Das unter a) berechnete Flüssigkeitsvolumen entspricht 85 % des Sammlervolumens

$$V_{Sam} = \frac{V_{Fl}}{0{,}85} = \frac{9{,}792\,dm^3}{0{,}85} = \underline{\underline{11{,}52\,dm^3}}$$

c) $V_{Fl} = m \cdot v' = 12\,kg \cdot 0{,}908 \frac{dm^3}{kg} = \underline{\underline{10{,}896\,dm^3}}$

d) $V_{Polster} = V_{Sam} - V_{Fl} = (11{,}52 - 10{,}896)\,dm^3 = \underline{\underline{0{,}624\,dm^3}}$

e) Gesucht ist das spezifische Volumen v', bei dem 12 kg R134a-Flüssigkeit $11{,}52\,dm^3$ einnehmen. Das erhält man durch Umstellen der Gleichung (6.2) $V = m \cdot v$ nach v:

$$V = m \cdot v \Rightarrow v = \frac{V}{m} = \frac{11{,}52\,dm^3}{12\,kg} = \underline{0{,}96 \frac{dm^3}{kg}}$$

Das entspricht dem Wert für das spezifische Volumen bei t = 62 °C. Das bedeutet, dass ein bei 20 °C zu 85 % mit Flüssigkeit gefüllter Behälter ab 62 °C durch den einsetzenden Flüssigkeitsdruck vor dem Bersten steht.

14.4 Aufgaben

1. Eine Druckleitung aus Kupfer mit einer Länge von 7,8 m wird bei einer Raumtemperatur von 20 °C installiert. Wie viel mm länger wird sie im Betrieb bei Erwärmung auf 110 °C?

2. Ein Luftkanal aus Stahlblech von 10 m Länge erwärmt sich im Brandfall von Raumtemperatur 20 °C bis auf 900 °C. Welche Längenänderung muss ein Kompensator ausgleichen können?

3. Vervollständigen Sie die Tabelle, indem Sie die fehlenden Werte berechnen

	Werkstoff	l_1 in m	ΔT in K	Δl in mm	l_2 in m
a)	Al	1	80		
b)	Cu	7,4	110		
c)	Stahl	8,5	900		
d)	Cu	10,8	110		
e)	Al	12	35		
f)	Al	12		0,0052	
g)	Cu	25		0,033	
h)	Stahl	5		0,00236	
i)	Al		70	0,02016	
j)	Cu		90	0,009	
k)	Stahl		95,3	0,018	

4. Vervollständigen Sie die Tabelle, indem Sie die fehlenden Werte berechnen

	Fluid	V_1 in dm^3	ΔT in K	ΔV in dm^3	V_2 in dm^3
a)	Glykolsole	4500	50		
b)	Alkohol	260	82		
c)	Öl	12	75		
d)	Wasser	1,2	15		

5. Eine Kälteanlage mit indirekter Kühlung enthält in ihrem geschlossenen Rohrleitungssystem Glykolsole, die bei –24 °C ein Volumen von 800 dm^3 einnimmt. Welches Volumen muss der Ausdehnungsbehälter mindestens bereitstellen, damit es im Stillstand (Erwärmung auf +32 °C) nicht zu Flüssigkeitsdruck kommt? (Volumenänderung des Rohrsystems wird vernachlässigt)

6. Berechnen Sie das Mindestvolumen des Ausdehnungsbehälters der Kälteanlage mit indirekter Kühlung (Aufgabe 5) unter Berücksichtigung der Ausdehnung des Rohrsystems (800 dm^3, Werkstoff Kupfer).

7. Versehentlich wird bei der Kälteanlage mit indirekter Kühlung (Aufgabe 5) ein Ausdehnungsbehälter mit nur 30 dm^3 Volumen eingebaut. Bei welcher Temperatur ist unter Berücksichtigung der Ausdehnung des Rohrsystems (800 dm^3, Werkstoff Kupfer) der Behälter „voll“? Nutzen Sie die Formel für ΔT aus Beispiel 14.2c.

8. Ein Sammler soll bei 20 °C 7 kg R134a-Flüssigkeit aufnehmen können und dabei noch 10 % Dampfpolster haben. Berechnen Sie (Volumina in dm^3) unter Vernachlässigung der Volumenänderung des Behälters
   a) das Volumen der Flüssigkeit bei 20 °C,
   b) das erforderliche Volumen des Sammlers,
   c) das Volumen der Flüssigkeit bei 50 °C,
   d) das Dampfpolster bei 50 °C,
   e) die Temperatur, bei der die Flüssigkeit das gesamte Volumen des Sammlers einnimmt.

9. Eine Kältemittelflasche aus Stahl von $V = 10\,dm^3$ enthält bei 22 °C 10 kg R134a Flüssigkeit. Berechnen Sie
   a) das Volumen der Flüssigkeit bei 22 °C in dm^3,
   b) das Dampfpolster bei 22 °C in dm^3,
   c) das Volumen der Flasche bei 55 °C,
   d) das Volumen der Flüssigkeit bei 55 °C.
   e) Bewerten Sie die Volumenänderungen, indem Sie sie ins Verhältnis setzen.

10. Eine Kältemittelflasche von $V = 12\,dm^3$ wird bei 18 °C mit 10 kg R134a Flüssigkeit gefüllt. Berechnen Sie (Volumenänderung des Behälters vernachlässigt)
    a) das Volumen der Flüssigkeit bei 18 °C in dm^3,
    b) das Dampfpolster bei 18 °C in dm^3,
    c) das Dampfpolster bei 18 °C in Prozent des Flaschenvolumens,
    d) das Volumen der Flüssigkeit bei 50 °C,
    e) das Dampfpolster bei 50 °C,
    f) das Dampfpolster bei 50 °C in Prozent des Flaschenvolumens.

11. In einer indirekten Kühlung werden $1400\,dm^3$ Sole bei –22 °C benötigt. Das Rohrsystem aus Cu hat mit dem Ausdehnungsbehälter ein Reservevolumen von $80\,dm^3$. Berechnen Sie
    a) das Volumen der Sole bei 32 °C in dm^3,
    b) das Volumen des Rohrsystems mit Ausdehnungsbehälter bei 32 °C in dm^3,
    c) die Temperatur, bei der die Sole das gesamte Volumen des Systems einnimmt.

12. In das System einer indirekten Kühlung werden $600\,dm^3$ Sole bei einer Temperatur von 24 °C eingefüllt. Im Betrieb wird die Sole auf –36 °C gekühlt. Berechnen Sie (Volumenänderung des Systems wird vernachlässigt)
    a) das Volumen der Sole bei –36 °C in dm^3,
    b) das bei 24 °C nachzufüllende Volumen in dm^3, damit bei –36 °C wieder $600\,dm^3$ im System sind,
    c) das Volumen der gesamten Sole bei 24 °C.

15 Wärmemenge, Wärmestrom

15.1 Zweiter Hauptsatz der Wärmelehre

Wärme ist eine Energieform, die nur in Erscheinung tritt, wenn eine Temperaturdifferenz vorliegt. Dann strömt sie vom Körper mit der höheren zum Körper mit der niedrigeren Temperatur. Diese allgemeine Erfahrungstatsache, dass Wärme niemals von selbst von einem Körper niederer Temperatur zu einem mit höherer Temperatur fließt und somit alle natürlichen Prozesse immer nur in eine Richtung verlaufen (irreversibel sind), bildet den zweiten Hauptsatz der Wärmelehre, der in einer einfachen Formulierung lautet:

Wärme fließt von selbst stets vom Körper höherer Temperatur zum Körper niederer Temperatur.

15.2 Wärme, Wärmemenge, Enthalpie – Einheiten und Formelzeichen

Wärme tritt also erst in Erscheinung, wenn sie Systemgrenzen überschreitet. Zufuhr von Wärme erhöht die innere Energie eines Systems, die als Bewegungsenergie seiner Atome und Moleküle aufgefasst wird. Zugleich kann Wärmezufuhr Volumenänderung bewirken (Ausdehnung bei Gasen, Volumenänderung beim Verdampfen). Das wird durch die Zustandsgröße **Enthalpie** erfasst, die als Summe von innerer Energie und Volumenänderungsarbeit definiert ist. Die innere Energie eines Systems und somit auch seine Enthalpie kann auch durch mechanische Arbeit verändert werden, z. B. beim Verdichten. Insofern sind Wärme und Arbeit gleichwertig (1. Hauptsatz der Wärmelehre). Die SI-Einheit der Wärmemenge ist das Joule (J). Somit haben Wärme und Arbeit auch die gleiche Einheit, denn 1 Joule ist ein Newtonmeter (vgl. Kapitel 8). Als Formelzeichen für die Wärmemenge wird der Großbuchstabe Q genommen.

Weitere Einheiten sind:

- Kilojoule (kJ) 1 kJ = 1000 J = 1000 Nm
- Megajoule (MJ) 1 MJ = 1000 kJ = 1 000 000 J
- Wattsekunde (Ws) 1 Ws = 1 J = 1 Nm
- Wattstunde (Wh) 1 Wh = 3600 Ws = 3600 J
- Kilowattstunde (kWh) 1 kWh = 3600 kWs = 3600 kJ

Eine veraltete Einheit der Wärmemenge ist die Kalorie (cal) bzw. Kilokalorie (kcal). Sie wurde über die durch Wärmezufuhr verursachte Temperaturerhöhung von Wasser definiert: Eine Kalorie ist die Wärmemenge, die die Temperatur von 1 Gramm Wasser von 14,5 °C auf 15,5 °C erhöht. Der Zusammenhang zur SI-Einheit Joule besteht wie folgt:

- 1 cal = 4,1868 J
- 1 kcal = 4,1868 kJ

15.3 Wärmearten

Je nachdem, ob sich durch Wärmezufuhr (oder Wärmeentzug) die Temperatur eines Körpers ändert oder sein Aggregatzustand, unterscheidet man zwischen sensibler und latenter Wärme. Sensible Wärme führt zu einer Temperaturänderung, sie ist mit dem Thermometer erfassbar, latente Wärme nicht, die Temperatur bleibt konstant, dafür ändert sich der Aggregatzustand.

In jedem Fall ist die Wärmemenge Q proportional zu der Masse des erwärmten Stoffs und als Proportionalitätsfaktor wird eine Stoffkenngröße (c, q, r) eingeführt. Im Fall der sensiblen Wärme ist die Wärmemenge zusätzlich proportional zur Temperaturdifferenz:

sensible Wärme:	$Q = m \cdot c \cdot \Delta T$	(Erwärmen, Abkühlen)	(15.1)
latente Wärme:	$Q = m \cdot q$	(Schmelzen, Erstarren)	(15.2)
	$Q = m \cdot r$	(Verdampfen, Verflüssigen)	(15.3)

Q Wärmemenge in kJ
m Masse in kg
c spezifische Wärmekapazität in kJ/kgK
ΔT Temperaturdifferenz in K
q spezifische Schmelz-/Erstarrungswärme in kJ/kg
r spezifische Verdampfungs-/Verflüssigungswärme in kJ/kg

Werte für Wasser/Eis

$$c_W = 4{,}19 \frac{kJ}{kg \cdot K}, \quad c_E = 2{,}1 \frac{kJ}{kg \cdot K}, \quad q = 335 \frac{kJ}{kg}, \quad r = 2258 \frac{kJ}{kg} \text{ (1013,25 hPa)}$$

Die Werte für die spezifische Wärmekapazität c sind abhängig von der Temperatur und vom Aggregatzustand eines Stoffs. Die Temperaturabhängigkeit wird berücksichtigt, indem man einen für den relevanten Bereich geeigneten Mittelwert nimmt. Wie man an den Werten für Wasser bzw. Eis erkennt, ist die spezifische Wärmekapazität nach dem Gefrieren kleiner als im flüssigen Zustand. Dementsprechend gilt das auch für die spezifische Wärmekapazität der wasserhaltigen Lebensmittel (Obst, Gemüse, Fleisch usw.). Die zum Berechnen des Kältebedarfs von Gefriergut wichtigen Werte c_v (vor dem Gefrieren) und c_n (nach dem Gefrieren) sowie die Erstarrungswärme q sind Tabellen zu entnehmen. Die spezifische Verdampfungs-/Verflüssigungswärme der Kältemittel ist temperaturabhängig und in Dampftabellen als spezifische Verdampfungsenthalpie r dokumentiert.

15.4 Wärmestrom

Fließt eine Wärmemenge in einer bestimmten Zeit von einem zu einem anderen Körper, sprechen wir von einem Wärmestrom $\dot{Q}$ (gesprochen „Q-Punkt"). Wärmestrom ist Wärmemenge pro Zeit. Die SI-Einheit für den Wärmestrom ist das Watt und damit die gleiche Einheit wie die der mechanischen Leistung P: ein Watt ist ein Joule pro Sekunde (vgl. Kapitel 8.4).

$$\dot{Q} = \frac{Q}{\tau} \qquad (15.4)$$

Q Wärmemenge in J, kJ
τ Zeit in s

Analog zum Begriff der mechanischen Leistung (Arbeit pro Zeit) spricht man beim Wärmestrom (Wärmemenge pro Zeit) auch von Wärmeleistung oder Heizleistung bzw. beim Entzug vom Wärme (Kälteerzeugung) von Kälteleistung.

Weitere Einheiten sind:
- Kilowatt (kW) 1 kW = 1000 W
- Megawatt (MW) 1 MW = 1000 kW = 1 000 000 W

Die Gleichungen für die Wärmemenge beim Erwärmen/Abkühlen (15.1), beim Schmelzen/Erstarren (15.2) und beim Verdampfen/Verflüssigen (15.3) ergeben durch die Zeit geteilt einen Zusammenhang zwischen Wärmestrom (Wärmemenge pro Zeit) und Massenstrom ($\dot{m}$, Masse pro Zeit, vgl. Kapitel 9.3) Der Massenstrom wird bekanntlich zur Rohrleitungsdimensionierung benötigt (vgl. Kapitel 10, Gleichung (10.4)):

$$\dot{Q} = \dot{m} \cdot c \cdot \Delta T \quad (15.5)$$

$$\dot{Q} = \dot{m} \cdot q \quad (15.6)$$

$$\dot{Q} = \dot{m} \cdot r \quad (15.7)$$

c	spezifische Wärmekapazität in kJ/kgK
ΔT	Temperaturdifferenz in K
q	spezifische Schmelz-/Erstarrungswärme in kJ/kg
r	spezifische Verdampfungs-/Verflüssigungswärme in kJ/kg

Beispiel 15.1

Aus Wasser von 16 °C sollen 600 kg Blockeis von –6 °C hergestellt werden. Berechnen Sie den Kältebedarf (kJ)

a) theoretisch,

b) praktisch bei 5 % Verlust durch Einstrahlung.

c) Wie viel kg R134a müssen dazu bei –16 °C verdampfen?

d) Welche Kälteleistung (kW) muss die Eismaschine haben, damit der Vorgang in 12 Stunden abgeschlossen ist?

Geg.: $m = 600\,kg$, $t_W = 16\,°C$, $t_E = -6\,°C$

a) Bei der Eiserzeugung setzt sich der Kältebedarf aus drei Teilbeträgen zusammen:

1. Abkühlung von der Wasser-Ausgangstemperatur, hier 16 °C, auf 0 °C: $\Delta T_1 = 16\,K$

$$Q_1 = m \cdot c_W \cdot \Delta T_1 = 600\,kg \cdot 4{,}19\frac{kJ}{kgK} \cdot 16\,K = \underline{\underline{40\,224\,kJ}}$$

2. Erstarren des Wassers zu Eis bei 0 °C:

$$Q_2 = m \cdot q = 600\,kg \cdot 335\frac{kJ}{kg} = \underline{\underline{201\,000\,kJ}}$$

3. Abkühlen des Eises von 0 °C auf die Eis-Endtemperatur, hier – 6 °C: $\Delta T_2 = 6\,K$

$$Q_3 = m \cdot c_E \cdot \Delta T_2 = 600\,kg \cdot 2{,}1\frac{kJ}{kgK} \cdot 6\,K = \underline{\underline{7560\,kJ}}$$

Der Gesamtkältebedarf beträgt also:

$$Q_{ges} = Q_1 + Q_2 + Q_3 = 40\,224\,kJ + 201\,000\,kJ + 7560\,kJ = \underline{\underline{248\,784\,kJ}}$$

b) Wegen der Einstrahlungsverluste von 5 % muss entsprechend mehr Kälte erzeugt (Wärme entzogen) werden:

$$Q_{prakt.} = Q_{ges} \cdot 1{,}05 = 248\,784\,kJ \cdot 1{,}05 = \underline{\underline{261\,223{,}2\,kJ}}$$

c) Der unter b) berechnete Kältebedarf muss durch bei –16 °C verdampfendes R134a aufgebracht werden. Deswegen wird Gleichung 15.3 benötigt und nach m umgestellt: Dampftabelle R134a, t = –16 °C: Spezif. Verdampfungsenthalpie r = 210,2 kJ/kg.

$$Q = m \cdot r \Rightarrow m = \frac{Q}{r} = \frac{261\,223{,}2\,\text{kJ}}{208{,}38\,\frac{\text{kJ}}{\text{kg}}} = \underline{\underline{1242{,}74\,\text{kg}}}$$

d) Bei einer in kJ gegebenen Wärmemenge (hier $Q_{prakt.}$) ist die Zeit in Sekunden einzusetzen, um das Ergebnis in kW zu erhalten:

$$\dot{Q} = \frac{Q}{\tau} = \frac{261\,223{,}2\,\text{kJ}}{12\,\text{h} \cdot 3600\,\frac{\text{s}}{\text{h}}} = \underline{\underline{6{,}05\,\text{kW}}}$$

Beispiel 15.2

800 kg Rindfleisch kommen mit 7 °C aus einem Vorkühlraum und sollen bei –25 °C tiefgefroren werden. Werte: c_v = 3,4 kJ/kgK, c_n = 1,7 kJ/kgK, q = 240 kJ/kg, Gefrierpunkt –1,5 °C.

a) Welche Wärmemenge muss entzogen werden?
b) Welche Kälteleistung ist dafür erforderlich, wenn der Vorgang in 3 Stunden abgeschlossen sein soll?

Lösung: Geg.: m = 800 kg, t_1 = 7 °C, t_2 = –25 °C, Gefrierpunkt bei –1,5 °C

a) Wie bei der Eiserzeugung (Beispiel 1) sind hier drei Teilbeträge zu berechnen. Bei der Ermittlung der Temperaturdifferenzen ΔT_1 für die Abkühlung bis zur Erstarrungstemperatur und ΔT_2 für die weitere Abkühlung des gefrorenen Kühlguts bis zur Lagertemperatur ist zu berücksichtigen, dass die Erstarrung nicht bei 0 °C, sondern hier bei –1,5 °C stattfindet: ⇒ ΔT_1 = 8,5 K, ΔT_2 = 23,5 K.

$$Q_1 = m \cdot c_v \cdot \Delta T_1 = 800\,\text{kg} \cdot 3{,}4\,\frac{\text{kJ}}{\text{kgK}} \cdot 8{,}5\,\text{K} = \underline{23\,120\,\text{kJ}}$$

$$Q_2 = m \cdot q = 800\,\text{kg} \cdot 240\,\frac{\text{kJ}}{\text{kg}} = \underline{192\,000\,\text{kJ}}$$

$$Q_3 = m \cdot c_n \cdot \Delta T_2 = 800\,\text{kg} \cdot 1{,}7\,\frac{\text{kJ}}{\text{kgK}} \cdot 23{,}5\,\text{K} = \underline{31\,960\,\text{kJ}}$$

$$Q_{ges} = Q_1 + Q_2 + Q_3 = 23\,120\,\text{kJ} + 192\,000\,\text{kJ} + 31\,960\,\text{kJ} = \underline{\underline{247\,080\,\text{kJ}}}$$

b) $$\dot{Q} = \frac{Q}{\tau} = \frac{247\,080\,\text{kJ}}{3\,\text{h} \cdot 3600\,\frac{\text{s}}{\text{h}}} = \underline{\underline{22{,}88\,\text{kW}}}$$

Beispiel 15.3

Mit einem Wasserkühlsatz wird Prozesswärme abgeführt Das Wasser erwärmt sich an der Kühlstelle von 2 °C auf 6 °C. Die Kälteleistung beträgt 25 kW. Berechnen Sie den erforderlichen Massenstrom in kg/s und kg/h.

Lösung: Geg.: $\dot{Q} = 25\,kW = 25\,kJ/s$, $\Delta T = 4\,K$, $c_W = 4{,}19\,kJ/kgK$. Da es hier um den Zusammenhang zwischen Wärmestrom und Massenstrom geht, wird Gleichung (15.5) benötigt und nach $\dot{m}$ umgestellt:

$$\dot{Q} = \dot{m} \cdot c \cdot \Delta T \Rightarrow \dot{m} = \frac{\dot{Q}}{c \cdot \Delta T} = \frac{25\,\frac{kJ}{s}}{4{,}19\,\frac{kJ}{kgK} \cdot 4\,K} = \underline{\underline{1{,}49\,kg/s}} = \underline{\underline{5369{,}9\,kg/h}}$$

15.5 Aufgaben

1. Eiserzeugung: 100 kg Eis von 0 °C sind aus Wasser von 0 °C zu erzeugen.
   a) Welche Wärmemenge (kJ) muss entzogen werden?
   b) Wie viel kg R134a müssen dazu bei –16 °C verdampfen?

2. 760 kg Wasser sind von 16 °C auf 2 °C zu kühlen.
   a) Welche Wärmemenge (kJ) muss entzogen werden?
   b) Welche Kälteleistung ist erforderlich, wenn der Vorgang in 30 Minuten abgeschlossen sein soll?

3. Ein Wasserkühlsatz hat 400 kW Kälteleistung und kühlt Wasser von 12 °C auf 6 °C
   a) Welche Wärmemenge (kJ) hat der Wasserkühlsatz nach 1 Stunde entzogen?
   b) Wie viel kg Wasser können dadurch in 1 Stunde abgekühlt werden?

4. Eine Brucheismaschine erzeugt pro Tag 5000 kg Eis von –0,5 °C bei einer Wasserzulauftemperatur von 16 °C. Die Einstrahlungsverluste werden mit 3 % veranschlagt. Berechnen Sie
   a) den theoretischen Kältebedarf in kJ,
   b) den praktischen Kältebedarf in kJ,
   c) die erforderliche Kälteleistung in kW.

5. Eine Kälteanlage mit indirekter Kühlung arbeitet mit Glykolsole ($c = 3{,}5\,kJ/kgK$), die sich an der Kühlstelle von –28 °C auf –22 °C erwärmt. Berechnen Sie
   a) den erforderlichen Massenstrom (kg/s) für eine Kälteleistung von 17 kW,
   b) den Innendurchmesser (mm) der Glykolleitung bei einer Dichte der Sole von $\rho = 1{,}06\,kg/dm^3$ und einer Strömungsgeschwindigkeit von 0,5 m/s.

6. In einem Verdampfer verdampfen 0,06 kg/s R134a bei –8 °C.
   a) Wie groß ist die Kälteleistung in kW?
   b) Wie viel kg Wasser von 0 °C können dadurch pro Stunde zu Eis von 0 °C erstarren?

7. Ein Verflüssiger gibt einen Wärmestrom von $\dot{Q}_c = 3{,}2\,kW$ ab.
   a) Wie viel kJ werden an einem Tag bei einer Laufzeit von 14 h/d abgegeben?
   b) Wie viel kg Wasser könnte man mit dieser Wärmemenge von 16 °C auf 50 °C erwärmen?

8. In einem Milchtank müssen 3600 Liter Milch innerhalb von 90 Minuten von 35 °C Melktemperatur auf Lagertemperatur 4 °C gekühlt werden. Dichte der Milch $\rho = 1025\,kg/m^3$, spezifische Wärmekapazität der Milch $c = 3{,}84\,kJ/kgK$. Berechnen Sie
   a) die Masse der Milch (kg),
   b) die zu entziehende Wärmemenge (kJ),
   c) die erforderliche Kälteleistung (kW), wenn 5 % Verlust durch Einstrahlung veranschlagt werden.
   d) Wie viel kg Eis von 0 °C könnte man mit der Wärmemenge schmelzen?

9. In einem Dampfluftbefeuchter wird Wasser zunächst von Wasserzulauftemperatur 16 °C auf 100 °C erwärmt und dann verdampft. Berechnen Sie
   a) die erforderliche Wärmemenge (kJ) für 18 kg Dampf,
   b) die Leistung (kW) des Heizelements, wenn der Vorgang in 1 Stunde abgeschlossen sein soll.
   c) Wie viel kg Eis von 0 °C könnte man mit der Wärmemenge schmelzen?

10. 1200 kg Schweinefleisch kommen mit 6 °C aus einem Vorkühlraum und sollen bei –25 °C tief gefroren werden. Werte: $c_v = 2{,}1\,kJ/kgK$, $c_n = 1{,}3\,kJ/kgK$, $q = 125\,kJ/kg$, Gefrierpunkt –1,5 °C. Berechnen Sie
    a) die zu entziehende Wärmemenge (kJ),
    b) die erforderliche Kälteleistung (kW), wenn der Vorgang in 5 Stunden abgeschlossen sein soll.
    c) Wie viel kg Ammoniak müssen dazu bei –33 °C verdampfen ($r = 1367\,kJ/kg$)?

11. In einer chemischen Fabrik müssen alle 10 Stunden 2000 Liter einer wässrigen Lösung ($\rho = 1{,}03\,kg/dm^3$, $c = 3{,}94\,kJ/kgK$) innerhalb von 20 min von 107 °C auf 12 °C gekühlt werden. Dazu wird die Lösung in Plattenwärmeübertragern mit Eiswasser gekühlt, das einem Eisspeicher entnommen wird. Berechnen Sie
    a) den Kältebedarf (kJ),
    b) die Masse (kg) des dafür bei 0 °C abschmelzenden Eises,
    c) die Kälteleistung (kW) beim Abkühlen,
    d) die Kälteleistung (kW) zum Anspeichern dieser Eismenge in 10 h.

16 Wärmeübertragung

16.1 Arten der Wärmeübertragung

Bei der Wärmeübertragung, die gemäß dem 2. Hauptsatz der Wärmelehre nur bei Vorliegen einer Temperaturdifferenz stattfindet, sind drei Arten zu unterscheiden:

1. Wärmeleitung
   Sie findet statt in festen oder unbewegten flüssigen oder gasförmigen Stoffen, z.B. Wärmeleitung durch die Wandung eines Kupferrohrs, durch eine Kühlraumwand.
2. Konvektion
   Mitführen von Wärme innerhalb bewegter Flüssigkeiten oder Gase (= Fluide), z.B. durch die Kühlraumluft, und zwar entweder als freie Konvektion – die Bewegung erfolgt allein durch die aufgrund Wärmedehnung verursachten Dichteunterschiede (so genannte stille Kühlung) – oder durch erzwungene Konvektion (Ventilator, Pumpe).
3. Wärmestrahlung
   Die Wärmeenergie wird durch elektromagnetische Strahlung übertragen, z.B. Wärme, die durch Sonnenstrahlen oder von einem Heizstrahler übertragen wird.

16.2 Wärmeleitung durch eine ebene Wand

Liegt eine konstante Temperaturdifferenz zwischen Außen- und Innenseite einer Wand vor, fließt ein gleichmäßiger (stationärer) Wärmestrom. Dieser ist

- proportional zur Temperaturdifferenz ΔT,
- proportional zur Wandfläche A,
- abhängig vom Material der Wand,
- umgekehrt proportional zur Wanddicke δ:

$$\dot{Q} \sim \frac{1}{\delta} \cdot A \cdot \Delta T$$

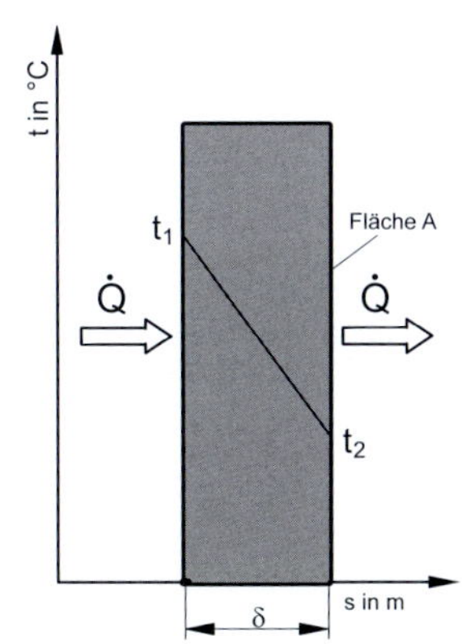

Als Proportionalitätsfaktor wird der Wärmeleitfähigkeitskoeffizient λ („Lambda“) eingeführt, der eine Stoffkenngröße darstellt (auch Wärmeleitzahl). Die Wärmeleitfähigkeit der Stoffe ist temperaturabhängig, wird experimentell ermittelt und ist in Tabellen dokumentiert.

Die Tabelle zeigt den Wärmeleitfähigkeitskoeffizienten einiger Stoffe bei 20 °C:

Stoff	λ in W/mK	Stoff	λ in W/mK
Aluminium	204	Luft	0,0216
Beton	0,75 – 0,95	Putz/Mörtel	0,8
Glas	0,58 – 1,05	Reif	0,09
Gummi	0,17	Stahl (unlegiert)	58
Kalkstein	0,87	Styropor	0,033
Kork	0,037	Wasser	0,62
Kupfer	395	Ziegelstein	0,87

Mit der Wärmeleitzahl λ in W/mk ergibt sich eine Gleichung zur Bestimmung des Wärmestroms $\dot{Q}$ in Watt durch eine ebene Wand:

$$\dot{Q} = \frac{\lambda}{\delta} \cdot A \cdot \Delta T \qquad (16.1)$$

δ Wanddicke (Delta) in m
A Wärmeübertragungsfläche in m^2
ΔT Temperaturdifferenz in K

Analogie mit dem elektrischen Strom

Bei Betrachtung dieser Zusammenhänge fällt eine Analogie zwischen Wärmestrom und elektrischem Strom auf: Der Wärmestrom entspricht dem elektrischen Strom, die treibende Temperaturdifferenz entspricht der angelegten Spannung. Für beide Fälle gilt: Je größer die Spannung (bzw. die Temperaturdifferenz ΔT) desto größer der Strom (Wärmestrom oder elektrischer Strom) und je größer der Widerstand, desto kleiner der Strom. Die zu Gleichung 16.1 analoge Gleichung für den elektrischen Strom lautet $I = \frac{U}{R} = \frac{1}{R} \cdot U$. Dem folgend entspricht der Ausdruck $\frac{\lambda}{\delta} \cdot A$ also $\frac{1}{R}$. Somit ergibt sich der Wärmeleitwiderstand zu $R_\lambda = \frac{\delta}{\lambda \cdot A}$ mit der Einheit Kelvin pro Watt und der spezifische Wärmeleitwiderstand zu $r_\lambda = \frac{\delta}{\lambda}$ mit der Einheit Quadratmeter mal Kelvin pro Watt.

Beispiel 16.1

In einem Labor wird die Wärmeleitfähigkeit neuer Werkstoffe geprüft. Durch eine ebene Dämmstoffplatte von 1 cm Dicke mit den Maßen 50 cm × 50 cm fließt bei einer Temperaturdifferenz von 90 K eine Wärmemenge von 150 kJ in 25 Minuten. Berechnen Sie

a) den Wärmestrom in Watt
b) die Wärmeleitzahl λ in W/mK

Lösung:

a) Geg.: Q = 150 kJ, τ = 25 min = 1500 s

$$\dot{Q} = \frac{Q}{\tau} = \frac{150\,kJ}{1500\,s} = 0{,}1\,kW = \underline{\underline{100\,W}}$$

b) Geg.: $\dot{Q} = 100\,\text{W}$, $\delta = 1\,\text{cm} = 0{,}01\,\text{m}$, $\Delta T = 90\,\text{K}$

$A = l \cdot b = 0{,}5\,\text{m} \cdot 0{,}5\,\text{m} = 0{,}25\,\text{m}^2$

Für die Berechnung von λ ist Gleichung (16.1) umzustellen:

$$\dot{Q} = \frac{\lambda}{\delta} \cdot A \cdot \Delta T \Rightarrow \lambda = \frac{\dot{Q} \cdot \delta}{A \cdot \Delta T} = \frac{100\,\text{W} \cdot 0{,}01\,\text{m}}{0{,}25\,\text{m}^2 \cdot 90\,\text{K}} = \underline{\underline{0{,}044\,\frac{\text{W}}{\text{m} \cdot \text{K}}}}$$

16.3 Wärmeleitung durch eine mehrfach geschichtete ebene Wand

In einer mehrfach geschichteten ebenen Wand ist der Wärmestrom in jeder Schicht gleich groß, die Temperatur fällt linear in Richtung des Wärmestroms und die einzelnen Temperaturdifferenzen der Schichten addieren sich. Für die dargestellte dreischichtige Wand gilt also:

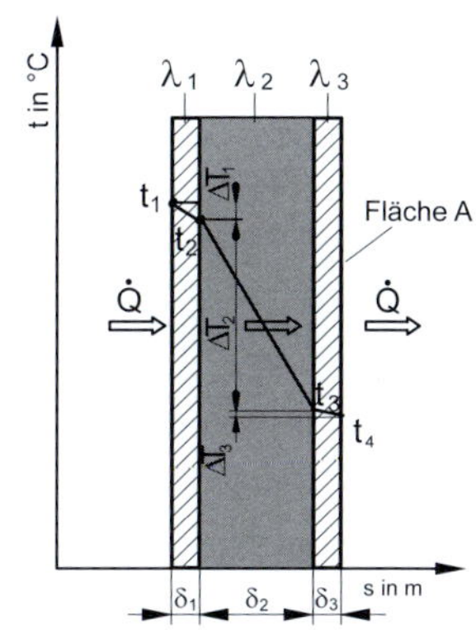

$$\dot{Q} = \frac{\lambda_1}{\delta_1} \cdot A \cdot \Delta T_1 = \frac{\lambda_2}{\delta_2} \cdot A \cdot \Delta T_2 = \frac{\lambda_3}{\delta_3} \cdot A \cdot \Delta T_3 \quad (16.2)$$

$$\Delta T_{ges} = \Delta T_1 + \Delta T_2 + \Delta T_3 \quad (16.3)$$

$$\dot{Q} = \frac{A \cdot \Delta T_{ges}}{\frac{\delta_1}{\lambda_1} + \frac{\delta_2}{\lambda_2} + \frac{\delta_3}{\lambda_3}} \quad (16.4)$$

Die einzelnen Temperaturdifferenzen ergeben sich aus Gleichung (16.2) zu:

$$\Delta T_1 = \frac{\delta_1}{\lambda_1 \cdot A} \cdot \dot{Q} \qquad \Delta T_2 = \frac{\delta_2}{\lambda_2 \cdot A} \cdot \dot{Q} \qquad \Delta T_3 = \frac{\delta_3}{\lambda_3 \cdot A} \cdot \dot{Q} \quad (16.5)$$

Analogie mit dem elektrischen Strom

Bei einer mehrfach geschichteten ebenen Wand addieren sich die spezifischen Wärmeleitwiderstände, das entspricht der Summe $\frac{\delta_1}{\lambda_1} + \frac{\delta_2}{\lambda_2} + \frac{\delta_3}{\lambda_3}$ im Nenner von Gleichung (16.4).

Beispiel 16.2

Für eine dreischichtige Wand gelten folgende Werte gemäß Tabelle. Die Temperatur t_1 an der Außenwand beträgt 25 °C, die an der Innenwand t_4 beträgt –25 °C. Berechnen Sie:

Schicht	δ cm	λ W/mK
1	2	0,6
2	36	0,87
3	3	0,35

a) den Wärmestrom in Watt bei einer Fläche von $28\,m^2$,

b) die Temperaturdifferenzen in Kelvin und die Wandzwischentemperaturen t_2 und t_3,

c) die erforderliche Dicke einer zusätzlichen Dämmplatte (λ = 0,035 W/mK), die den Wärmestrom halbiert.

Lösung:

a) Geg.: $\Delta T_{ges} = 50\,K$, $A = 28\,m^2$, Wandaufbau siehe Tabelle; Gl. (16.4) ist anzuwenden

$$\dot{Q} = \frac{A \cdot \Delta T_{ges}}{\left(\frac{\delta_1}{\lambda_1} + \frac{\delta_2}{\lambda_2} + \frac{\delta_3}{\lambda_3}\right)} = \frac{28\,m^2 \cdot 50\,K}{\left(\frac{0{,}02\,m}{0{,}6\frac{W}{mK}} + \frac{0{,}36\,m}{0{,}87\frac{W}{mK}} + \frac{0{,}03\,m}{0{,}35\frac{W}{mK}}\right)} = \frac{28\,m^2 \cdot 50\,K}{0{,}5328407\frac{m^2K}{W}}$$

$$= \underline{\underline{2627{,}43\,W}}$$

b) Die Temperaturdifferenzen werden mit Gl. (16.5) berechnet

$$\Delta T_1 = \frac{\delta_1}{\lambda_1 \cdot A} \cdot \dot{Q} = \frac{0{,}02\,m \cdot 2627{,}43\,W}{0{,}6\frac{W}{mK} \cdot 28\,m^2} = \underline{\underline{3{,}12789\,K}}$$

$$\Delta T_1 = \frac{\delta_2}{\lambda_2 \cdot A} \cdot \dot{Q} = \frac{0{,}36\,m \cdot 2627{,}43\,W}{0{,}87\frac{W}{mK} \cdot 28\,m^2} = \underline{\underline{38{,}829\,K}}$$

Damit lassen sich die Zwischentemperaturen berechnen

$$t_2 = t_1 - \Delta T_1 = 25\,°C - 3{,}12789\,K = \underline{\underline{21{,}87211\,°C}}$$

$$t_3 = t_2 - \Delta T_2 = 21{,}87211\,°C - 38{,}829\,K = \underline{\underline{-16{,}95689\,°C}}$$

Zur Kontrolle sollte auch ΔT_3 und damit die Temperatur t_4 (– 25 °C) berechnet werden:

$$\Delta T_3 = \frac{\delta_3}{\lambda_3 \cdot A} \cdot \dot{Q} = \frac{0{,}03\,m \cdot 2627{,}43\,W}{0{,}35\frac{W}{mK} \cdot 28 m^2} = \underline{\underline{8{,}04315\,K}}$$

Damit ergibt sich die Innentemperatur t_4 zu

$$t_4 = t_3 - \Delta T_3 = -16{,}95689\,°C - 8{,}04315\,K = \underline{\underline{-25{,}00004\,°C}} \approx -25\,°C$$

c) Wenn der Wärmestrom halbiert werden soll, muss der Nenner in der Gleichung für $\dot{Q}$ aus a) verdoppelt werden (Analogie zum elektrischen Strom: Der Wärmeleitwiderstand muss verdoppelt werden.) Es muss also der gleiche Wert (0,5328407 m²K/W) dazu kommen, und dies durch die weitere Dämmplatte:

$$0{,}5328407\,\frac{m^2K}{W} = \frac{\delta_4}{\lambda_4} \Rightarrow \delta_4 = 0{,}5328407\,\frac{m^2K}{W} \cdot 0{,}035\,\frac{W}{mK} = 0{,}0186\,m \approx \underline{\underline{19\,mm}}$$

Bei dem gegebenen Wandaufbau (ohne Dämmung) würde also eine nur 19 mm dicke Dämmplatte den Wärmeleitwiderstand verdoppeln und somit den Wärmestrom (Wärmeverlust) halbieren.

16.4 Wärmeübergang

Der Wärmeübergang zwischen Fluiden (Flüssigkeiten und Gase) und festen Stoffen ist ein in der Kältetechnik häufig vorkommender Fall, sowohl bei Kühlraumwänden (Übergang Luft zu Wand) als auch bei Wärmeübertragern (Kältemittel oder Kühlmittel zu Rohrwandung bzw. Kühlraumluft zu Lamellen). Beim Wärmeübergang ist der Wärmestrom $\dot{Q}$ in W proportional zur Wandfläche A und der Temperaturdifferenz ΔT. Der Proportionalitätsfaktor wird Wärmeübergangszahl α (Alpha) genannt. Damit ergibt sich der Wärmestrom zu:

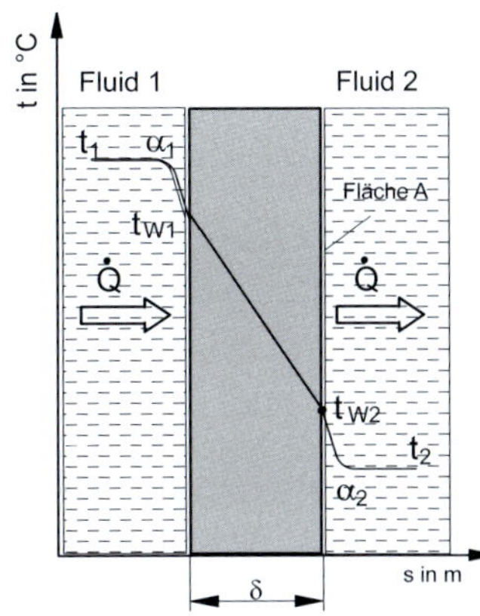

$$\dot{Q} = \alpha \cdot A \cdot \Delta T \qquad (16.6)$$

α Wärmeübergangszahl W/m²K
A Wärmeübertragungsfläche m²

Die Wärmeübergangszahl ist abhängig von der Art des strömenden Fluids, der Strömungsgeschwindigkeit, der Oberflächenbeschaffenheit (glatt oder rau) sowie weiteren Faktoren und kann zwischen 2 und 20 000 W/m²K liegen.

Analogie mit dem elektrischen Strom

Der spezifische Wärmeübergangswiderstand r_α ergibt sich als Kehrwert der Wärmeübergangszahl α: $r_\alpha = \frac{1}{\alpha}$.

16.5 Wärmedurchgang

Ein Wärmedurchgang setzt sich aus mindestens zwei Wärmeübergängen und mindestens einer Wärmeleitung zusammen (s. Abbildung in 16.4).

In der Kälte und Klimatechnik muss oft der Wärmedurchgang durch eine mehrschichtige ebene Wand berechnet werden. Mit der Wärmedurchgangszahl k[1)] werden die beiden Wärmeübergänge (außen und innen) und sämtliche Wärmeleitungen (je nach Anzahl n der Schichten) erfasst.
Damit ergibt sich der Wärmestrom $\dot{Q}$ in W für eine mehrschichtige Wand zu:

$$\dot{Q} = k \cdot A \cdot \Delta T \qquad (16.7)$$

A Fläche in m^2
ΔT gesamte Temperaturdifferenz (= Summe der Einzeldifferenzen) in K

Die Wärmedurchgangszahl (k-Wert) in W/m^2K berechnet sich als Kehrwert der Summe der einzelnen spezifischen Wärmeleitwiderstände r_λ und der beiden spezifischen Wärmeübergangswiderstände r_α:

$$k = \frac{1}{\frac{1}{\alpha_a} + \frac{\delta_1}{\lambda_1} + \frac{\delta_2}{\lambda_2} + \frac{\delta_3}{\lambda_3} + \ldots + \frac{\delta_n}{\lambda_n} + \frac{1}{\alpha_i}} \qquad (16.8)$$

α_a Wärmeübergangszahl außen (Alpha) in W/m^2K
α_i Wärmeübergangszahl innen in W/m^2K
λ Wärmeleitzahl (Lambda) in W/mK
δ Wanddicke (Delta) in m

Beispiel 16.3
Eine Tiefkühlzelle mit den Maßen l = 4,4 m, b = 3,5 m, h = 2,75 m hat einen dreischichtigen Aufbau gemäß Tabelle. Die Innentemperatur beträgt $t_{KR} = -18\,°C$, die Außentemperatur $t_a = 25\,°C$. Die TK-Zelle ist unterlüftet und die Temperatur unterhalb der Kühlzelle beträgt 20 °C. Die Wärmeübergangswerte werden mit $\alpha_a = 25\,W/m^2K$ und $\alpha_i = 8\,W/m^2K$ veranschlagt. Die Kühlzellentür (2 m × 1 m) hat den gleichen Aufbau wie die Wand. Berechnen Sie

	Material	δ in mm	λ in W/mK
1	Stahlblech	1	58
2	Polyurethan	100	0,024
3	Chromstahl	0,5	46,7

a) den k-Wert der Wand,
b) den Wärmestrom durch Boden sowie Wände und Decke.

1) Seit Einführung der Energieeinspar-Verordnung (EnEV) 2002 wird im Bereich Gebäudetechnik europaweit für die Wärmedurchgangszahl der Buchstabe U genommen, der sich jedoch im Bereich der Kälte- und Klimatechnik noch nicht durchgesetzt hat. Hier wird weiterhin die Bezeichnung „k-Wert" verwendet.

a) Lösung erfolgt gemäß Gl. (16.8)

$$k = \frac{1}{\frac{1}{\alpha_a} + \frac{\delta_1}{\lambda_1} + \frac{\delta_2}{\lambda_2} + \frac{\delta_3}{\lambda_3} + \frac{1}{\alpha_i}}$$

$$= \frac{1}{\frac{1}{25\,\text{W/m}^2\text{K}} + \frac{0{,}001\,\text{m}}{58\,\text{W/mK}} + \frac{0{,}1\,\text{m}}{0{,}024\,\text{W/mK}} + \frac{0{,}0005\,\text{m}}{46{,}7\,\text{W/mK}} + \frac{1}{8\,\text{W/m}^2\text{K}}}$$

$$= \underline{\underline{0{,}23086\,\text{W/m}^2\text{K}}}$$

b) Für die Berechnung des Wärmestroms mit Gl. (16.7) müssen zunächst die Flächen berechnet werden, und zwar getrennt, wenn unterschiedliche Temperaturdifferenzen oder k-Werte vorliegen. Hier ist also eine getrennte Rechnung für den Boden erforderlich:
Flächen mit $t_a = 25\,°\text{C}$ ($\Delta T = 43\,\text{K}$) sind Seitenwände und Decke:

$$A_{W+D} = 2 \cdot (l \cdot h + b \cdot h) + l \cdot b$$
$$= 2 \cdot (4{,}4\,\text{m} \cdot 2{,}75\,\text{m} + 3{,}5\,\text{m} \cdot 2{,}75\,\text{m}) + 4{,}4\,\text{m} \cdot 3{,}5\,\text{m}$$
$$= 43{,}45\,\text{m}^2 + 15{,}4\,\text{m}^2 = \underline{\underline{58{,}85\,\text{m}^2}}$$

Eine Fläche mit $t_a = 20\,°\text{C}$ ($\Delta T = 38\,\text{K}$) ist der Boden: Er hat die gleiche Fläche wie die Decke, $A_B = 15{,}4\,\text{m}^2$.
Wärmeströme:

$$\dot{Q}_{W+D} = k \cdot A_{W+D} \cdot \Delta T_{W+D} = 0{,}2308\,\frac{\text{W}}{\text{m}^2\text{K}} \cdot 58{,}85\,\text{m}^2 \cdot 43\,\text{K} = \underline{584\,\text{W}}$$

$$\dot{Q}_B = k \cdot A_B \cdot \Delta T_B = 0{,}2308\,\frac{\text{W}}{\text{m}^2\text{K}} \cdot 15{,}4\,\text{m}^2 \cdot 38\,\text{K} = \underline{135\,\text{W}}$$

$$\dot{Q} = \dot{Q}_{W+D} + \dot{Q}_B = 584\,\text{W} + 135\,\text{W} = \underline{\underline{719\,\text{W}}}$$

16.6 Mittlere logarithmische Temperaturdifferenz

Wärmeübertrager zur Kühlung von Flüssigkeiten bestehen im einfachsten Fall aus einem Innenrohr mit Fluid a und einem dieses umhüllenden Außenrohr mit Fluid b. Sie können im Gleichstrom und im Gegenstrom betrieben werden.

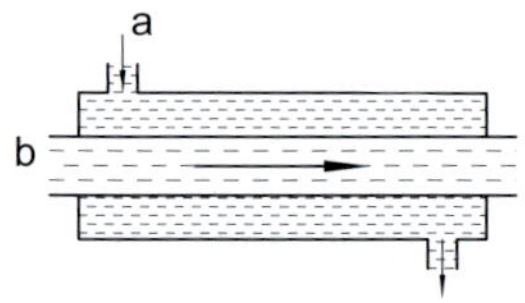

Gleichstromwärmeübertrager

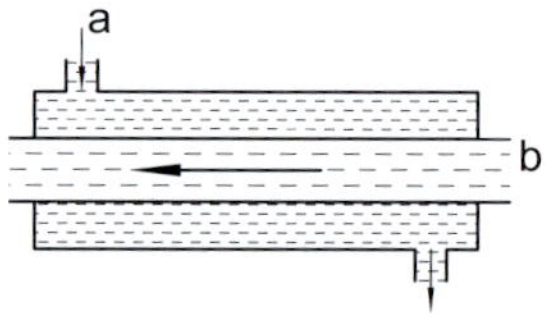

Gegenstromwärmeübertrager

In solchen Wärmeübertragern ist die Temperaturdifferenz zwischen den beteiligten Fluiden nur konstant, wenn beide einen Phasenwechsel durchlaufen (latente Wärme). Das ist z. B. im Verdampfer/Verflüssiger von Kaskadenkälteanlagen der Fall: Das Kältemittel der unteren Temperaturstufe verflüssigt (t_c = const.) und gibt seine Wärme an das verdampfende Kältemittel (t_0 = const.) der oberen Temperaturstufe ab. In den meisten Fällen ändert sich aber die Temperatur von mindestens einem der beiden Fluide:

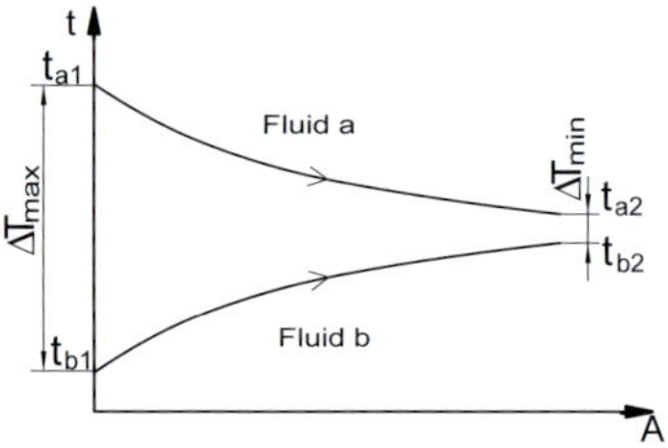

Temperaturverlauf über der Fläche (A) bei Gleichstromwärmeübertragung

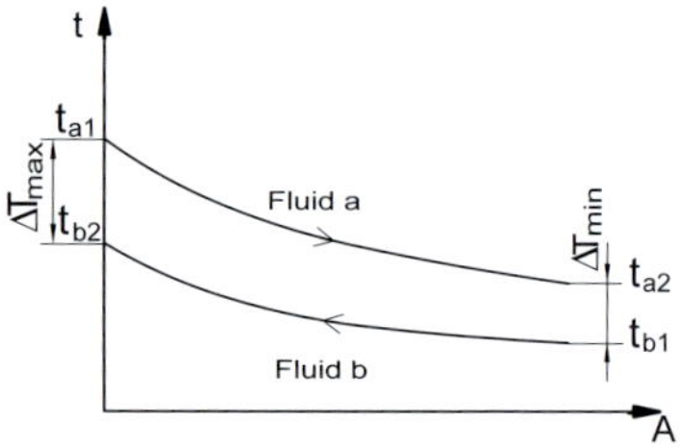

Temperaturverlauf über der Fläche (A) bei Gegenstromwärmeübertragung

In diesen Fällen muss mit der mittleren logarithmischen Temperaturdifferenz ΔT_m gerechnet werden:

$$\Delta T_m = \frac{\Delta T_{max} - \Delta T_{min}}{\ln \frac{\Delta T_{max}}{\Delta T_{min}}} \qquad (16.9)$$

ΔT_{max}	maximale Temperaturdifferenz zwischen den Fluiden in K
ΔT_{min}	minimale Temperaturdifferenz zwischen den Fluiden in K
ln	natürlicher Logarithmus

Beispiel 16.4

Mit einem Doppelrohr-Wärmeübertrager wird Wasser von 28 °C auf 10 °C gekühlt. Im Innenrohr fließt Eiswasser, das sich von 0,5 °C auf 6 °C erwärmt. Berechnen Sie die mittlere logarithmische Temperaturdifferenz

a) im Gleichstrombetrieb,

b) im Gegenstrombetrieb.

c) Bewerten Sie den Unterschied.

Lösung:

Zur Berechnung der beiden Temperaturdifferenzen ΔT_{max} und ΔT_{min} empfiehlt es sich, eine Skizze für Gleich- und Gegenstrombetrieb anzufertigen:

a)

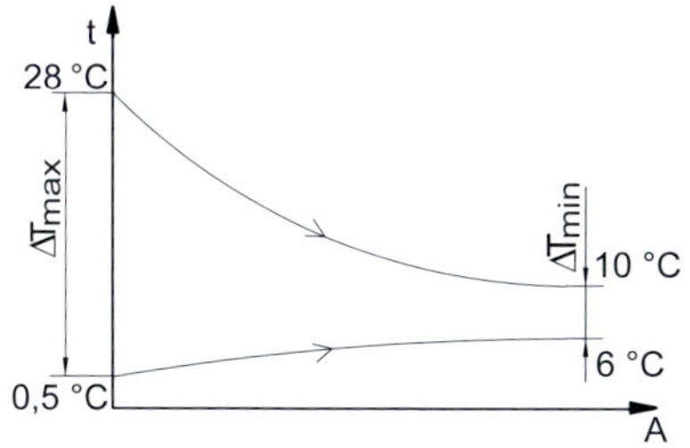

b)

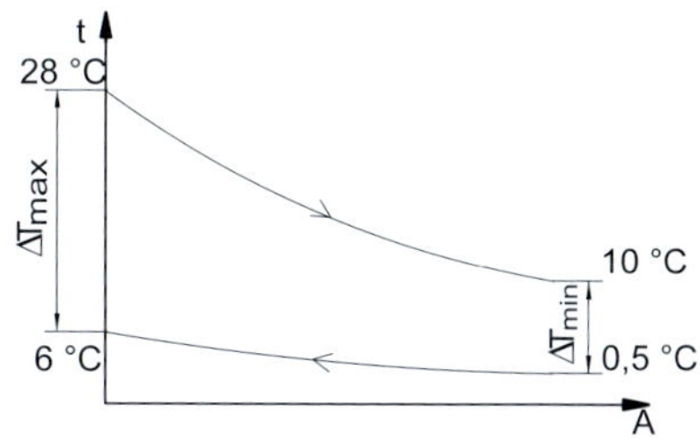

a) $\Delta T_{max} = 27{,}5\,K \quad \Delta T_{min} = 4\,K$

$$\Delta T_m = \frac{\Delta T_{max} - \Delta T_{min}}{\ln \frac{\Delta T_{max}}{\Delta T_{min}}} = \frac{27{,}5\,K - 4\,K}{\ln \frac{27{,}5\,K}{4\,K}}$$

$$= \frac{23{,}5\,K}{\ln 6{,}875} = \frac{23{,}5\,K}{1{,}92789} = \underline{\underline{12{,}189\,K}}$$

b) $\Delta T_{max} = 22\,K \quad \Delta T_{min} = 9{,}5\,K$

$$\Delta T_m = \frac{\Delta T_{max} - \Delta T_{min}}{\ln \frac{\Delta T_{max}}{\Delta T_{min}}} = \frac{22\,K - 9{,}5\,K}{\ln \frac{22\,K}{9{,}5\,K}}$$

$$= \frac{12{,}5\,K}{\ln 2{,}3157} = \frac{12{,}5\,K}{0{,}83975} = \underline{\underline{14{,}885\,K}}$$

c) Die Rechnung zeigt, dass Gegenstrombetrieb die größere mittlere logarithmische Temperaturdifferenz ergibt. Da der übertragene Wärmestrom proportional zur Temperaturdifferenz ist, hat also ein Wärmeübertrager im Gegenstrombetrieb mehr Wärmeübertragungsleistung als im Gleichstrombetrieb.

16.7 Aufgaben

1. Eine zweischichtige Wand hat folgenden Aufbau:
   24 cm Mauerwerk mit $\lambda = 0{,}87$ W/mK, 20 cm Dämmung mit $\lambda = 0{,}04$ W/mK, Wärmeübergangszahlen: $\alpha_i = 8$ W/m²K, $\alpha_a = 25$ W/m²K. Berechnen Sie
   a) die Wärmedurchgangszahl (k-Wert),
   b) den Wärmestrom bei $t_a = 25$ °C, $t_i = -25$ °C und einer Fläche von 25 m²,
   c) den Temperaturabfall in der Dämmung.
   d) Wie groß wäre der Wärmestrom bei $t_a = 0$ °C?

2. In einem Labor wird die Wärmeleitfähigkeit neuer Werkstoffe geprüft. Durch eine ebene Kunststoffplatte von 2 cm Dicke mit den Maßen 20 cm × 20 cm fließt bei einer Temperaturdifferenz von 90 K eine Wärmemenge von 184 kJ in 30 Minuten. Berechnen Sie
   a) den Wärmestrom in Watt,
   b) die Wärmeleitzahl λ in W/mK.

3. Ein Doppelrohr-Wärmeübertrager hat ein Innenrohr aus Cu 16 × 1. Die Wärmeübergangszahlen werden beidseitig mit $\alpha = 2500$ W/m²K veranschlagt. Die Temperaturdifferenz beträgt 5 K. Berechnen Sie
   a) den k-Wert des Apparats,
   b) die erforderliche Rohrlänge zur Übertragung von 7 kW (mit d = 16 mm rechnen).

4. Ein kugelförmiger Lagerbehälter für R134a hat d = 7 m und wird durch Kühlung auf t = –26 °C bei p = 1 bar gehalten. Nach Ausfall der Kühlung verdampft pro Stunde 35 kg Kältemittel bei einer Außentemperatur von 20 °C. Berechnen Sie
   a) die Behälteroberfläche in m²,
   b) den Wärmestrom in W,
   c) den k-Wert der Wandung.
   d) Wie viel Kältemittel würde verdampfen, wenn die Außentemperatur auf 30 °C ansteigt?

5. Ein Tiefkühllagerhaus hat eine Innentemperatur von $t_{KR} = -26$ °C bei einer Umgebungstemperatur von 30 °C. Die Werte für die Wärmeübergänge und den Aufbau der Wand finden Sie in der Tabelle. Legen Sie die Tabelle an und tragen Sie die zu berechnenden Werte ein. Berechnen Sie
   a) die einzelnen spezifischen Wärmewiderstände in m²K/W,
   b) die Wärmedurchgangszahl (k-Wert) der Wand,
   c) die einzelnen Temperaturdifferenzen. In welcher Schicht erfolgt der größte Temperaturabfall?

	Stärke δ m	λ W/mK	α W/m²K	δ/λ bzw. 1/α m²K/W	ΔT K
Übergang außen	–	–	28		
Außenputz	0,02	0,8			
Ziegelmauer	0,3	0,87			
Dampfsperre	0,0005	0,2			
Wärmedämmung	0,2	0,034			
Innenputz	0,02	0,8			
Übergang innen	–	–	8		
k-Wert in W/m²K					56

6. Die Dämmung eines Tiefkühllagerhauses mit dem gleichen Wandaufbau wie in Aufgabe 5 wird statt mit 20 cm mit 30 cm eingesetzt. Berechnen Sie
   a) den k-Wert mit dieser Ausführung der Dämmung,
   b) den Wärmestrom bei einer Außenfläche des TK-Lagers von $8400\,m^2$ und einer angenommenen Außentemperatur von 14 °C (= mittlere Jahrestemperatur) mit der Dämmung 20 cm und 30 cm,
   c) die in einem Jahr eingeströmte Wärmemenge in kWh für beide Fälle,
   d) die Einsparung an Jahresenergiekosten mit der erhöhten Dämmung unter der Annahme, dass die Kälte erzeugenden Verdichter die Hälfte des abzuführenden Wärmestroms als Antriebsleistung benötigen und der Arbeitspreis für elektrische Energie 0,3 €/kWh beträgt.

7. In einem Doppelrohr-Wärmeübertrager erwärmt sich Kühlwasser von 1 °C auf 20 °C, während die zu kühlende Flüssigkeit von 32 °C auf 8 °C gekühlt wird. Der Massenstrom des Kühlwassers beträgt 540 kg/h. Berechnen Sie
   a) die Kühlleistung in kW,
   b) die mittlere logarithmische Temperaturdifferenz,
   c) den k-Wert des Wärmeübertragers, wenn seine Fläche $1{,}2\,m^2$ beträgt,
   d) die spezifische Wärmekapazität der zu kühlenden Flüssigkeit, wenn ihr Massenstrom 600 kg/h beträgt.

8. In einer Molkerei werden in einem Gegenstromwärmeübertrager 10 000 l/h Milch ($c = 3{,}84\,kJ/kgK$, $\rho = 1{,}025\,kg/dm^3$) nach dem Hoch-Pasteurisieren von 92 °C auf 25 °C vorgekühlt. Zum Kühlen stehen 40 000 l/h Wasser mit einer Eintrittstemperatur von $t_{W1} = 1\,°C$ zur Verfügung. Berechnen Sie
   a) den durchschnittlichen Wärmestrom (kW),
   b) die Temperatur des Wassers am Austritt des Wärmeübertragers,
   c) die mittlere Temperaturdifferenz,

d) die Größe der Wärmeübertragerfläche, wenn mit einer Wärmedurchgangszahl von 1200 W/m²K gerechnet werden kann.

9. Eine Tiefkühlzelle mit den Maßen l = 3,4 m, b = 3,0 m, h = 2,5 m hat einen dreischichtigen Aufbau gemäß Tabelle. Die Innentemperatur beträgt t_{KR} = – 18 °C, die Außentemperatur t_a = 18 °C. Die TK-Zelle ist unterlüftet und die Temperatur unterhalb der Kühlzelle beträgt 15 °C. Da die Zelle in einem geschlossenen Raum steht, werden die Wärmeübergangswerte mit $\alpha_a = \alpha_i$ = 8 W/m²K veranschlagt. Die Kühlzellentür (2 m × 1 m) hat den gleichen Aufbau wie die Wand. Berechnen Sie
   a) den k-Wert der Wandung,
   b) den Wärmestrom durch Boden sowie Wände und Decke.

	Material	δ in mm	λ in W/mK
1	Stahlblech	0,8	58
2	Polyurethan	120	0,024
3	Chromstahl	0,5	46,7

10. Die Tabelle zeigt den Aufbau von Beton-Sandwich-Elementen für die Wand eines Tiefkühlhochregallagers mit t_{KR} = –28 °C. Die Wärmeübergangszahlen werden mit α_a = 25 W/m²K und α_i = 8 W/m²K veranschlagt. Berechnen Sie
   a) den k-Wert der Wandung,
   b) die Grenztemperaturen im Sommer (t_a = 25 °C),
   c) den Wärmestrom bei einer Außenfläche des TK-Lagers von 5600 m² und einer angenommenen Außentemperatur von 14 °C (= mittlere Jahrestemperatur),
   d) die in einem Jahr eingeströmte Wärmemenge in kWh,
   e) die Jahresenergiekosten für die Abfuhr dieser Wärmemenge unter der Annahme, dass die Kälte erzeugenden Verdichter mit 1 kWh Antriebsenergie 1,9 kWh Wärme abführen und der Arbeitspreis für elektrische Energie 0,28 €/kWh beträgt.

	Material	δ in mm	λ in W/mK
1	Beton	80	0,75
2	Polystyrolschaum	300	0,033
3	Beton	120	0,75

17 Luftbehandlung

Luft dient im Kühlraum als Kälteträger und überträgt die Wärme vom Kühlgut zum Verdampfer, meist durch erzwungene (Ventilatorluftkühler), selten durch natürliche Konvektion (stille Kühlung). Luft wird aber auch im Bereich der Klimatechnik aufbereitet, um gewünschte Raumluftbedingungen für Personen (Komfortklimatisierung) oder Produkte bzw. Prozesse (Industrieklimatisierung) zu schaffen. In beiden Bereichen werden Temperatur und relative Feuchte der Luft auf gewünschte Werte eingestellt.

17.1 Zustandsgrößen feuchter Luft

Zustandsgröße	Formelzeichen	Einheit
Temperatur	t	°C
Dichte	ρ	kg/m³
Spezifische Enthalpie	h	kJ/kg
Relative (Luft-)Feuchte	φ (Phi)	1 oder %
Wasserdampfgehalt	x	$\frac{\text{g Wasser}}{\text{kg trockene Luft}}$
Wasserdampfdruck	p_D	hPa

Feuchte Luft ist ein Gemisch von trockener Luft und Wasserdampf (als unsichtbares Gas), von wechselndem Anteil. Die wesentlichen Zustandsgrößen zeigt die nebenstehende Tabelle. Wie viel Wasserdampf Luft aufnehmen kann, ist temperaturabhängig. Ist der Maximalwert bei einer bestimmten Temperatur erreicht, spricht man von gesättigter feuchter Luft und die relative Luftfeuchte beträgt 1 bzw. 100 %.

Die folgende Tabelle zeigt die Zustandsgrößen feuchter Luft in Auszügen. Der Index S steht für den gesättigten Zustand, d. h. den Zustand maximalen Wasserdampfgehalts bzw. 100 % relativer Feuchte. Wie man erkennt, sinkt die Dichte trockener Luft mit steigender Temperatur (Gas dehnt sich aus, Dichte sinkt). Bei 0 °C beträgt die Normdichte von Luft 1,293 kg/m³. Zudem ist die Dichte gesättigter Luft stets geringer als die trockener Luft. Das liegt am darin enthaltenen Wasserdampf, der eine geringere Dichte als Luft hat, da die relative Molekülmasse von H_2O mit 18 kleiner ist als die des Stickstoff-Sauerstoff-Gemischs Luft (29). Ebenfalls erkennbar ist die mit steigender Temperatur zunehmende Fähigkeit der Luft, Wasserdampf aufzunehmen, x_S steigt.

1	2	3	4	5	6	7
Temperatur	Dichte trockener Luft	Dichte gesättigter Luft	Wasser-dampfdruck bei gesättigter Luft	Wassergehalt gesättigter Luft	Enthalpie gesättigter Luft	Verdampfungs- bzw. Verflüssigungsenthalpie
t in °C	ρ in kg/m³	ρ_S in kg/m³	p_{DS} in hPa	x_S in g/kg	h_S in kJ/kg	r in kJ/kg
0	1,293	1,290	6,11	3,78	9,43	2500,8
5	1,270	1,266	8,72	5,40	18,52	2489,1
10	1,248	1,242	12,27	7,63	29,20	2477,3
15	1,226	1,218	17,04	10,6	41,82	2465,9
20	1,205	1,195	23,37	14,7	57,82	2453,4
25	1,185	1,171	31,67	20,00	75,84	2441,7
30	1,165	1,146	42,41	27,2	99,72	2430,3

Zustandsgrößen feuchter Luft bei 1013,25 hPa

Gesetz von Dalton

Der mit einem Barometer zu messende Luftdruck p in hPa feuchter Luft setzt sich zusammen aus den Teildrücken (Partialdrücken) der trockenen Luft und des Wasserdampfs:

$$p = p_L + p_D \qquad (17.1)$$

p_L Partialdruck der Luft in hPa
p_D Partialdruck des Wasserdampfs in hPa

Das Wasser verhält sich dabei im Prinzip wie ein Kältemittel und entwickelt einen bestimmten Dampfdruck. Der zu einer Temperatur gehörende Maximaldruck p_{DS} (Spalte 4) kann nicht überschritten werden. Die Luft ist gesättigt. Ist mehr Wasser vorhanden, liegt es auch flüssig vor bzw. wenn gesättigte feuchte Luft abgekühlt wird, setzt Wasserausscheidung ein, Wasserdampf kondensiert zu Wasser.

17.2 Wasserdampfgehalt x und relative Luftfeuchte φ

Wichtige Kenngrößen feuchter Luft sind neben der Temperatur die relative Luftfeuchte φ in % und der Wasserdampfgehalt x (auch absolute Feuchte genannt) in g/kg:

$$x = \frac{m_D}{m_L} \tag{17.2}$$

$$\varphi = \frac{p_D}{p_{DS}} \cong \frac{x}{x_S} \tag{17.3}$$

$$x = \varphi \cdot x_S \tag{17.4}$$

$$\Delta x = x_2 - x_1 \tag{17.5}$$

m_D	Masse des Wasserdampfs in g
m_L	Masse der Luft in kg
p_{DS}	Sättigungsdruck des Wasserdampfs in hPa
x_S	Feuchtegehalt bei Sättigung in g/kg
x_1	Wasserdampfgehalt Anfangszustand in g/kg
x_2	Wasserdampfgehalt Endzustand in g/kg
Δx	Differenz Wasserdampfgehalt in g/kg

Die relative Luftfeuchte ist ein wesentliches Element der Behaglichkeit im Bereich der Komfortklimatisierung. Sowohl zu trockene als auch zu feuchte Luft wird als unangenehm empfunden. Der Wasserdampfgehalt x ist wichtig zur Bestimmung von Be- und Entfeuchtungswassermengen.

Beispiel 17.1

Feuchte Luft von 20 °C / 60 % (Zustand 1) wird zunächst auf 15 °C (Zustand 2), dann auf 10 °C (Zustand 3) abgekühlt.

a) Wie viel g/kg Wasserdampf enthält sie vor dem Abkühlen?

b) Wird bei diesem Abkühlvorgang Wasser ausgeschieden? Begründen Sie.

c) Wie hoch ist die rel. Feuchte nach dem Abkühlen?

Lösung:

a) Gemäß Tabelle beträgt x_S bei 20 °C 14,7 g/kg. Bei 60 % rel. Feuchte enthält die Luft also das 0,6-fache davon, Anwendung von Gleichung (17.4):

$$x_1 = \varphi \cdot x_{S1} = 0{,}6 \cdot 14{,}7\,\text{g/kg} = \underline{\underline{8{,}82\,\text{g/kg}}}$$

b) Bei 15 °C kann feuchte Luft maximal x_{S2} = 10,6 g/kg aufnehmen. Demnach muss kein Wasser ausgeschieden werden, da sie ja nur 8,82 g/kg enthält.
Bei 10 °C ist x_{S3} = 7,63 g/kg, also muss Wasser ausgeschieden werden, und zwar:

$$\Delta x = x_{S3} - x_1 = 7{,}63\,\text{g/kg} - 8{,}82\,\text{g/kg} = \underline{\underline{-1{,}19\,\text{g/kg}}}$$

Dabei steht das Minuszeichen für Wasserausscheidung.

c) Anwendung von Gleichung (17.3): Bei 15 °C gilt: $x_2 = x_1 = 8{,}82\,g/kg$, da noch keine Wasserausscheidung einsetzt:

$$\varphi_2 = \frac{x_2}{x_{S2}} = \frac{8{,}82\,g/kg}{10{,}6\,g/kg} = \underline{\underline{0{,}832 = 83{,}2\,\%}}$$

Bei Abkühlung auf 10 °C hat Wasserausscheidung eingesetzt und die Luft enthält ihr Maximum an Wasserdampf: $x_3 = x_{S3} = 7{,}63\,g/kg$. Die rel. Luftfeuchte φ_3 beträgt also 1 bzw. 100 %:

$$\varphi_3 = \frac{x_3}{x_{S3}} = \frac{7{,}63\,g/kg}{7{,}63\,g/kg} = \underline{\underline{1 = 100\,\%}}$$

17.3 Zustandsgrößen feuchter Luft im Mollier h,x-Diagramm

Die zur Berechnung der Luftbehandlung nötigen Werte der Zustandsgrößen können dem Mollier h,x-Diagramm entnommen werden, das im Anhang als Kopiervorlage vorhanden ist. Der prinzipielle Verlauf der Linien ist in folgender Skizze dargestellt:

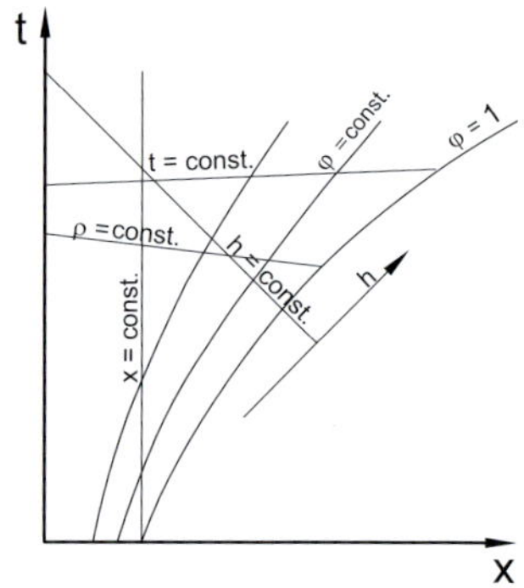

Die **x-Linien (x = const.)** verlaufen senkrecht zu der waagerechten x-Skala, die im realen h,x-Diagramm in der Regel oben angeordnet ist.

Die **Temperaturlinien (t = const.), Isothermen**, verlaufen leicht schräg nach rechts ansteigend, insofern ist das Diagramm kein rechtwinkliges Koordinatensystem. Gleichwohl wird es in Skizzen vereinfachend so dargestellt, als verlaufe die Temperaturskala senkrecht.

Die **h-Linien (h = const.), Isenthalpen**, verlaufen schräg nach rechts abfallend und die Enthalpieachse ist treppenartig dargestellt. Da die Enthalpie trockener Luft per Definition mit 0 kJ/kg festgelegt wurde und die spezifische Wärmekapazität trockener Luft bei konstantem Druck $c_{pL} = 1\,kJ/kgK$ beträgt (in dem relevanten Temperaturbereich), verläuft z. B. die h = 30 kJ/kg-Linie auch genau durch den 30 °C-Punkt auf der Temperaturachse usw.

Die **Linien konstanter relativer Luftfeuchte (φ = const.)** verlaufen im Bogen nach rechts ansteigend. Die Linie mit 0 % ist zugleich die Senkrechte am linken Diagrammrand. An den Punkten der (ebenfalls nicht beschrifteten) 100 %-Linie kann man im Prinzip den x_S-Wert aus der Tabelle in wiederfinden: Verfolgt man z. B. die t = 20 °C-

Linie bis zum rechten Ende, befindet man sich genau bei 100 % rel. Feuchte und kann auf der oberen x-Skala 14,7 g/kg ablesen.

Die **Dichte-Linien (ρ = const.)** verlaufen leicht schräg nach rechts abfallend. Dabei ist zu beachten, dass die Dichte mit steigender Temperatur abnimmt. Die Dichte-Skala ist nach links herausgezogen und relativ grob. Hier ist gutes Augenmaß gefragt.

Die senkrechte Temperaturskala trägt die Bezeichnung **Trockenkugel-Temperatur**. Das ist die mit einer trockenen Thermometerkugel gemessene Temperatur (so wie man es aus dem Alltag kennt). An der φ = 100 %-Linie steht die Bezeichnung **Feuchtkugel-Temperatur**. Die schräg ansteigenden Temperatur-Linien enden hier an einer gebogenen Skala. Die Feuchtkugel-Temperatur wird mit einer feuchten Thermometerkugel gemessen. Es ist die **Kühlgrenze**, die tiefste Temperatur, die ausgehend von einem bestimmten Punkt im Diagramm beim Verdunsten (längs der h-Linie) entstehen kann.

Hier ist ein Ausschnitt eines h,x-Diagramms abgebildet, eingezeichnet ist Beispiel 17.2:

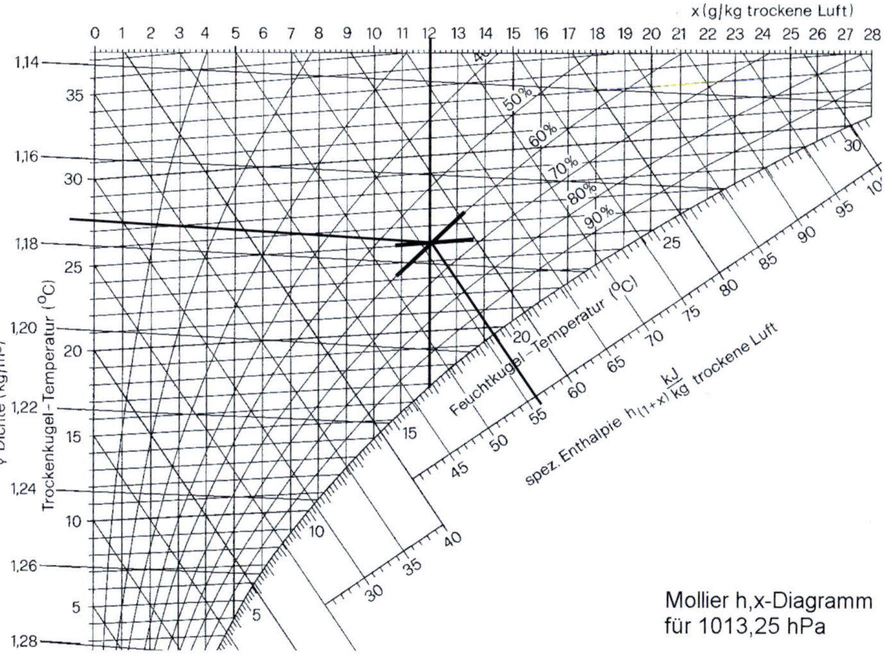

Beispiel 17.2
Ermitteln Sie Wasserdampfgehalt, Enthalpie und Dichte von feuchter Luft mit 25 °C / 60 %. Bestimmen Sie ihre Taupunkt- und Feuchtkugeltemperatur.

Lösung:
Der Luftzustandspunkt wird als Schnittpunkt der 25 °C-Linie und der 60 %-Linie ermittelt und die gesuchten Werte jeweils durch Projektion von diesem Punkt auf die entsprechende Skala abgelesen:

Wasserdampfgehalt x: senkrecht nach oben: x = 12 g/kg,
Enthalpie h: schräg nach rechts unten auf die gestufte Enthalpie-Skala: h = 56 kJ/kg,
Dichte ρ: leicht schräg nach links oben: ρ = 1,175 kg/m^3.

Die **Taupunkttemperatur** ist diejenige Grenztemperatur, bei deren Unterschreiten Wasserausscheidung einsetzt. Man bestimmt sie im h,x-Diagramm durch eine Senkrechte nach unten und liest dort die Temperatur ab, in diesem Beispiel t_{Tau} = 16,8 °C. Das bedeutet, dass diese Luft von 25 °C / 60 % Wasser ausscheidet, wenn sie mit einer Fläche mit einer Temperatur unter 16,8 °C in Berührung kommt.

Die **Feuchtkugeltemperatur** dieser Luft liegt am Schnittpunkt der h-Linie mit der Feuchtkugel-Temperaturskala, denn die Abkühlung bei Verdunstung erfolgt bei konstanter Enthalpie, hier also bei ca. 19,5 °C.

17.4 Luftbehandlung

1. Erwärmen feuchter Luft

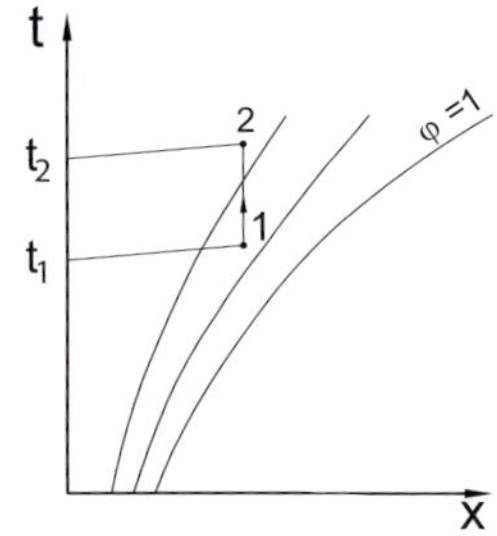

Beim Erwärmen feuchter Luft ändert sich ihr Wasserdampfgehalt nicht (x = const.), weil kein Wasser hinzugefügt oder entzogen wird. Im h,x-Diagramm stellt sich diese Zustandsänderung demzufolge durch eine Senkrechte (x = const.) nach oben (t steigt) dar. Man erkennt, dass dabei die rel. Luftfeuchte sinkt. Wegen des konstanten Wasserdampfgehalts findet eine rein sensible Erwärmung statt. Da der Wasserdampfgehalt einen sehr geringen Masseanteil hat, kann seine Erwärmung vernachlässigt werden und es gilt für die Heizleistung $\dot{Q}_H$ in kW mit hinreichender Genauigkeit:

$$\dot{Q}_H = \dot{m}_L \cdot c_{pL} \cdot \Delta T \qquad (17.6)$$

$\dot{m}_L$ Massenstrom der Luft in kg/s
c_{pL} spezif. Wärmekapazität der Luft bei konstantem Druck in kJ/kgK
ΔT Temperaturdifferenz in K

Erwärmen kann Teil eines Lufttrocknungsprozesses sein und wird besonders im Winter für die Raumluftkonditionierung benötigt.

Beispiel 17.3

Ein RLT-Gerät mit einem Volumenstrom von $9000\,m^3/h$ führt Außenluft von 10 °C / 80 % über ein Heizregister, wodurch sich die Luft auf 21 °C erwärmt. Bestimmen Sie die notwendigen Werte aus dem h,x-Diagramm und berechnen Sie

a) den Massenstrom in kg/s,

b) die Heizleistung in kW.

c) Bestimmen Sie die rel. Feuchte im Endzustand mit dem h,x-Diagramm.

Lösung:

Aus dem h,x-Diagramm wird die Dichte der Luft im Anfangszustand bestimmt: $\rho_1 = 1{,}243\,kg/m^3$. Damit ergibt sich der Massenstrom gemäß Gl. (9.5) zu

a) $\dot{m}_L = \dot{V}_L \cdot \rho_1 = \dfrac{9000\,m^3}{3600\,s} \cdot 1{,}243\,\dfrac{kg}{m^3} = \underline{\underline{3{,}1075\,kg/s}}$

b) $\dot{Q}_H = \dot{m}_L \cdot c_{pL} \cdot \Delta T = 3{,}1075\,\dfrac{kg}{s} \cdot 1\,\dfrac{kJ}{kgK} \cdot 11\,K = \underline{\underline{34{,}18\,kW}}$

c) Senkrecht über dem Ausgangspunkt 10 °C / 80 % am Schnittpunkt mit der 21 °C-Linie beträgt die rel. Feuchte $\varphi_2 \approx 40\,\%$.

2. Abkühlen feuchter Luft

Beim Abkühlen feuchter Luft sind – abhängig von der Kühlflächentemperatur t_V – zwei Fälle zu unterscheiden: Liegt die Kühlflächentemperatur oberhalb der Taupunkttemperatur t_{Tau}, ändert sich der Wasserdampfgehalt nicht und man kann Gleichung (17.6) anwenden, weil die Zustandsänderung im h,x-Diagramm bei x = const. senkrecht nach unten verläuft. Liegt die Kühlflächentemperatur unterhalb der Taupunkttemperatur t_{Tau}, wird Wasser ausgeschieden (Δx, Wasserdampf verflüssigt – latente Wärme). Wegen dieses Latentanteils muss mit der Enthalpiedifferenz Δh gerechnet werden:

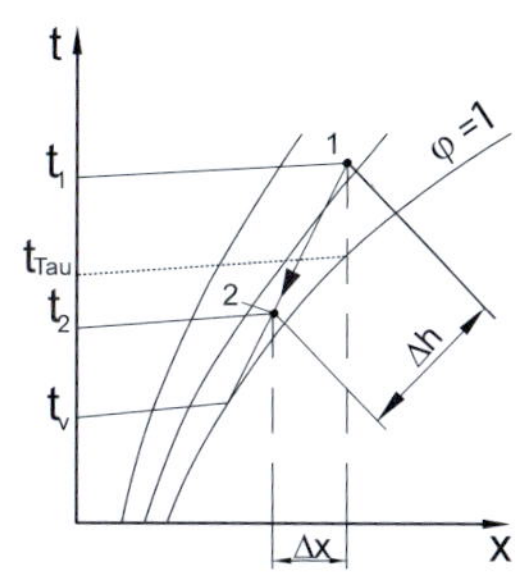

$$\dot{Q}_0 = \dot{m}_L \cdot \Delta h \qquad (17.7)$$

$\dot{Q}_0$ Kühl- /Kälteleistung in kW

$\dot{m}_L$ Massenstrom der Luft in kg/s

Δh Enthalpiedifferenz beim Abkühlen in kJ/kg

3. Be- und Entfeuchten

Beim Abkühlen feuchter Luft an Kühlflächen mit einer Oberflächentemperatur, die unter der Taupunkttemperatur der Luft liegt, wird Wasser ausgeschieden. Dies geschieht z. B. am Verdampfer im Kühlraum (bei $t_V < 0\,°C$ Reifbildung) bzw. an der Inneneinheit eines Splitklimageräts im Kühlbetrieb (Kondensatableitung). In der Komfortklimatisierung muss dagegen besonders im Winter befeuchtet werden, um die Behaglichkeit zu gewährleisten. Dies kann mit Dampfluftbefeuchtern bei annähernd konstanter Temperatur (isotherm) oder mit Wasserluftbefeuchtern durch adiabate Verdunstung (bei konstanter Enthalpie und sinkender Temperatur, im Diagramm längs der h-Linie) geschehen. Dampfluftbefeuchter bringen Wasser mit Hilfe von Fremdenergie (Strom, Gas) zum Sieden. Der 100 °C heiße Dampf wird der Raumluft zugeführt, wodurch diese sich leicht erwärmt. Der Effekt ist allerdings so gering, dass man die Temperaturerhöhung (0,12 K pro Gramm Wasserdampf) vernachlässigt und von isothermer Befeuchtung spricht. Wasserluftbefeuchter bringen Wasser in flüssiger Form mit der zu befeuchtenden Luft in Kontakt. Dies geschieht entweder in feinster Verteilung als Nebel oder durch Berieseln großer Flächen. Die Energie, die das Wasser zum Verdunsten benötigt, entzieht es sich und seiner Umgebung, wodurch bei Wasserluftbefeuchtern eine Abkühlung der befeuchteten Luft bis maximal zur Kühlgrenze (vgl. Kap. 17.3) erfolgt.

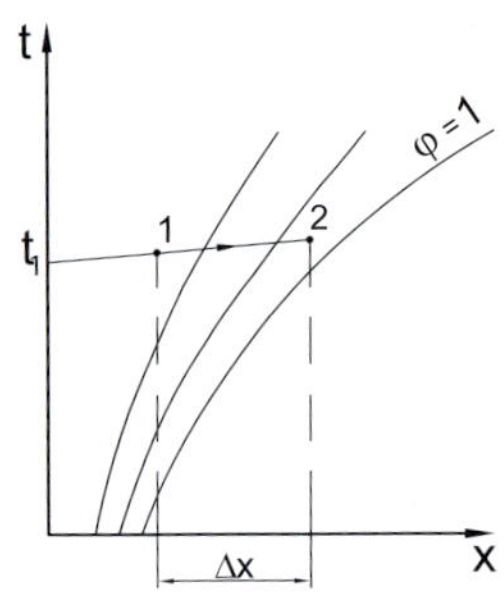

Isotherme Befeuchtung mit Wasserdampf

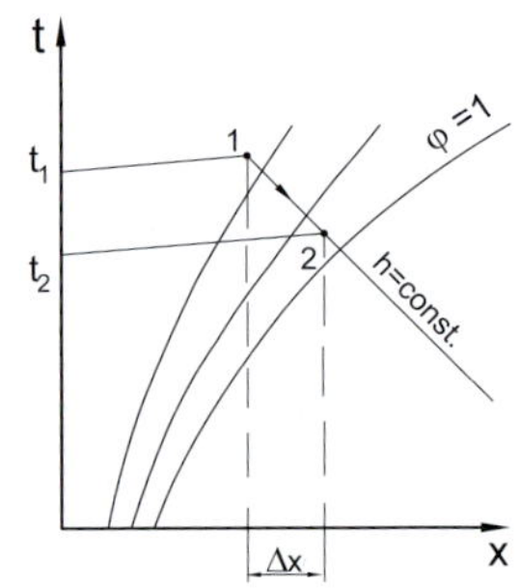

Adiabate Befeuchtung mit Wasser

Die benötigte/ausgeschiedene Wassermenge ist in jedem Fall abhängig von der Änderung des Wassergehalts Δx und dem Massenstrom der behandelten Luft:

$$\dot{m}_W = \dot{m}_L \cdot \Delta x \qquad (17.8)$$

$\dot{m}_W$ Be- bzw. Entfeuchtungswassermenge in g/s
$\dot{m}_L$ Massenstrom der Luft in kg/s
Δx $x_2 - x_1$ in g/kg
Beachte: 1 g/s = 3,6 kg/h

Beispiel 17.4

Ein RLT-Gerät mit einem Volumenstrom von 12 000 m^3/h führt Außenluft von 30 °C / 50 % über ein Kühlregister, wodurch sich die Luft auf 10 °C / 90 % abkühlt. Bestimmen Sie die notwendigen Werte aus dem h,x-Diagramm und berechnen

a) den Massenstrom in kg/s,
b) die Kühlleistung in kW,
c) die stündlich ausgeschieden Wassermenge.

Lösung:

Aus dem h,x-Diagramm wird bestimmt: ρ_1 = 1,155 kg/m^3, h_1 = 64 kJ/kg, h_2 = 27 kJ/kg, x_1 = 13,4 g/kg, x_2 = 6,8 g/kg.

a) Damit ergibt sich der Massenstrom als Produkt aus Volumenstrom und Dichte zu:

$$\dot{m}_L = \dot{V}_L \cdot \rho_1 = \frac{12\,000\,\text{m}^3}{3600\,\text{s}} \cdot 1{,}155\,\text{kg/m}^3 = \underline{\underline{3{,}85\,\frac{\text{kg}}{\text{s}}}}$$

b) Kälteleistung berechnen, Anwendung von Gleichung (17.7):

$$\dot{Q}_0 = \dot{m}_L \cdot \Delta h = 3{,}85\,\frac{\text{kg}}{\text{s}} \cdot (64 - 27)\,\frac{\text{kJ}}{\text{kg}} = \underline{\underline{142{,}45\,\text{kW}}}$$

c) Kondensatmenge berechnen, Anwendung von Gleichung (17.8):

$$\dot{m}_W = \dot{m}_L \cdot \Delta x = 3{,}85\,\frac{\text{kg}}{\text{s}} \cdot (13{,}4 - 6{,}8)\,\frac{\text{g}}{\text{kg}} = 25{,}41\,\frac{\text{g}}{\text{s}} = \underline{\underline{91{,}476\,\frac{\text{kg}}{\text{h}}}}$$

17.5 Erneuerung der Kühlraumluft – Luftwechsel

Je nach Lagergut muss dem Kühlraum Frischluft zugeführt werden, entweder durch entsprechende Öffnungen oder ein Luftwechsel findet allein durch das Türöffnen bei der Begehung statt. Dadurch entsteht ein Wärmestrom, der bei der Kühllastberechnung zu berücksichtigen ist. Die Luftwechselzahl n_{LW} gibt an, wie oft pro Tag (d, 1 d = 86 400 s) die Kühlraumluft erneuert wird. Mit dem Kühlraumvolumen V_{KR} multipliziert ergibt sich ein Volumenstrom $\dot{V}_L$ in m^3/d:

$$\dot{V}_L = V_{KR} \cdot n_{LW} \tag{17.9}$$

n_{LW} Luftwechselzahl in 1/d
V_{KR} Kühlraumvolumen in m^3

Massenstrom der Erneuerungsluft und Kälteleistung für Luftwechsel

Für die Berechnung des Massenstroms $\dot{m}_L$ in kg/d ist die Dichte der Raumluft im Endzustand zu nehmen, weil nach dem Türöffnen auch bei geschlossener Tür weitere Außenluft durch die Druckausgleichsklappe eingezogen wird.

$$\dot{m}_L = \dot{V}_L \cdot \rho_2 \qquad (17.10)$$

ρ_2 Dichte der Luft im Endzustand (Raum) in kg/m³
$\dot{V}_L$ Volumenstrom der Luft in m³/d

Die Kälteleistung $\dot{Q}_{LW}$ in kJ/d zur Erneuerung der Kühlraumluft ergibt sich als Produkt aus Luftmassenstrom und Enthalpiedifferenz (vgl. Gleichung 17.7):

$$\dot{Q}_{Lw} = \dot{m}_L \cdot \Delta h \qquad (17.11)$$

$\dot{m}_L$ Massenstrom der Erneuerungsluft in kg/d
Δh Enthalpiedifferenz zwischen Außen- und Innenluft in kJ/kg

Beachte: $\mathbf{1\frac{kJ}{d} = \frac{1000\,J}{86\,400\,s} = \frac{1}{86{,}4}\,W}$

Beispiel 17.5

Ein Kühlraum hat die Maße 4,03 m × 3,2 m × 2,5 m und enthält Luft von t = 7 °C, φ = 0,85. Die Umgebungsluft hat 16 °C bei 90 % Luftfeuchte. Die Luftwechselzahl wird mit 35/d angenommen.

a) Bestimmen Sie Δh und Δx für diese Zustandsänderung und die Dichte der Luft im Endzustand (Kühlraum).
b) Berechnen Sie den Volumenstrom der Erneuerungsluft in m³/d.
c) Bestimmen Sie den Massenstrom der Erneuerungsluft im Endzustand in kg/d.
d) Berechnen Sie die zum Abkühlen der Erneuerungsluft erforderliche Kälteleistung in kJ/d und W.
e) Wie viel kg Wasser werden durch die Erneuerung der Kühlraumluft täglich am Verdampfer ausgeschieden?

Lösung:

a) Ablesung im h,x-Diagramm: $h_1 = 41{,}5\,kJ/kg$, $h_2 = 20\,kJ/kg$, ⇒ $\Delta h = 21{,}5\,kJ/kg$, $x_1 = 10{,}2\,g/kg$, $x_2 = 5{,}3\,g/kg$, ⇒ $\Delta x = 4{,}9\,g/kg$; $\rho_2 = 1{,}258\,kg/m^3$.
b) Zunächst ist das Kühlraumvolumen zu berechnen, dann dies gemäß Gleichung (17.9) mit der Luftwechselzahl zu multiplizieren, um den Volumenstrom der Erneuerungsluft zu erhalten:

$$V_{KR} = l \cdot b \cdot h = 4{,}03\,m \cdot 3{,}2\,m \cdot 2{,}5\,m = 32{,}24\,m^3$$

$$\dot{V}_L = V_{KR} \cdot n_{LW} = 32{,}24\,m^3 \cdot 35\frac{1}{d} = \underline{\underline{1128{,}4\frac{m^3}{d}}}$$

c) Massenstrom berechnen, Anwendung Gleichung (17.10)

$$\dot{m}_L = \dot{V}_L \cdot \rho_2 = 1128{,}4 \frac{m^3}{d} \cdot 1{,}258 \frac{kg}{m^3} = 1419{,}53 \frac{kg}{d}$$

d) Kälteleistung berechnen, Anwendung Gleichung (17.7)

$$\dot{Q}_0 = \dot{m}_L \cdot \Delta h = 1419{,}53 \frac{kg}{d} \cdot 21{,}5 \frac{kJ}{kg} = 30\,519{,}89 \frac{kJ}{d} = 0{,}35324 \frac{kJ}{s} = \underline{\underline{353{,}24\,W}}$$

e) Wasserausscheidungsmenge berechnen, Anwendung Gleichung (17.8)

$$\dot{m}_W = \dot{m}_L \cdot \Delta x = 1419{,}53 \frac{kg}{d} \cdot 4{,}9 \frac{g}{kg} = 6955{,}7 \frac{g}{d} = \underline{\underline{6{,}556 \frac{kg}{d}}}$$

17.6 Aufgaben

1. Feuchte Luft von 5 °C / 80 % wird auf 20 °C erwärmt. Berechnen Sie mithilfe der Tabelle 3 im Anhang
   a) wie viel g/kg Wasserdampf sie vor dem Erwärmen enthält,
   b) wie groß die relative Luftfeuchte im Endzustand ist,
   c) wie viel g/kg Wasser zugefügt werden müssen, damit die rel. Luftfeuchte bei 20 °C wieder 50 % beträgt.

2. Feuchte Luft von 25 °C / 70 % wird auf 15 °C abgekühlt.
   a) Berechnen Sie mithilfe der Tabelle 3 im Anhang, wie viel g/kg Wasserdampf sie vor dem Abkühlen enthält.
   b) Wird bei diesem Abkühlvorgang Wasser ausgeschieden? Begründen Sie.
   c) Wie hoch ist die relative Feuchte nach dem Abkühlen?

3. 210 kg Luft ($t = 18\,°C$, $\varphi = 0{,}2$) sollen bei konstanter Temperatur auf 50 % relative Luftfeuchtigkeit gebracht werden. Wie viel g Wasser müssen dazu verdampfen?

4. Ein Kühlraum hat die Maße 4,5 m × 3 m × 2,5 m und enthält Luft von $t = 7\,°C$, $\varphi = 0{,}9$. Die Umgebungsluft hat 25 °C bei 60 % Luftfeuchte. Die Luftwechselzahl wird mit 35/d angenommen. Ermitteln bzw. berechnen Sie
   a) h_1, h_2, x_1, x_2, Δh und Δx für diese Zustandsänderung und die Dichte der Luft im Endzustand (Kühlraum)
   b) den Volumenstrom der Erneuerungsluft in m^3/d.
   c) den Massenstrom der Erneuerungsluft im Endzustand in kg/d.
   d) die zum Abkühlen der Erneuerungsluft erforderliche Kälteleistung in kJ/d und W.
   e) Wie viel kg Wasser werden durch die Erneuerung der Kühlraumluft täglich am Verdampfer ausgeschieden?

5. Durch einen Luftkühler strömen pro Stunde 2000 m³ Luft von 27 °C / 60 %, die auf 10 °C / 80 % gekühlt werden. Anschließend wird die Luft von einem Heizregister wieder auf 20 °C erwärmt.
   a) Ermitteln Sie die erforderlichen Werte Δh_1 (Abkühlen), Δh_2 (Erwärmen), ρ_1 aus dem h,x-Diagramm.
   b) Welche Kälteleistung ist zum Kühlen erforderlich (kW)?
   c) Welche Heizleistung ist zum Erwärmen erforderlich (kW)?
   d) Wie viel kg Wasser werden beim Abkühlen stündlich ausgeschieden?
   e) Welche relative Luftfeuchte hat die Luft im Endzustand?

6. Eine Wärmepumpe entnimmt der Schwimmbad-Fortluft Wärme, indem ihr Verdampfer sie von 32 °C / 50 % auf 10 °C / 95 % kühlt. Der Volumenstrom der Luft beträgt am Eingang in den Verdampfer 12 000 m³/h. Berechnen/bestimmen Sie:
   a) Δh, Δx
   b) die Dichte der Luft am Verdampfereintritt,
   c) den aufgenommenen Wärmestrom in kW,
   d) die stündlich ausgeschiedene Wassermenge in kg/h.

7. 15 000 m³/h feuchte Luft von 6 °C / 40 % werden mittels Wasserzerstäuber befeuchtet, wobei sich die relative Luftfeuchtigkeit φ bei konstanter Enthalpie auf 90 % ändert. Anschließend wird auf 18 °C erwärmt.
   a) Tragen Sie die Zustandsänderung in ein h,x-Diagramm ein, und ermitteln Sie die erforderlichen Werte ρ_1, x_1, x_2, h_2, h_3.
   b) Wie viel kg Wasser müssen stündlich zerstäubt werden?
   c) Welche Temperatur t_2 stellt sich nach dem Zerstäuben ein?
   d) Welche Heizleistung in kW ist zum Erwärmen erforderlich?
   e) Welche relative Luftfeuchtigkeit stellt sich im Endzustand ein?

8. Durch einen Kanal von 60 cm × 60 cm lichter Weite strömt Luft von 7 °C / 50 % mit einer Geschwindigkeit von 1,0 m/s. Berechnen Sie
   a) den Volumenstrom in m³/s und m³/h
   b) den Massenstrom in kg/s,
   c) die Heizleistung in kW für eine Erwärmung auf 21 °C.
   d) Wie groß ist die relative Luftfeuchte nach dem Erwärmen?

9. Einem Maschinenraum wird durch Abstrahlung der Aggregate ein Wärmestrom von 2 kW zugeführt.
   a) Welcher Massenstrom an Außenluft von 20 °C / 60 % ist zuzuführen, damit die Maschinenraumtemperatur von $t_i = 25\,°C$ erhalten bleibt?
   b) Wie groß ist der Volumenstrom in m³/h? Nehmen Sie als Dichte 1,2 kg/m³.

18 Kältebedarfsberechnung – Kühllast

Die Ermittlung des Kältebedarfs (oder der Kühllast) ist die Voraussetzung für eine exakte Auslegung der Kälteanlage. Dazu werden sämtliche Wärmeströme, die in den gekühlten Raum gelangen, addiert. Dabei wird üblicherweise in Kilowattstunden pro Tag (d) gerechnet, als Einheit des Wärmestroms folglich kWh/d verwendet bzw. in diese Einheit umgerechnet. Zu unterscheiden sind äußere und innere Lastanteile. Ihre Berechnung erfolgt im Wesentlichen mit den in den vorangegangenen Kapiteln dargestellten Gleichungen oder Abwandlungen derselben.

18.1 Äußere Lastanteile

1. Wärmestrom durch Einstrahlung $\dot{Q}_E$

$$\dot{Q}_E = k \cdot A \cdot \Delta T \text{ in W} \qquad (18.1)$$

$$1\,\text{W} = \frac{1}{1000}\text{kW},\ 1\,\text{kW} = \frac{24\,\text{kWh}}{\text{d}} \Rightarrow \mathbf{1\,W = \frac{24}{1000}\,\frac{kWh}{d}}$$

Dieser auch Transmissionswärme genannte Wärmestrom ist ggf. für Wände, Türen, Fußboden und Decke eines Kühlraums getrennt zu bestimmen, weil unterschiedliche k-Werte und Temperaturdifferenzen vorliegen können (vgl. Kapitel 16.5).

2. Wärmestrom durch Luftwechsel $\dot{Q}_{Lw}$

$$\dot{Q}_{Lw} = \dot{m}_L \cdot \Delta h \text{ in } \frac{\text{kJ}}{\text{d}} \qquad (18.2)$$

$\dot{m}_L$ Massenstrom der Erneuerungsluft in kg/d
Δh Enthalpiedifferenz der Luft in kJ/kg

$$\mathbf{1\,\frac{kJ}{d} = \frac{1}{3600}\,\frac{kWh}{d},\ denn\ 1\,kWh = 3600\,kJ}$$

Einzelheiten zu diesem Wärmestrom wurden in Kapitel 17.5 „Erneuerung der Kühlraumluft – Luftwechsel“ behandelt.

18.2 Innere Lastanteile

1. Wärmestrom des Kühlguts $\dot{Q}_{KG}$

Je nachdem, ob eine Ware nur abgekühlt oder gefroren und unterkühlt wird, kommen folgende Wärmemengen in Betracht (vgl. Kapitel 15.3 „Wärmearten" und Beispiel 15.2).

$$Q_{Abk} = m \cdot c_v \cdot \Delta T_{Abk}$$

$$Q_{Gefr} = m \cdot q$$

$$Q_{Uk} = m \cdot c_n \cdot \Delta T_{Uk}$$

$$Q_{KG} = Q_{Abk} + Q_{Gefr} + Q_{Uk}$$

m	Masse Kühlgut in 24 h in kg
c_v	spezifische Wärmekapazität vor dem Gefrieren in kJ/kgK
c_n	spezifische Wärmekapazität nach dem Gefrieren in kJ/kgK
q	Erstarrungsenthalpie des Kühlguts in kJ/kg
ΔT_{Abk}	in Temperaturdifferenz Abkühlung in K
ΔT_{Uk}	in Temperaturdifferenz Unterkühlung in K

Mit der so errechneten Wärmemenge wird der Kühlgutwärmestrom berechnet:

$$\dot{Q}_{KG} = \frac{Q_{KG}}{1\,d} \text{ in } \frac{kJ}{d} \qquad (18.3)$$

$$\mathbf{1\frac{kJ}{d} = \frac{1}{3600}\frac{kWh}{d}, \text{ denn } 1\,kWh = 3600\,kJ}$$

2. Atmungswärmestrom $\dot{Q}_{Atm}$

Die Kühllagerung pflanzlicher Produkte verlangsamt deren Stoffwechselprozesse und die damit verbundene Wärmentwicklung, bringt sie jedoch nicht zum Stillstand. Diese so genannte Atmungswärme ist als Kühllast zu berücksichtigen.

$$\dot{Q}_{Atm} = m \cdot \dot{q}_A \text{ in } \frac{kJ}{d} \qquad (18.4)$$

m	Masse Obst/Gemüse in kg
$\dot{q}_{Atm}$	spezifischer Atmungswärmestrom in kJ/kg · d

3. Wärmestrom für Abtauung $\dot{Q}_{Abt}$

Je nach Feuchteabgabe des Lagerguts, Luftwechsel und Verdampfungstemperatur kommt es zur Reif- bzw. Eisbildung am Verdampfer, wodurch der Wärmeübergang behindert wird. Die deswegen erforderliche regelmäßige Abtauung stellt einen zeitabhängigen Lastanteil dar.

$$\dot{Q}_{Abt} = P \cdot \tau \text{ in } \frac{kWh}{d} \qquad (18.5)$$

P	elektrische Heizleistung in kW
τ	Abtauzeit in h/d

4. Personenwärmestrom $\dot{Q}_P$

Personen geben abhängig von Tätigkeit und Umgebungstemperatur Wärme an die Umgebung ab. Personenaufenthalt im Kühlraum stellt daher einen zeitabhängigen Lastanteil dar.

$$\dot{Q}_P = n \cdot \dot{q}_P \cdot \tau \text{ in } \frac{\text{kWh}}{\text{d}} \quad (18.6)$$

n Personenanzahl

$\dot{q}_P$ spezifischer Personenwärmestrom in kW

τ Aufenthaltsdauer in h/d

Der Personenwärmestrom $\dot{Q}_P$ ist auch eine innere Kühllast bei der Komfortklimatisierung.

5. Wärmestrom der Beleuchtung $\dot{Q}_{Bel}$

Die elektrische Anschlussleistung der Beleuchtungsmittel wird vollständig in Wärme umgewandelt und stellt einen zeitabhängigen Lastanteil dar. Wenn die elektrische Leistung der Beleuchtungsquellen bekannt ist, gilt:

$$\dot{Q}_{Bel} = P \cdot \tau \text{ in } \frac{\text{kWh}}{\text{d}} \quad (18.7)$$

P elektrische Leistung der Beleuchtungsquellen kW

τ Beleuchtungszeit h/d

Wenn der Wärmestrom der Beleuchtung $\dot{Q}_{Bel}$ über die flächenbezogene Wärmelast bestimmt wird, gilt:

$$\dot{Q}_{Bel} = A \cdot p_{Bel} \cdot \tau \text{ in } \frac{\text{kWh}}{\text{d}} \quad (18.8)$$

A Fläche des Kühlraums in m^2

p_{Bel} flächenbezogene Leistung der Beleuchtungsquellen in kW/m^2

τ Beleuchtungszeit in h/d

Der Beleuchtungswärmestrom ist auch eine innere Kühllast bei der Komfortklimatisierung.

6. Wärmestrom der Luftumwälzung $\dot{Q}_{Ven}$

Außer bei der sogenannten stillen Kühlung wird die Luft im Kühlraum durch die Ventilatoren der Verdampfer bewegt. Die elektrische Anschlussleistung der Lüftermotoren wird vollständig in Wärme umgewandelt und stellt einen zeitabhängigen Lastanteil dar.

$$\dot{Q}_{Ven} = P \cdot \tau \text{ in } \frac{\text{kWh}}{\text{d}} \quad (18.9)$$

P elektrische Leistung Lüftermotoren in kW

τ Laufzeit Lüfter in h/d

7. Wärmestrom der Hilfsmaschinen $\dot{Q}_H$

In Kühlräumen können Hilfsmaschinen, z. B. Flurförderzeuge, Regalbediengeräte, Fleischzerlegemaschinen usw. arbeiten. Das Wärmeäquivalent ihrer Antriebsleistung stellt einen zeitabhängigen Lastanteil dar.

$$\dot{Q}_H = P \cdot \tau \text{ in } \frac{\text{kWh}}{\text{d}} \quad (18.10)$$

P Antriebsleistung Hilfsmaschinen kW
τ Laufzeit h/d

Büromaschinen u. Ä. bilden ggf. eine innere Kühllast in der Komfortklimatisierung.

18.3 Verdampferleistung $\dot{Q}_{0Verda}$

Der ermittelte Gesamtwärmestrom $\dot{Q}_{Kühllast}$ in Kilowattstunden pro Tag muss durch eine Kälteanlage abgeführt werden, die mit einer Laufzeit von 16–20 h/d ausgelegt wird, damit eine Zeitreserve für die Abtauung bzw. eine Leistungsreserve bleibt. Damit ergibt sich die Verdampferleistung in kW zu

$$\dot{Q}_{0Verda} = \frac{\dot{Q}_{Kühllast}}{\tau} \quad (18.11)$$

$\dot{Q}_{Kühllast}$ Kühllast in kWh/d
τ Laufzeit der Anlage in h/d

Beispiel 18.1

Für einen Zerlegeraum für Fleisch gelten folgende Werte:

- Abmessungen: 10 m Länge, 6 m Breite und 3 m Höhe,
- Raumtemperatur 7 °C, Umgebungstemperatur 25 °C, Bodentemperatur 20 °C,
- Wärmedurchgangszahl für alle Flächen: $k = 0{,}42\ W/m^2K$,
- Belegung: 6 Personen, mit 240 W spezifischem Personenwärmestrom,
- Belegungszeit: Zweischichtbetrieb je 8 Stunden,
- Maschinen: Anschlusswert 20 kW, Gleichzeitigkeitsfaktor 0,7 (laufen zu 70 % der Arbeitszeit, Rest Handarbeit),
- Beleuchtung: $10\ W/m^2$,
- Luftwechsel: $30\ m^3/h$ Person,
- Luftzustand außen 25 °C / 60 %, innen 7 °C / 80 %,
- Einbringtemperatur der Rinderviertel: 7 °C
- Leistung der Ventilatoren der Luftkühler: 1200 W. Da die Abtauung über Umluft erfolgt, wird ihre Laufzeit mit 20 h/d angenommen.

Berechnen Sie den Wärmestrom durch

a) Einstrahlung
b) Luftwechsel
c) das Kühlgut
d) Personen
e) Maschinen
f) Beleuchtung
g) Ventilatoren

h) Berechnen Sie die erforderliche Kälteleistung bei einer Anlagenlaufzeit von 16 h/d.

Lösung.

a) Zunächst sind die Flächen zu bestimmen, für den Boden separat, da für ihn eine andere Temperaturdifferenz gilt.

$$A_{W+D} = 2 \cdot (l \cdot h + b \cdot h) + l \cdot b = 2 \cdot (10\,m \cdot 3\,m + 6\,m \cdot 3\,m) + 10\,m \cdot 6\,m$$
$$= 96\,m^2 + 60\,m^2 = \underline{\underline{156\,m^2}}$$

$$A_B = 10\,m \cdot 6\,m = \underline{\underline{60\,m^2}}$$

$$\dot{Q}_{W+D} = k \cdot A_{W+D} \cdot \Delta T_{W+D} = 0{,}42\frac{W}{m^2K} \cdot 156\,m^2 \cdot 18\,K = \underline{1179{,}36\,W}$$

$$\dot{Q}_B = k \cdot A_B \cdot \Delta T_B = 0{,}42\frac{W}{m^2K} \cdot 60\,m^2 \cdot 13\,K = \underline{327{,}6\,W}$$

$$\dot{Q}_E = \dot{Q}_{W+D} + \dot{Q}_B = 1179{,}36\,W + 327{,}6\,W = \underline{\underline{1506{,}96\,W}} = \underline{\underline{36{,}167\frac{kWh}{d}}}$$

b) Für den Luftwechsel ist zunächst der Volumen-, dann der Massenstrom zu berechnen. Das h,x-Diagramm wird für die Dichte und die Enthalpiedifferenz benötigt:

$$\dot{V}_L = 6\,\text{Pers} \cdot 30\,\frac{m^3}{h \cdot \text{Pers}} \cdot \frac{16\,h}{d} = \underline{2880\frac{m^3}{d}}$$

Mit der Dichte der Raumluft (aus dem h,x-Diagramm: $\rho_2 = 1{,}259\,kg/m^3$) ergibt sich der Massenstrom

$$\dot{m}_L = \dot{V}_L \cdot \rho_2 = 2880\frac{m^3}{d} \cdot 1{,}259\frac{kg}{m^3} = \underline{3625{,}92\frac{kg}{d}}$$

Mit der Enthalpiedifferenz von $\Delta h = (56 - 19)\,kJ/kg = 37\,kJ/kg$ ergibt sich die Kälteleistung für den Luftwechsel

$$\dot{Q}_{LW} = \dot{m}_L \cdot \Delta h = 3625{,}92\,\frac{kg}{d} \cdot 37\,\frac{kJ}{kg} = 134\,159\,\frac{kJ}{d}$$
$$= \underline{\underline{37{,}266\,\frac{kWh}{d}}}\ (1\,kWh = 3600\,kJ)$$

c) Da das Kühlgut mit Raumtemperatur eingebracht wird, verursacht es keinen Wärmestrom.

d) $\dot{Q}_P = n \cdot \dot{q}_P \cdot \tau = 6\,\text{Pers} \cdot 240\frac{W}{\text{Pers}} \cdot 16\frac{h}{d} = 23\,040\frac{Wh}{d} = \underline{23{,}04\frac{kWh}{d}}$

e) $\dot{Q}_H = P \cdot \tau = 20\,kW \cdot 0{,}7 \cdot 16\frac{h}{d} = \underline{224\frac{kWh}{d}}$

f) $\dot{Q}_{Bel} = P \cdot \tau = A \cdot p \cdot \tau = 60\,m^2 \cdot 10\frac{W}{m^2} \cdot \frac{16\,h}{d} = 9600\frac{Wh}{d} = \underline{9{,}6\frac{kWh}{d}}$

g) $\dot{Q}_{Ven} = P \cdot \tau = 1{,}2\,kW \cdot 20\,\frac{h}{d} = \underline{24\frac{kWh}{d}}$

h) Die einzelnen Wärmeströme werden zur Kühllast addiert:

$$\begin{aligned}\dot{Q}_{Kühllast} &= \dot{Q}_E + \dot{Q}_{Lw} + \dot{Q}_{KG} + \dot{Q}_P + \dot{Q}_H + \dot{Q}_{Bel} + \dot{Q}_{Ven}\\ &= (36{,}167 + 37{,}266 + 0 + 23{,}04 + 224 + 9{,}6 + 24)\frac{kWh}{d}\\ &= \underline{354{,}073\frac{kWh}{d}}\end{aligned}$$

Nun kann mit Gleichung (18.11) die erforderliche Kälteleistung berechnet werden:

$$\dot{Q}_{0Verda} = \frac{\dot{Q}_{Kühllast}}{\tau} = \frac{354{,}073\frac{kWh}{d}}{16\frac{h}{d}} = \underline{\underline{22{,}13\,kW}}$$

18.4 Aufgaben

1. Für einen Kühlraum wurde eine Kühllast von 244 kWh/d ermittelt. Berechnen Sie
   a) die Verdampferleistung in kW bei 18 h/d Laufzeit,
   b) die Laufzeit des Verdampfers bei 20 % erhöhter Kühllast.

2. Für einen Kühlraum wurde eine Kühllast von 388 kWh/d ermittelt. Berechnen Sie
   a) die Verdampferleistung in kW bei 16 h/d Laufzeit,
   b) die Laufzeit des Verdampfers bei 20 % verringerter Kühllast.
   c) Wie könnte sich die verringerte Laufzeit auf die relative Feuchte im Kühlraum auswirken?

3. Berechnen Sie den Kältebedarf für die Gefriergüter gemäß Tabelle in kJ/d und kW.

	Masse kg/d	$t_{Einbring}$ °C	t_{Gefr} °C	t_{Lager} °C	c_{vor} kJ/kgK	q kJ/kg	c_{nach} kJ/kgK
a)	800	7	–2	–18	3,1	247	1,6
b)	380	12	–1,5	–18	3,08	216	1,55
c)	1200	6	–1,8	–24	2,15	134	1,3

4. Eine Kühlzelle der Länge 4 m, Breite 3 m und Höhe 2,2 m mit einem k-Wert aller Wandungen (inkl. Tür) von 0,25 W/m^2K wird täglich mit 600 kg Lammfleisch bestückt. Einbringtemperatur 12 °C, Lagertemperatur 2 °C. Berechnen Sie den Wärmestrom durch
   a) Einstrahlung bei 23 °C Umgebungs- und 18 °C Bodentemperatur in Watt,
   b) das Kühlgut in kJ/d und Watt.

5. Berechnen Sie den Kältebedarf in kW für die Gefriergüter gemäß Tabelle.

	Gefrierzeit h	Masse kg	$t_{Einbring}$ °C	t_{Gefr} °C	t_{Lager} °C	c_{vor} kJ/kgK	q kJ/kg	c_{nach} kJ/kgK
a)	6	2400	8	–1,5	–18	3,06	255	1,8
b)	8	450	8	–2,8	–18	3,08	247	1,66
c)	10	1400	6	–1,5	–24	2,1	174	1,2

6. Die Kühlzelle einer Großküche mit 4 °C Raumtemperatur bei 80 % rel. Feuchte hat die Maße: Länge 3,5 m, Breite 3 m, Höhe 2,3 m und einen k-Wert von 0,25 W/m^2K für alle Flächen und die Tür. Die Kühlzelle ist unterlüftet und die Umgebungsluft hat 18 °C bei 50 % rel. Feuchte. Die Abtauung findet mit Umluft statt. Berechnen Sie den Wärmestrom durch
   a) die Einstrahlung,
   b) den Luftwechsel bei n_{LW} = 35/d,
   c) die Kühlgutabkühlung: Einbringtemperatur 20 °C, weitere Werte siehe Tabelle,
   d) die Atmung des Kühlgutes beim Abkühlen ($q_{Amittel}$),
   e) die Beleuchtung 60 W für 1 h am Tag,
   f) den Ventilator 200 W, 20 h/d,
   g) Berechnen Sie die erforderliche Kälteleistung bei einer Anlagenlaufzeit von 16 h/d.

Kühlgut	Masse/d kg/d	Gefrierpunkt °C	c_{vor} kJ/kgK	c_{nach} kJ/kgK	q kJ/kg	$q_{Amittel}$ kJ/kgd
Erbsen	500	–1,09	3,31	1,78	246	32
Karotten	200	–1,35	3,77	1,93	276	11

7. 50 000 kg Karotten werden nach der Ernte geputzt, gewaschen und portioniert in Polyethylenbeutel verpackt bei –18 °C eingelagert. Die Einbringtemperatur beträgt 16 °C. Der Vorgang soll in 24 h abgeschlossen und der Gefrierpunkt nach 6 Stunden erreicht sein. Berechnen Sie
   a) den Kältebedarf (kJ) durch die Kühlgutabkühlung auf Lagertemperatur,
   b) den Kältebedarf (kJ) durch die Atmung bis zum Erreichen des Gefrierpunkts ($q_{Amittel}$ = 10 kJ/kgd),
   c) den Kältebedarf (kJ) durch die Wasserabkühlung auf Lagertemperatur (0,5 % der Kühlgutmasse anhaftendes Wasser vom Waschvorgang),

d) die erforderliche Kälteleistung in kW für diesen Einlagerungsvorgang,
e) die Kälteleistung in kW für die Gefrierlagerung im Kühlhaus mit folgenden Werten: Länge 12 m, Breite 7,5 m, Höhe 3,5 m. Wärmedurchgangszahlen in W/m^2K Wände und Tür 0,38, Decke 0,3, Boden 0,5. Temperaturen t_a = 35 °C, t_{Boden} = 12 °C.
f) Beurteilen Sie den Unterschied der Leistungen für Einlagerung und Lagerhaltung. Wie kann diesem Problem begegnet werden?
g) Berechnen Sie die Jahresenergiekosten für die Gefrierlagerung der Karotten unter folgenden Annahmen: Mittlere Jahresaußentemperatur 14 °C, Mittlere Bodentemperatur 8 °C, Arbeitspreis für elektrische Energie 0,3 €/kWh, die Kälteanlage erzeugt mit 1 kWh elektrischer Antriebsenergie 1,9 kWh Kälte.

8. Wegen der unter 7. f) genannten Probleme werden die Einlagerungsbedingungen für die Karotten (aus Aufgabe 7) verändert: Sie werden vorgekühlt und in Teilmengen eingebracht. Berechnen Sie den Kältebedarf für die Einlagerung der Karotten unter folgenden veränderten Bedingungen: m = 5000 kg, Einbringtemperatur 1 °C. Der Vorgang soll in 24 h abgeschlossen und der Gefrierpunkt nach 30 Minuten erreicht sein. Berechnen Sie den Kältebedarf (kJ) durch
   a) die Kühlgutabkühlung auf Lagertemperatur –18 °C,
   b) die Atmung bis zum Erreichen des Gefrierpunkts ($q_{Amittel}$ = 3,94 kJ/kgd),
   c) die Wasserabkühlung auf Lagertemperatur (0,5 % der Kühlgutmasse anhaftendes Wasser vom Waschvorgang),
   d) die erforderliche Kälteleistung in kW für diesen Einlagerungsvorgang,
   e) Beurteilen Sie den Anteil der Atmungswärme am Gesamtkältebedarf.

9. In einem Großraumbüro befinden sich 30 Personen, die im Aktivitätsgrad II tätig sind. Hinzu kommen Büromaschinen, die insgesamt 8200 W an Wärme an den Raum abgeben. Außerdem kommt ein Wärmestrom von 4,5 kW durch Decke und Wände. Die gesamte Wärme wird durch Gebläsekonvektoren über Kaltwasser aus dem Raum abgeführt.
   a) Welchen Wärmestrom bringen die Personen in den Raum ein (kW)?
   b) Wie groß ist die gesamte Kühllast (kW)?
   c) Welcher Wassermassenstrom ist erforderlich, um die Kühllast zu abzufahren, wenn das Wasser sich dabei von 12 °C auf 16 °C erwärmt?
   d) Welchen Innendurchmesser (mm) muss die Wasserleitung haben, damit eine Strömungsgeschwindigkeit von 1,2 m/s nicht überschritten wird?

Aktivitätsgrad	Tätigkeit	$\dot{q}_P$ in W
–	Grundumsatz	79
I	Sitzende Tätigkeit wie Lesen, Schreiben	100
II	Leichte Arbeit im Stehen, Labortätigkeit, Maschinen-schreiben	150
III	Mäßig schwere körperliche Tätigkeit	200
IV	Schwere körperliche Tätigkeit	> 250

10. Der Gefrierraum für einen Schlachtbetrieb mit einer Innenluft von –18 °C / 85 % befindet sich im Untergeschoss eines Gebäudes in Hanglage, so dass Rückwand, Boden und eine Seitenwand an Erdreich angrenzen. Weitere Werte siehe Tabelle. 500 kg Lammfleisch (c_v = 3 kJ/kgK, c_n = 1,85 kJ/kgK, q = 216 kJ/kg bei –1,5 °C) mit 10 °C werden in den Raum gebracht und sollen innerhalb von 24 Stunden auf –18 °C gefroren. Berechnen Sie den Wärmestrom (kWh/d) durch
    a) die Einstrahlung,
    b) den Luftwechsel bei n_{LW} = 5/d, Werte der Innenluft: h = –15,5 kJ/kg, ρ = 1,39 kg/m³,
    c) die Kühlgutabkühlung,
    d) die Beleuchtung 2 × 60 W für 1 h am Tag,
    e) den Ventilator 200 W, 18 h/d,
    f) die Abtauung zweimal täglich je 40 min 2400 W.
    g) Berechnen Sie die erforderliche Kälteleistung bei einer Anlagenlaufzeit von 18 h/d.

Bezeichnung	Maße (m × m)	t_a in °C	k in W/m²K
Wand rechts	4 × 2,3	20	0,4
Wand links	4 × 2,3	10	0,4
Vorderwand (mit Tür)	3 × 2,3	20/50 %	0,4
Tür	0,9 × 2	20	0,25
Rückwand	3 × 2,3	10	0,4
Boden	4 × 3	8	0,5
Decke	4 × 3	20	0,3

19 Berechnungen zum Kältemittelkreisprozess

19.1 Der Kältemittelkreisprozess im Druck-Enthalpie-Diagramm

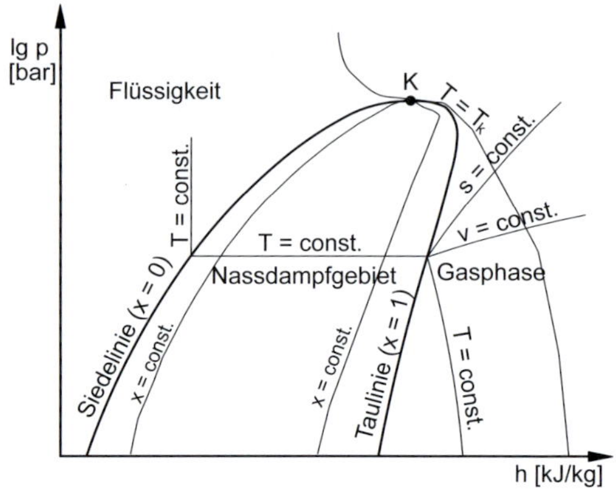

Wesentliche Grundlage für das Verständnis und die Berechnung der thermodynamischen Vorgänge im Kältemittelkreisprozess ist seine Darstellung im Druck-Enthalpie-Diagramm, das hier skizziert ist:

Die senkrechte Druckachse ist bei den meisten Kältemitteln (Ausnahme CO_2) **logarithmisch** eingeteilt **(lg p,h-Diagramm)**, die waagerechte Enthalpieachse ist linear (normal) eingeteilt. Dementsprechend verlaufen Linien konstanten Drucks (Isobaren, p = const.) waagerecht, Linien konstanter spezifischer Enthalpie (Isenthalpen, h = const.) senkrecht.

Eingezeichnet ist die typische Glockenkurve eines Kältemittels, die sich als Summe der Siedepunkte (Siedelinie, links) und Summe der Taupunkte (Taulinie, rechts) darstellt. Auf diesen Linien findet man die Werte der Dampftabelle wieder. Beide Linien treffen sich im kritischen Punkt (K), in dem Flüssigkeit und Dampf sich in den Werten ihrer Zustandsgrößen (Druck, Temperatur, Enthalpie, Dichte usw.) nicht unterscheiden.

Temperaturlinien (Isothermen, T = const.) stoßen im Flüssigkeitsgebiet senkrecht von oben kommend auf die Siedelinie, verlaufen innerhalb der Glockenkurve waagerecht (also parallel zu den Isobaren), knicken dann an der Taulinie nach unten ab und nähern sich dabei mit sinkendem Druck einer Senkrechten.

Innerhalb der Glockenkurve findet man die x-Linien (Dampfgehalt konstant, x = const.). Auf der Siedelinie befindet sich die Kältemittelflüssigkeit im Siedepunkt und es gibt keinen Dampf (x = 0), auf der Taulinie ist die gesamte Flüssigkeit verdampft und der Dampfgehalt ist 100 % (x = 1). Innerhalb der Glockenkurve existieren Flüssigkeit und Dampf unter gleichem Druck und gleicher Temperatur nebeneinander.

Im Gasgebiet verlaufen die Linien konstanten spezifischen Volumens (Isochoren, v = const.) leicht schräg ansteigend, während die Linien konstanter spezifischer Entropie (Isentropen, s = const., Verdichtungslinien) steiler verlaufen.

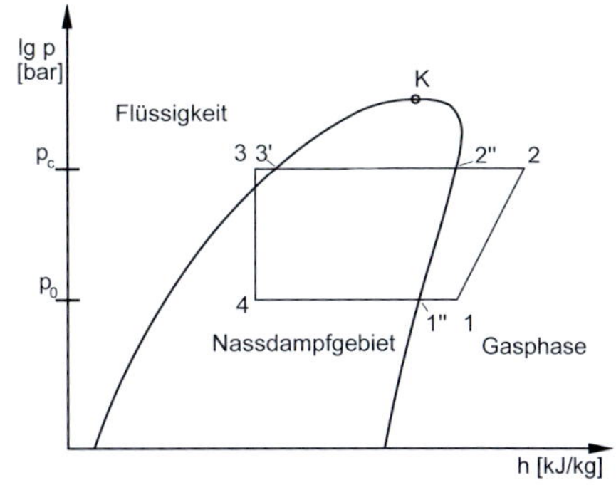

Die Darstellung des Kältemittelkreisprozesses in diesem Diagramm ergibt unter Vernachlässigung von Druckverlusten auf der Hoch- bzw. Niederdruckseite ein charakteristisches Trapez, bestehend aus zwei Waagerechten (Wärmeaufnahme unten, Wärmeabgabe oben, dabei Druck konstant), einer Senkrechten links (Drosselvorgang bei konstanter Enthalpie) und einer Schrägen rechts (Verdichtung, im Idealfall längs der s-Linie). Der Kreisprozess verläuft links herum. Das Trapez wird mit seinen Eckpunkten von 1 – 4 beziffert, wobei man unten rechts (Beginn der Verdichtung) anfängt. Durch die eingezeichneten Zwischenpunkte ergeben sich die sieben Abschnitte, die den Kältemittelkreisprozess beschreiben:

Abschnitt	Benennung	Druck	Temperatur	Enthalpie	spezif. Vol.
1 – 2	Verdichten	↑	↑	↑	↓
2 – 2"	Enthitzen	↔	↓	↓	↓
2" – 3'	Verflüssigen	↔	↔	↓	↓
3' – 3	Unterkühlen	↔	↓	↓	↓
3 – 4	Drosseln	↓	↓	↔	↑
4 – 1"	Verdampfen	↔	↔	↑	↑
1" – 1	Überhitzen	↔	↑	↑	↑

Die 7 Abschnitte des Kältemittelkreisprozesses und die Veränderung der wesentlichen Zustandsgrößen dabei (↑ = steigt, ↓ = sinkt, ↔ = unverändert)

Ist der Kältemittelkreisprozess mit gegebenen Werten für Drücke und Temperaturen exakt ins Diagramm eingetragen, lassen sich die wesentlichen Enthalpiedifferenzen, q_{0e}, w_{is} und q_c als Strecken auf der Enthalpieachse abgreifen. Weitere wichtige Kenngrößen, wie der beim Entspannen entstehende Drosseldampfanteil x, das spezifische Volumen des über-

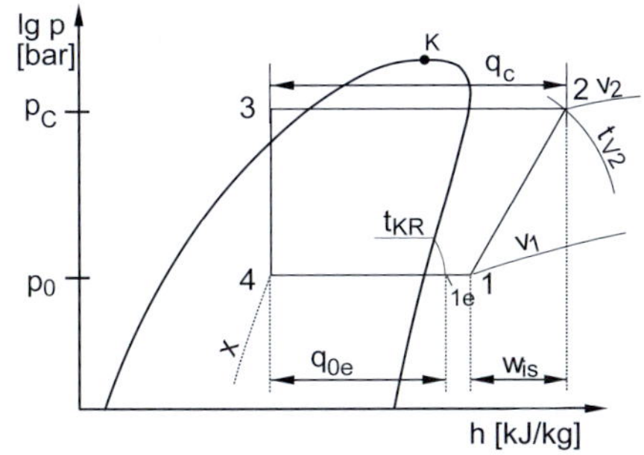

hitzten Kältemitteldampfes am Verdichtereingang und -ausgang v_1, v_2 und die Verdichtungsendtemperatur t_{V2}, sind ebenfalls abzulesen.

Enthalpiedifferenz kJ/kg	Formel	Bemerkung
Nutzkältegewinn	$q_{0e} = h_{1e} - h_4$ (19.1)	Punkt 1e vereinbarungsgemäß am Schnittpunkt der Kühlraumisothermen (t_{KR}) mit der p_0-Linie[1]
isentrope Verdichtungsarbeit	$w_{is} = h_2 - h_1$ (19.2)	Nur die ideale Verdichtung verläuft längs der s-Linie (isentrop)
Verflüssigerwärme	$q_c = h_2 - h_3$ (19.3)	Wärmerückgewinnung möglich; bei Wärmepumpenbetrieb Nutzseite

1) Wenn der Saugdampf sich auf Kühlraumtemperatur t_{KR} erwärmt hat, kann er gemäß dem 2. Hauptsatz keine Wärme mehr aus dem Kühlraum aufnehmen. Deswegen ist dieser Schnittpunkt als äußerste Grenze der nützlichen Wärmeaufnahme (= Nutzkältegewinn) anzusehen. Üblich ist es auch, die Überhitzungstemperatur am Fühler des TEV (t_{0h}) als Grenze des Nutzkältegewinns zu nehmen.

19.2 Kälteleistung $\dot{Q}_0$, Verflüssigerleistung $\dot{Q}_c$, Massenstrom $\dot{m}_R$

Diese im Diagramm zu bestimmenden Enthalpiedifferenzen haben alle dieselbe Einheit, nämlich kJ/kg. Es handelt sich also um eine Energiemenge bezogen auf ein Kilogramm Kältemittel. Werden sie mit dem Massenstrom in kg/s multipliziert, ergeben sich die jeweiligen Leistungen in kJ/s = kW:

$$\dot{Q}_0 = \dot{m}_R \cdot q_{0e} \quad (19.4)$$

$$\dot{Q}_c = \dot{m}_R \cdot q_c \quad (19.5)$$

Gleichung 19.4 stellt gewissermaßen den Angelpunkt der Berechnung einer Kälteanlage dar. Durch die Kühlaufgabe ist eine bestimmte Kälteleistung erforderlich (s. Kapitel 18 Kältebedarf), durch die Prozessdaten (Verdampfungstemperatur t_0, Verflüssigungstemperatur t_c) ergibt sich je nach Kältemittel ein bestimmter Nutzkältegewinn q_{0e}, sodass der erforderliche Kältemittelmassenstrom $\dot{m}_R$ durch Umstellen von Gleichung (19.4) berechnet werden kann:

$$\dot{m}_R = \frac{\dot{Q}_0}{q_{0e}} \quad (19.6)$$

Dieser ist wiederum erforderlich, um den Verdichter (Kapitel 20) und die Rohrleitungen zu dimensionieren (s. Kapitel 10 Rohrleitungen und Kanäle).

Beispiel 19.1

Gegeben ist ein Kältemittelkreisprozess mit folgenden Daten:

Kältemittel: R134a

Verdampfungstemperatur t_0: -10 °C

Verflüssigungstemperatur t_c: 38 °C

Unterkühlung bis zum TEV ΔT_{cu}: 1 K

Kühlraumtemperatur t_{KR}: 0 °C

Verdichtereingangstemperatur t_{V1}: 10 °C

a) Tragen Sie den Prozess in ein Diagramm ein und ermitteln Sie die nötigen Daten der nebenstehenden Tabelle aus dem Diagramm, der Dampftabelle und der Überhitzungstabelle (s. Anhang).

h_1 in kJ/kg	
h_{1e} in kJ/kg	
h_2 in kJ/kg	
$h_{3/4}$ in kJ/kg	
v_1 in dm³/kg	
v_2 in dm³/kg	
v_3 in dm³/kg	
t_{V2} in °C	
x in %	

Berechnen Sie

b) den Nutzkältegewinn q_{0e}, die isentrope Verdichtungsarbeit w_{is} und die Verflüssigerwärme q_c,

c) den erforderlichen Kältemittelmassenstrom $\dot{m}_R$ (kg/s) für eine Kälteleistung von 12 kW,

d) den dazu gehörigen Volumenstrom am Verdichtereingang (dm³/s, m³/h).

Lösung:

Mit den Temperaturdaten kann der Prozess ins lg p,h-Diagramm eingetragen werden. Die folgende Diagrammskizze zeigt das beispielhaft:

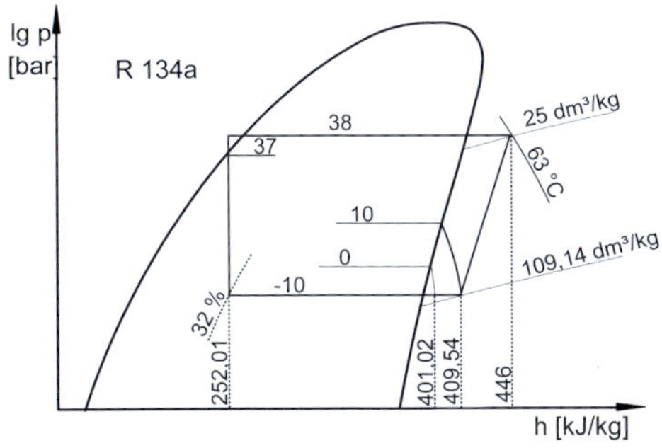

Die nötigen Werte werden in die Tabelle eingetragen:

Größe	Wert	Herkunft
h_1	409,54 kJ/kg	Überhitzungstabelle bei t_S = – 10 °C, auf + 10 °C überhitzt
h_{1e}	401,02 kJ/kg	Überhitzungstabelle bei t_S = – 10 °C, auf 0 °C überhitzt
h_2	446 kJ/kg	Diagramm, genau zeichnen
$h_{3/4}$	252,01 kJ/kg	Dampftabelle, Enthalpie der Flüssigkeit h' bei 37 °C (38 °C Verflüssigung minus 1 K Unterkühlung)
v_1	109,14 dm³/kg	Überhitzungstabelle bei t_S = – 10 °C, auf + 10 °C überhitzt
v_2	25 dm³/kg	Diagramm, genau zeichnen
v_3	0,863 dm³/kg	Dampftabelle 37 °C, spezif. Volumen der Flüssigkeit v'
t_{V2}	63 °C	Diagramm, genau zeichnen
x	32 %	Diagramm, genau zeichnen

b) $q_{0e} = h_{1e} - h_4 = (401{,}02 - 252{,}01)\ \text{kJ/kg} = \underline{\underline{149{,}01\ \text{kJ/kg}}}$

$w_{is} = h_2 - h_1 = (446 - 409{,}54)\ \text{kJ/kg} = \underline{\underline{36{,}46\ \text{kJ/kg}}}$

$q_c = h_2 - h_3 = (446 - 252{,}01)\ \text{kJ/kg} = \underline{\underline{193{,}99\ \text{kJ/kg}}}$

c) Anwendung von Gleichung (19.6)

$$\dot{m}_R = \frac{\dot{Q}_0}{q_{0e}} = \frac{12\,\text{kW}}{149{,}01\frac{\text{kJ}}{\text{kg}}} = \underline{\underline{0{,}08053151\frac{\text{kg}}{\text{s}}}} \quad (1\,\text{kW} = 1\frac{\text{kJ}}{\text{s}})$$

d) Anwendung von Gleichung (9.6) mit den Werten am Verdichtereingang (Punkt 1)

$$\dot{V}_1 = \dot{m}_R \cdot v_1 = 0{,}08053\frac{\text{kg}}{\text{s}} \cdot 109{,}14\frac{\text{dm}^3}{\text{kg}} = 8{,}7890\frac{\text{dm}^3}{\text{s}} = 31{,}64\frac{\text{m}^3}{\text{h}}$$

19.3 Aufgaben

1. Gegeben ist ein Kältemittelkreisprozess mit folgenden Daten:
   Kältemittel: R134a
   Verdampfungstemperatur t_0: – 12 °C
   Verflüssigungstemperatur t_c: 35 °C
   Unterkühlung bis zum TEV ΔT_{cu}: 2 K
   Kühlraumtemperatur t_{KR}: -5 °C
   Verdichtereingangstemperatur t_{V1}: 10 °C

a) Tragen Sie den Prozess in ein Diagramm ein und ermitteln Sie die nötigen Daten der nebenstehenden Tabelle aus dem Diagramm, der Dampftabelle und der Überhitzungstabelle (s. Anhang).

h_1 in kJ/kg	
h_{1e} in kJ/kg	
h_2 in kJ/kg	
$h_{3/4}$ in kJ/kg	
v_1 in dm^3/kg	
v_2 in dm^3/kg	
v_3 in dm^3/kg	
t_{V2} in °C	
x in %	

Berechnen Sie

b) den Nutzkältegewinn q_{0e}, die isentrope Verdichtungsarbeit w_{is} und die Verflüssigerwärme q_c,

c) den erforderlichen Kältemittelmassenstrom $\dot{m}_R$ (kg/s) für eine Kälteleistung von 72 kW,

d) den Volumenstrom am Verdichtereingang (dm^3/s, m^3/h),

e) den Durchmesser der Saugleitung (mm) für $w_{SL} = 8{,}5$ m/s,

f) den Durchmesser der Druckleitung (mm) für $w_{DL} = 12$ m/s,

g) den Durchmesser der Flüssigkeitsleitung (mm) für $w_{FL} = 0{,}6$ m/s.

2. Gegeben ist ein Kältemittelkreisprozess mit folgenden Daten:

Kältemittel:	R134a
Verdampfungstemperatur t_0:	−2 °C
Verflüssigungstemperatur t_c:	28 °C
Unterkühlung bis zum TEV ΔT_{cu}:	2 K
Nutzkältegewinn endet bei t_{0h}:	5 °C
Verdichtereingangstemperatur t_{V1}:	15 °C

a) Tragen Sie den Prozess in ein Diagramm ein und ermitteln Sie die nötigen Daten der nebenstehenden Tabelle aus dem Diagramm, der Dampftabelle und der Überhitzungstabelle (s. Anhang).

h_1 in kJ/kg	
h_{1e} in kJ/kg	
h_2 in kJ/kg	
$h_{3/4}$ in kJ/kg	
v_1 in dm^3/kg	
v_2 in dm^3/kg	
v_3 in dm^3/kg	
t_{V2} in °C	
x in %	

Berechnen Sie

b) den Nutzkältegewinn q_{0e}, die isentrope Verdichtungsarbeit w_{is} und die Verflüssigerwärme q_c,

c) den erforderlichen Kältemittelmassenstrom $\dot{m}_R$ (kg/s) für eine Kälteleistung von 800 kW,

d) den Volumenstrom am Verdichtereingang (dm^3/s, m^3/h),

e) den Durchmesser der Saugleitung (mm) für $w_{SL} = 7{,}5$ m/s,

f) den Durchmesser der Druckleitung (mm) für $w_{DL} = 10$ m/s,

g) den Durchmesser der Flüssigkeitsleitung (mm) für $w_{FL} = 0{,}5$ m/s.

20 Verdichter

20.1 Der Verdichter im Kältemittelkreisprozess

Kälteanlagen transportieren Wärme von einem Körper tieferer Temperatur (Kühlraum, Kühlstelle) zu einem Körper höherer Temperatur (Umgebung). Das geht gemäß dem 2. Hauptsatz (s. Kapitel 15.1) nicht von selbst. Genau deswegen wird ein Verdichter benötigt. Er sorgt dafür, dass eine Kälteanlage mittels eines Arbeitsstoffes (Kältemittel) Wärme entgegen der natürlichen Fließrichtung transportieren kann. Der Verdichter benötigt dazu Energie und insofern liegt kein Widerspruch zum 2. Hauptsatz vor. Er saugt den von der Kühlstelle kommen Kältemitteldampf bei niedrigem Druck (p_0) an, bringt ihn auf höheren Druck (verdichtet ihn auf p_c) und schiebt ihn zum Verflüssiger. Im lg p,h-Diagramm ist der Verdichter zwischen Punkt 1 und 2 zu finden. Die von ihm dem Kältemitteldampf zugeführte mechanische Volumenänderungsarbeit bewirkt im Idealfall (isentrope Verdichtung) die Enthalpiedifferenz $w_{is} = h_2 - h_1$, wobei Punkt 1 und Punkt 2 auf einer Isentropen (s-Linie) liegen (vgl. Kapitel 19.1).

20.2 Hubvolumenstrom, Druckverhältnis und Liefergrad

Der häufigste Verdichtertyp ist der Hubkolbenverdichter. Sein Leistungsvermögen wird grundsätzlich durch den geometrischen Hubvolumenstrom $\dot{V}_g$ in m³/s bestimmt.

$$\dot{V}_g = \frac{\pi \cdot d^2 \cdot l_H \cdot i \cdot n}{4} \tag{20.1}$$

d Bohrung in m
l_H Hub in m
i Zylinderzahl
n Drehzahl in 1/s

Der geometrische Hubvolumenstrom stellt einen theoretischen Idealwert dar. In der Praxis wird dieser Wert nicht erreicht. Der tatsächliche Hubvolumenstrom $\dot{V}_1$ in m³ /s ist aufgrund verschiedener Verluste kleiner. Das wird durch den Liefergrad λ (stets kleiner als 1) erfasst:

$$\dot{V}_1 = \dot{V}_g \cdot \lambda \tag{20.2}$$

λ Liefergrad (Lambda)

Der Liefergrad ist stark abhängig vom Druckverhältnis, das ist das Verhältnis von Verflüssigungsdruck zu Verdampfungsdruck. Je größer das Druckverhältnis π umso größer sind die Verluste und umso kleiner ist der Liefergrad.

$$\pi = \frac{p_c}{p_0} \qquad (20.3)$$

p_c Verflüssigungsdruck in bar
p_0 Verdampfungsdruck in bar

Eine vereinfachte Darstellung dieses Zusammenhangs zeigt folgendes Diagramm:

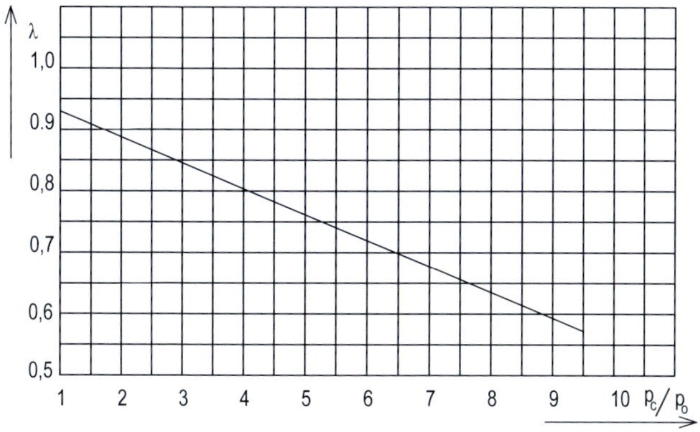

Beispiel 20.1

Für einen 4-Zylinder-Hubkolbenverdichter gelten folgende Werte: Bohrung d = 45 mm, Hub l_H = 38 mm, n = 1450/min. Er arbeite mit R134a bei $t_0 = -16\,°C$, t_c = 38 °C Berechnen Sie

a) den geometrischen Hubvolumenstrom (dm^3/s),
b) das Druckverhältnis.
c) Ermitteln Sie mithilfe des Diagramms den Liefergrad.
d) Wie groß ist sein tatsächlicher Hubvolumenstrom (m^3/s, m^3/h)?

Lösung:
Geg.: 4 Zyl., d = 45 mm, l_H = 38 mm, n = 1450/min, R134a, $t_0 = -16\,°C$, $t_c = 38\,°C$

a) $\dot{V}_g = \frac{\pi \cdot d^2 \cdot l_H \cdot i \cdot n}{4} = \frac{\pi \cdot (0{,}45\,dm)^2 \cdot 0{,}38\,dm \cdot 4 \cdot 1450}{4\,min} = 350{,}53\,\frac{dm^3}{min}$

$= \underline{\underline{5{,}842\,\frac{dm^3}{s}}}$

b) Dampftabelle R134a: $p_0 = 1{,}57\,bar$, $p_c = 9{,}63\,bar$

$$\pi = \frac{p_c}{p_0} = \frac{9{,}63}{1{,}57} = \underline{\underline{6{,}13}}$$

c) $\lambda = 0{,}715$ (aus Diagramm ablesen)

d) $\dot{V}_1 = \dot{V}_g \cdot \lambda = 5{,}842\,\frac{dm^3}{s} \cdot 0{,}715 = 4{,}177\,\frac{dm^3}{s} = \underline{\underline{15{,}04\,\frac{m^3}{h}}}$ $(1\,dm^3/s = 3{,}6\,m^3/h)$

20.3 Volumetrische Kälteleistung q_{0v} und Kälteleistung $\dot{Q}_0$

Ein Verdichter erzeugt aufgrund seiner Baugröße und Drehzahl, mit der er angetrieben wird, einen bestimmten Volumenstrom. Einen Zusammenhang zwischen dem tatsächlichen Volumenstrom $\dot{V}_1$ und der für Kühlaufgaben wichtigen Kälteleistung $\dot{Q}_0$ stellt die volumenstrombezogene Kälteleistung, kurz volumetrische Kälteleistung q_{0v} in kJ/m³, her. Man erhält sie, indem man den Nutzkältegewinn q_{0e} durch das spezifische Volumen des Kältemittelsaugdampfs am Verdichtereingang (im Diagramm Punkt 1) v_1 dividiert. Somit gibt die volumetrische Kälteleistung an, wie viel kJ an der Kühlstelle aufgenommene Wärme (Nutzkälte) ein Kubikmeter des Saugdampfs am Verdichtereingang (im Ansaugzustand) enthält:

$$q_{0v} = \frac{q_{0e}}{v_1} \qquad (20.4)$$

- q_{0e} Nutzkältegewinn, Enthalpiedifferenz aus Diagramm $q_{0e} = h_{1e} - h_4$ in kJ/kg
- v_1 spezifisches Volumen des Kältemittelsaugdampfs am Verdichtereingang (im Diagramm zu bestimmen oder aus der Überhitzungstabelle) in m³/kg

Die volumetrische Kälteleistung ist abhängig von den Kreisprozessdaten und dem Kältemittel. Sie nimmt mit tieferer Verdampfungstemperatur erheblich ab, weil bei tieferem Druck das spezifische Volumen v_1 des Saugdampfs stark ansteigt. Kältemittel mit höherer Drucklage haben generell eine höhere volumetrische Kälteleistung, weil ihr Saugdampf ein geringes spezifisches Volumen aufweist. Da ein und derselbe Verdichter bei einem Kältemittel mit höherer volumetrischer Kälteleistung mehr Kälteleistung hat, sinken mit zunehmender volumetrischer Kälteleistung die Investitionskosten.

Die Verdichterkälteleistung $\dot{Q}_0$ in kW ergibt sich nun als Produkt aus volumetrischer Kälteleistung und dem tatsächlichen Hubvolumenstrom des Verdichters:

$$\dot{Q}_0 = \dot{V}_1 \cdot q_{0v} = \dot{V}_g \cdot \lambda \cdot q_{0v} \qquad (20.5)$$

- q_{0v} volumetrische Kälteleistung in kJ/m³
- $\dot{V}_1$ tatsächlicher Hubvolumenstrom in m³/s
- $\dot{V}_g$ geometrischer Hubvolumenstrom in m³/s
- λ Liefergrad in 1

Beispiel 20.2

Ein 6-Zylinder-Verdichter mit $d = 61\,\text{mm}$, $l_H = 46\,\text{mm}$ hat eine Drehzahl von $n = 1450\,/\,\text{min}$. Berechnen Sie

a) den geometrischen Hubvolumenstrom in m^3/s und m^3/h,
b) den tatsächlichen Hubvolumenstrom in m^3/s bei einem Liefergrad $\lambda = 0{,}81$,
c) die Kälteleistung in kW bei einer volumetrischen Kälteleistung des Kältemittels von 1885 kJ/m^3,
d) den erforderlichen Durchmesser der Saugleitung bei $w_{SL} = 8{,}5\,m/s$,
e) den Kältemittelmassenstrom bei einem spezifischen Volumen am Verdichtereingang von $v_1 = 68\,dm^3/kg$,
f) den Durchmesser der Flüssigkeitsleitung bei $w_{FL} = 0{,}6\,m/s$, $t_{cu} = 33\,°C$ (R134a).
g) Welche Strömungsgeschwindigkeit ergibt sich, wenn eine Flüssigkeitsleitung 18 × 1 gewählt wird?
h) Wie groß ist die Strömungsgeschwindigkeit in der Flüssigkeitsleitung nach einer Teilung in zwei Stränge je 12 × 1?

Lösung:
Geg.: 6 Zyl., d = 61 mm, $l_H = 46\,mm$, n = 1450/min
a) Anwendung von Gleichung (20.1)

$$\dot{V}_g = \frac{\pi \cdot d^2 \cdot l_H \cdot i \cdot n}{4} = \frac{\pi \cdot (0{,}61\,dm)^2 \cdot 0{,}46\,dm \cdot 6 \cdot 1450}{4\,min} = 0{,}01949\frac{m^3}{s} = \underline{\underline{70{,}174\frac{m^3}{h}}}$$

b) $\dot{V}_1 = \dot{V}_g \cdot \lambda = 0{,}01949\frac{m^3}{s} \cdot 0{,}81 = \underline{\underline{0{,}015789\frac{m^3}{s}}}$ (Gl. 20.2)

c) $\dot{Q}_0 = \dot{V}_1 \cdot q_{0v} = 0{,}015789\frac{m^3}{s} \cdot 1885\frac{kJ}{m^3} = \underline{\underline{29{,}76\,kW}}$ (Gl. 20.5)

d) $d = \sqrt{\frac{4\dot{V}}{\pi \cdot w}} = \sqrt{\frac{4 \cdot 0{,}015789\frac{m^3}{s}}{\pi \cdot 8{,}5\frac{m}{s}}} = 0{,}0486\,m = \underline{\underline{48{,}6\,mm}}$ (Gl. 10.3)

e) $\dot{V} = \dot{m} \cdot v \Rightarrow \dot{m}_R = \frac{\dot{V}_1}{v_1} = \frac{0{,}015789\frac{m^3}{s}}{0{,}068\frac{m^3}{kg}} = \underline{\underline{0{,}232191\frac{kg}{s}}}$ (Gl. 9.6 umgestellt)

f) Dampftabelle R134a bei 33 °C: $v' = 0{,}851\,dm^3/kg$. Da diese Angabe in dm^3/kg ist, wird die Strömungsgeschwindigkeit von m/s in dm/s umgewandelt: w = 0,6 m/s = 6 dm/s. Die Werte werden eingesetzt in Gl. (10.4):

$$d = \sqrt{\frac{4 \cdot \dot{m} \cdot v}{\pi \cdot w}} = \sqrt{\frac{4 \cdot 0{,}232191\frac{kg}{s} \cdot 0{,}851\frac{dm^3}{kg}}{\pi \cdot 6\frac{dm}{s}}} = 0{,}2048\,dm = \underline{\underline{20{,}5\,mm}}$$

g) $w = \frac{4 \cdot \dot{m} \cdot v}{d^2 \cdot \pi} = \frac{4 \cdot 0{,}232191\frac{kg}{s} \cdot 0{,}851\frac{dm^3}{s}}{(0{,}16\,dm)^2 \cdot \pi} = \underline{\underline{9{,}828\frac{dm}{s} \approx 1\frac{m}{s}}}$

h) Anwendung des Kontinuitätsgesetzes (Gl. 9.9). Dabei wird d_2 durch 2 Innendurchmesser repräsentiert, deren Quadrate zu addieren sind:

$$\frac{w_2}{w_1} = \frac{d_1{}^2}{d_2{}^2} = \frac{16^2}{10^2 + 10^2} = \frac{256}{200} = 1{,}28 \Rightarrow w_2 = 1{,}28 \cdot w_1 = 1{,}28\,\frac{m}{s}$$

Da die beiden 12er Rohre in der Summe eine geringere Querschnittsfläche haben als das 18er Rohr, steigt die Strömungsgeschwindigkeit.

20.4 Verdichterantriebsleistung

Die reale Verdichtung erfolgt nicht isentrop (im lg p,h-Diagramm längs einer S-Linie), sondern polytrop. Die Abweichung zwischen der isentropen und der realen (polytropen) Verdichtung wird mit dem indizierten Gütegrad η_i erfasst:

$$\eta_i = \frac{w_{is}}{w_i} \tag{20.6}$$

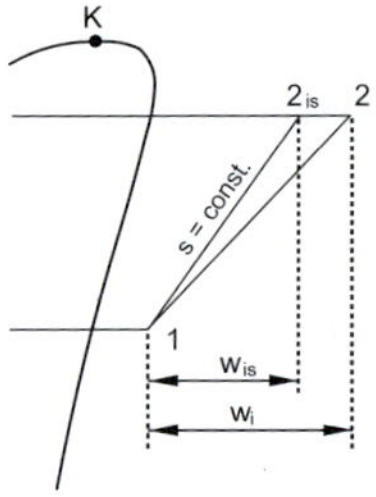

Isentrope und polytrope Verdichtung

Damit ergibt sich die polytrope Verdichtungsarbeit zu:

$$w_i = \frac{w_{is}}{\eta_i} \tag{20.7}$$

Die Antriebsleistung der isentropen Verdichtung P_{is} ergibt sich analog zu Kälte- und Verflüssigerleistung durch Multiplikation der zugehörigen Enthalpiedifferenz mit dem Kältemittelmassenstrom (vgl. Kapitel 19.2)

$$P_{is} = \dot{m}_R \cdot w_{is} \tag{20.8}$$

Die indizierte (ins Kältemittel eingetragene) Leistung P_i in kW ist dann:

$$P_i = \frac{P_{is}}{\eta_i} \tag{20.9}$$

P_{is} isentrope Verdichterleistung (verlustlos arbeitend) in kW
$\dot{m}_R$ Kältemittelmassenstrom in kg/s
w_{is} spezif. isentrope Verdichtungsarbeit in kJ/kg
η_i indizierter Gütegrad
η_m mechanischer Wirkungsgrad des Verdichters
$\eta_{Ü}$ Übertragungswirkungsgrad
η_{el} Wirkungsgrad des Elektromotors

Unter Berücksichtigung der mechanischen Verluste des Verdichters durch den mechanischen Wirkungsgrad η_m ergibt sich die effektive Antriebsleistung P_e in kW (eines offenen Verdichters an der Welle) zu:

$$P_e = \frac{P_{is}}{\eta_i \cdot \eta_m} \qquad (20.10)$$

Je nach Einkopplung der Antriebsleistung (Riementrieb oder Direktantrieb) ist ein Übertragungswirkungsgrad $\eta_Ü$ zu berücksichtigen.

Im gesamten Antriebssystem sind darüber hinaus die Verluste des Elektromotors mit einem entsprechenden Wirkungsgrad η_{el} zu berücksichtigen, sodass man die aus dem Stromnetz aufgenommene Klemmenleistung P_{Kl} in kW erhält zu:

$$P_{Kl} = \frac{P_{is}}{\eta_i \cdot \eta_m \cdot \eta_Ü \cdot \eta_{el}} \qquad (20.11)$$

20.5 Schädlicher Raum

Beim Hubkolbenverdichter verbleibt am Ende des Verdichtungsvorgangs Druckgas im Zylinderraum, das nicht ausgeschoben werden kann, weil der Kolben im oberen Totpunkt (OT) einen gewissen Abstand vom Zylinderkopf einhalten muss und die Druckventilschächte in der Ventilplatte nicht entleert werden können. Das Verhältnis dieses schädlichen Volumens zum Hubvolumen wird als (relativer) schädlicher Raum σ (Sigma) bezeichnet und häufig in % angegeben.

$$\sigma = \frac{V_S}{V_H} \qquad (20.12)$$

V_S schädliches Volumen in dm^3
V_H Hubvolumen in dm^3

Beispiel 20.3
Ein Hubkolbenverdichter hat Zylinder mit einer Bohrung von 110 mm und 85 mm Hub. Im OT ist der Kolben 0,177 mm von der 8 mm dicken Ventilplatte entfernt, in der sich 16 Druckventilschächte von 12 mm Durchmesser befinden. Berechnen Sie

a) das geometrische Hubvolumen V_H des Zylinders (cm^3),
b) das schädliche Volumen V_{SK} zwischen Kolben im OT und Ventilplatte (cm^3),
c) das schädliche Volumen V_{SV} der Ventilschächte (cm^3),
d) das gesamte schädliche Volumen V_S (cm^3),

e) den relativen schädlichen Raum σ in %.

Lösung:
Die gefragten Volumina sind Zylinder

a) $V_g = \frac{\pi \cdot d^2 \cdot l_H}{4} = \frac{\pi \cdot (11\,\text{cm})^2 \cdot 8{,}5\,\text{cm}}{4} = \underline{\underline{807{,}78\,\text{cm}^3}}$

b) $V_{SK} = \frac{\pi \cdot d^2 \cdot h}{4} = \frac{\pi \cdot (11\,\text{cm})^2 \cdot 0{,}0177\,\text{cm}}{4} = \underline{1{,}682\,\text{cm}^3}$

c) $V_{SV} = \frac{16 \cdot \pi \cdot d^2 \cdot h}{4} = \frac{16 \cdot \pi \cdot (1{,}2\,\text{cm})^2 \cdot 0{,}8\,\text{cm}}{4} = \underline{\underline{14{,}476\,\text{cm}^3}}$

d) $V_S = V_{SK} + V_{SV} = 1{,}682\,\text{cm}^3 + 14{,}476\,\text{cm}^3 = \underline{\underline{16{,}158\,\text{cm}^3}}$

e) $\sigma = \frac{V_S}{V_H} = \frac{16{,}158\,\text{cm}^3}{807{,}78\,\text{cm}^3} = 0{,}02 = \underline{\underline{2\,\%}}$

20.6 Aufgaben

1. Ein Hubkolbenverdichter hat Zylinder von 45 (40) mm Bohrung und 39 (32) mm Hub. Im OT ist der Kolben 0,15 (0,1) mm von der 6 mm dicken Ventilplatte entfernt, in der sich 2 (4) Druckventilschächte von 8 (6) mm Durchmesser befinden. Berechnen Sie
   a) das geometrische Hubvolumen V_H des Zylinders (cm^3),
   b) das schädliche Volumen V_{SK} zwischen Kolben im OT und Ventilplatte (cm^3),
   c) das schädliche Volumen V_{SV} der Ventilschächte (cm^3),
   d) das gesamte schädliche Volumen V_S (cm^3),
   e) den relativen schädlichen Raum σ in %.

2. Ein Hubkolbenverdichter hat Zylinder von 159,8 mm Bohrung und 124 mm Hub. Im OT ist der Kolben 0,2 mm von der 15 mm dicken Ventilplatte entfernt, in der sich 24 Druckventilschächte von 11 mm Durchmesser befinden. Berechnen Sie
   a) das geometrische Hubvolumen des Zylinders (cm^3),
   b) das schädliche Volumen zwischen Kolben im OT und Ventilplatte (cm^3),
   c) das schädliche Volumen der Ventilschächte (cm^3),
   d) das gesamte schädliche Volumen V_S in $cm^{3,}$
   e) den relativen schädlichen Raum σ in %.

3. Geometrischer Hubvolumenstrom $\dot{V}_g$ und Liefergrad: Berechnen Sie die in der Tabelle fehlenden Werte.

	d in mm	l_H in mm	i	n in 1/min	in dm^3/s	$\dot{V}_g$ in m^3/h	λ	$\dot{V}_1$ in m^3/s
a)	55	48	4	1450			0,78	
b)	110	102	16	1450			0,81	
c)	61	46	6			60	0,8	
d)	39	32	2	1450			0,74	
e)	45	38		1450		110,65	0,74	

4. Ein 6-Zylinder-Verdichter mit d = 70 mm und l_H = 55 mm hat eine Drehzahl von n = 1450 / min. Berechnen Sie
   a) den geometrischen Hubvolumenstrom in m^3/s und m^3/h,
   b) den tatsächlichen Hubvolumenstrom in m^3/s bei einem Liefergrad λ = 0,81,
   c) die Kälteleistung in kW bei einer volumetrischen Kälteleistung des Kältemittels von 1290 kJ/m^3,
   d) den erforderlichen Durchmesser der Saugleitung bei w_{SL} = 10 m/s,
   e) den Kältemittelmassenstrom bei einem spezifischen Volumen am Verdichtereingang von v = 105 dm^3/kg,
   f) den Durchmesser der Flüssigkeitsleitung bei w_{FL} = 0,8 m/s, t_{cu} = 41 °C (R134a).
   g) Welche Strömungsgeschwindigkeit ergibt sich, wenn eine Saugleitung 54 × 2 gewählt wird?

5. Ein 4-Zylinder-Verdichter mit d = 50 mm und l_H = 45 mm hat eine Drehzahl von n = 1450 / min. Berechnen Sie
   a) den geometrischen Hubvolumenstrom in m^3/s und m^3/h,
   b) seine Kälteleistung in kW in der Klimaanwendung mit einer volumetrischen Kälteleistung von 3300 kJ/m^3 und einem Liefergrad von 0,87,
   c) seine Kälteleistung in kW in der Normalkühlanwendung mit einer volumetrischen Kälteleistung von 2300 kJ/m^3 und einem Liefergrad von 0,8,
   d) seine Kälteleistung in kW in der Tiefkühlanwendung mit einer volumetrischen Kälteleistung von 1000 kJ/m^3 und einem Liefergrad von 0,74.

6. Berechnen Sie die volumetrische Kälteleistung der Prozesse in Beispiel 20.1 sowie in den Aufgaben 1 und 2 aus Kapitel 19.

7. Für eine Normalkühlanwendung werden die vier Kältemittel R32, R134a, R410A und R507A verglichen. Die Temperaturwerte stehen in der Tabelle. Die ermittelten Werte eines isentropen Prozesses sind in der folgenden Tabelle dokumentiert.

Größe, Symbol	Wert
Verdampfungstemperatur t_0	–10 °C
Ende Nutzkältegewinn bei t_{KR}	0 °C
Verdichtereingangstemperatur t_{V1}	10 °C

Größe, Symbol	Wert
Verflüssigungstemperatur t_c	40 °C
Temperatur vor dem Regelventil t_{E1}	39 °C

a) Berechnen Sie jeweils den Nutzkältegewinn q_{oe}, die isentrope Verdichtungsarbeit w_{is}, die volumetrische Kälteleistung q_{0v} und das Druckverhältnis der Prozesse. Tragen Sie die berechneten Werte in die Tabelle ein.

b) Berechnen Sie den Massenstrom für 100 kW Kälteleistung und den erforderlichen Durchmesser d_{SL} der Saugleitung bei 10 m/s Sauggasgeschwindigkeit. Tragen Sie die berechneten Werte in die Tabelle ein.

c) Berechnen Sie das Druckverhältnis und bestimmen Sie den Liefergrad mithilfe der Grafik in Kapitel 20.2. Berechnen Sie den erforderlichen tatsächlichen und den geometrischen Hubvolumenstrom. Tragen Sie die berechneten Werte in die Tabelle ein. Welches der Kältemittel benötigt den größten, welches den kleinsten Verdichter?

Größe, Symbol	Einheit	R32	R134a	R410A	R507A
Enthalpie Ende Nutzkältegewinn h_{1e}	kJ/kg	534,1	403,5	431,5	368,1
Enthalpie Verdichtereingang h_1	kJ/kg	542,6	411,8	440	376,8
Enthalpie Verdichterausgang h_2	kJ/kg	612,5	449,5	485,5	408,1
Enthalpie vor dem Drosselorgan h_3	kJ/kg	276,2	255,9	270	259,5
spezif. Volumen Verdichtereingang v_1	dm^3/kg	72,75	110,6	51,32	48,6
Verflüssigungsdruck p_c	bar	24,78	10,17	24,19	18,68
Verdampfungsdruck p_0	bar	5,83	2,01	5,73	4,49
Nutzkältegewinn q_{0e}	kJ/kg				
spezifische isentrope Verdichtungsarbeit w_{is}	kJ/kg				
volumetrische Kälteleistung q_{0v}	kJ/m^3				
Druckverhältnis	1				
Massenstrom $\dot{m}_R$ für 100 kW	kg/s				
Innendurchmesser SL bei w_{SL} = 10 m/s	mm				
Liefergrad, grafisch bestimmt	1				
tatsächlicher Hubvolumenstrom	m^3/s				
geometrischer Hubvolumenstrom	m^3/h				

d) Berechnen Sie die indizierte Verdichtungsarbeit w_i und die Enthalpie im so neu zu ermittelnden Punkt 2 (Verdichterausgang) unter Berücksichtigung eines indizierten Gütegrads von $\eta_i = 0,8$.

21 Leistungszahlen, Energiebedarf

21.1 Kälteleistungszahl, Wärmeleistungszahl

Kälteanlagen transportieren Wärme gegen ihre natürliche Fließrichtung (= erzeugen Kälte) und benötigen dazu Hilfsenergie, die Verdichterarbeit. Das Verhältnis von aufgenommener Wärme (= Nutzen) zum benötigten Aufwand ist eine wichtige Kenngröße zur Beurteilung der Qualität eines Kälteerzeugungsprozesses. **Das Verhältnis von Nutzen zu Aufwand einer Kältemaschine wird als Kälteleistungszahl ε_K bezeichnet** (Epsilon mit Index K für Kälte) und stellt gewissermaßen den Wirkungsgrad der Kältemaschine dar. Dieser Begriff bleibt jedoch der Mechanik vorbehalten (vgl. Kapitel 8.5). Ein mechanischer Wirkungsgrad (η) ist bekanntlich aufgrund der Verluste stets kleiner als eins. Die Kälteleistungszahl kann jedoch je nach Temperaturverhältnissen auch wesentlich größer sein. Mit einem weiteren Index an ε_K wird konkretisiert, auf welchen Kälteerzeugungsprozess die Leistungszahl bezogen ist.

Arbeitet eine Kältemaschine als Wärmepumpe, wird das Verhältnis von Nutzen zu Aufwand als Wärmeleistungszahl ε_W bezeichnet.

21.2 Kälte- und Wärmeleistungszahl im Carnot-Prozess

Der Carnot-Prozess ist ein nicht realisierbarer Idealprozess, der als Vergleichsprozess dient. Seine Leistungszahl ist unabhängig vom verwendeten Kältemittel und nur von den Temperaturen von Wärmequelle (Verdampfung) und Wärmesenke (Verflüssigung) abhängig. Reale Maschinen erreichen ca. 50 % seiner Leistungszahl.

$$\varepsilon_{KC} = \frac{T_0}{T_c - T_0} \qquad (21.1)$$

$$\varepsilon_{WC} = \frac{T_c}{T_c - T_0} \qquad (21.2)$$

ε_{KC} Kälteleistungszahl nach Carnot
ε_{WC} Wärmeleistungszahl nach Carnot
T_0 Verdampfungstemperatur in K
T_c Verflüssigungstemperatur in K
Beachte: $\varepsilon_{KC} + 1 = \varepsilon_{WC}$

21.3 Kälte- und Wärmeleistungszahl im isentropen Vergleichsprozess

Der in Kapitel 19.1 dargestellte isentrope Vergleichsprozess stellt ebenfalls eine Idealisierung dar (keine Druckverluste, isentrope Verdichtung bei s = const.). Mit seiner Leistungszahl lassen sich jedoch verschiedene Kältemittel in ihrer Energieeffizienz vergleichen.

$$\varepsilon_{Kis} = \frac{h_{1e} - h_4}{h_2 - h_1} \qquad (21.3)$$

$$\varepsilon_{Wis} = \frac{h_2 - h_3}{h_2 - h_1} \qquad (21.4)$$

ε_{Kis} Kälteleistungszahl
ε_{Wis} Isentrope Wärmeleistungszahl
$h_2 - h_1$ Enthalpiedifferenz der isentropen Verdichtung (w_{is}) in kJ/kg
$h_{1e} - h_4$ Enthalpiediffernz der Nutzwärmeaufnahme (= Nutzkältegewinn q_{0e}) in kJ/kg
$h_2 - h_3$ Enthalpiediffernz der Nutzwärmeabgabe (= Verflüssigerwärme q_c) in kJ/kg

Beispiel 21.1
Berechnen Sie die isentrope Kälteleistungszahl des Prozesses in Beispiel 19.1.

Lösung:

$$\varepsilon_{Kis} = \frac{h_{1e} - h_4}{h_2 - h_1} = \frac{q_{0e}}{w_{is}} = \frac{149{,}01\frac{kJ}{kg}}{36{,}46\frac{kJ}{kg}} = \underline{\underline{4{,}087}}$$

21.4 Kälte- und Wärmeleistungszahl realer Anlagen

Energieflussbild einer Kälteanlage bzw. Wärmepumpe (ohne Verluste arbeitend):

1. Verdichter
2. Verflüssiger
3. Drosselorgan
4. Verdampfer

$$\dot{Q}_c = \dot{Q}_0 + P \qquad (21.5)$$

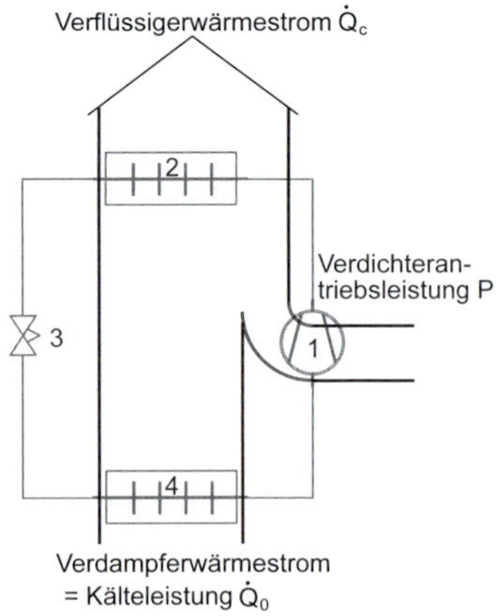

Der Verflüssigerwärmestrom ist die Summe aus Verdampferwärmestrom und dem Wärmeäquivalent der durch den Verdichter dem Kältemittel zugeführten Leistung.

Hersteller geben für ihre Verdichter bzw. Anlagen Werte für die Kälteleistung $\dot{Q}_0$ (Nutzen) und die zugeführte Leistung P (Aufwand) an, bezogen auf eine bestimmte Verdampfungs- und Verflüssigungstemperatur. Dieses Verhältnis von Nutzen zu Aufwand ist die effektive Kälteleistungszahl ε_{Ke}. Sie wird auch EER (Energy Efficiency Ratio) genannt, oft auch COP (Coefficient Of Performance), obwohl dieser Begriff streng genommen für die Wärmeleistungszahl ε_{We} (bei Wärmepumpen) vorgesehen ist. Bei Wärmepumpen stellt die Verflüssigerleistung $\dot{Q}_c$ den Nutzen dar.

$$\varepsilon_{Ke} = \frac{\dot{Q}_0}{P} \qquad (21.6)$$

$$\varepsilon_{We} = \frac{\dot{Q}_c}{P} \qquad (21.7)$$

$\dot{Q}_0$ Kälteleistung in kW
$\dot{Q}_c$ Verflüssigerleistung in kW
P Antriebsleistung des Verdichters, bei (halb-)hermetischen Verdichtern die Klemmenleistung (P_{KL}), bei offenen Verdichtern die Wellenleistung (P_e) in kW

Beispiel 21.2

Für einen 4-Zylinder-Hubkolbenverdichter gibt ein Hersteller eine Kälteleistung von 18 450 W und eine Verdichterantriebsleistung von 5,83 kW bei –10 °C Verdampfung und 30 °C Verflüssigung an. Berechnen Sie

a) die Kälteleistungszahl nach Carnot für diese Temperaturen,
b) die effektive Kälteleistungszahl mit den Werten des Herstellers.
c) Wie viel Prozent der Leistungszahl nach Carnot erreicht der Verdichter?
d) Welche Energiekosten entstehen, wenn der Verdichter mit seiner vollen Leistung in einer Anlage mit 16 h/d Laufzeit an 365 Tagen im Jahr eingesetzt wird? Der Arbeitspreis für elektrische Energie wird mit 0,3 €/kWh veranschlagt.

Lösung:

a) Zunächst ist die Verdampfungstemperatur in Kelvin umzurechnen und die Temperaturdifferenz zwischen t_0 und t_c zu berechnen, dann Gleichung (21.1) anzuwenden:

$$-10\,°C = 263{,}15\,K;\; 30\,°C - (-10\,°C) = 40\,K$$

$$\varepsilon_{KC} = \frac{T_0}{T_c - T_0} = \frac{263{,}15\,K}{40\,K} = \underline{\underline{6{,}579}}$$

b) Anwendung von Gleichung (21.6) mit den Werten des Herstellers, dabei wird die Antriebsleistung P in Watt umgerechnet:

$$\varepsilon_{Ke} = \frac{\dot{Q}_0}{P} = \frac{18\,450\,W}{5830\,W} = \underline{\underline{3{,}164}}$$

c) Die Ergebnisse von a) und b) werden ins Verhältnis gesetzt, ε_{KC} kommt als Grundwert in den Nenner:

$$\frac{\varepsilon_{Ke}}{\varepsilon_{KC}} = \frac{3{,}164}{6{,}579} = 0{,}4809 = \underline{\underline{48{,}09\,\%}}$$

d) Zunächst wird die Jahresarbeit mit Gleichung (8.10), dann werden die Jahresenergiekosten mit Gleichung (8.11) berechnet:

$$W_{el} = P_{el} \cdot \tau = 5{,}83\,\text{kW} \cdot 16\frac{\text{h}}{\text{d}} \cdot 365\,\text{d} = \underline{34\,047{,}2\,\text{kWh}}$$

$$K = W_{el} \cdot k = 34\,047{,}2\,\text{kWh} \cdot 0{,}3\frac{€}{\text{kWh}} = \underline{\underline{10\,214{,}1\,€}}$$

21.5 Jahresarbeitszahl

Eine Kälteleistungs- bzw. Wärmeleistungszahl stellt bezogen auf den Jahrestemperaturverlauf nur eine Momentaufnahme dar. Besonders für Wärmepumpen ist es daher sinnvoll, eine über das Jahr gemittelte Leistungszahl zu haben. Das ist die Jahresarbeitszahl β (Beta), die exakt nur über einen Wärmemengen- und einen Stromzähler zu ermitteln ist. Mit der Jahresarbeitszahl wird außerdem der Energiebedarf der Hilfseinrichtungen (Pumpen, Ventilatoren, Abtauwärme usw.) berücksichtigt. Damit lassen sich die Heizkosten einer Wärmepumpenanlage berechnen und so Vergleiche mit konkurrierenden Heizsystemen anstellen.

$$\beta = \frac{Q}{W} \qquad (21.8)$$

Q Jahreswärmeabgabe in kWh
W Jahresarbeitsbedarf in kWh

21.6 Heizzahl

Bei mit einem Verbrennungsmotor angetriebenen Wärmepumpen kann teilweise die Abwärme der Motoren genutzt werden. Deswegen ist in diesem Fall das Verhältnis von abgegebener Wärmemenge zu eingesetzter Primärenergie, die Heizzahl ζ (Zeta), eine sinnvolle Kenngröße.

$$\zeta = \frac{Q_H}{E_{prim}} \qquad (21.9)$$

Q_H Abgegebene (Heiz-)Wärmemenge in kWh
E_{prim} Primärenergiebedarf in kWh

Beispiel 21.3

Der Jahreswärmebedarf eines Wohngebäudes wird mit 44 000 kWh veranschlagt. Berechnen Sie bei einem Arbeitspreis von 0,24 €/kWh elektrischer Energie

a) die Jahresenergiekosten einer elektromotorisch angetriebenen Wärmepumpe, die mit einer Jahresarbeitszahl von 4,2 angegeben wird,

b) die Jahresenergiekosten einer Gasbrennwertheizung mit einem feuerungstechnischen Wirkungsgrad von 100 % bei einem Arbeitspreis von 6,43 ct/kWh,

c) die Heizzahl einer gasmotorisch angetriebenen Wärmepumpe mit folgenden Werten:
   - Wirkungsgrad des Gasmotors $\eta = 0{,}35$;
   - Wärmeleistungszahl der Wärmepumpe $\varepsilon_{WP} = 4{,}2$;
   - Wärmerückgewinnungsgrad $\eta_{WRG} = 84\,\%$.

   Fertigen Sie dazu ein Energieflussbild an.

d) die Jahresenergiekosten der gasmotorisch angetriebenen Wärmepumpe bei einem Arbeitspreis von 6,43 ct/kWh.

e) Nach wie viel Jahren amortisiert sich die elektromotorisch angetriebene Wärmepumpenanlage gegenüber der Gasheizung, wenn sie 8000 € mehr Investitionskosten verursacht?

f) Nach wie viel Jahren amortisiert sich die gasmotorisch angetriebene Wärmepumpenanlage gegenüber der Gasheizung, wenn sie 14 000 € mehr Investitionskosten verursacht und jährlich 400,– € mehr an Wartungskosten veranschlagt werden müssen?

Lösung:

a) Zunächst wird mit der Jahresarbeitszahl aus dem Jahreswärmebedarf der Jahresarbeitsbedarf ermittelt, dann können die Energiekosten berechnet werden:

$$\beta = \frac{Q}{W} \Rightarrow W = \frac{Q}{\beta} = \frac{44\,000\,\text{kWh}}{4{,}2} = \underline{10\,476{,}19\,\text{kWh}}$$

$$K = W_{el} \cdot k = 10\,476{,}19\,\text{kWh} \cdot 0{,}24\,\frac{€}{\text{kWh}} = \underline{\underline{2514{,}29\,€}}$$

b) Bei diesem Heizsystem können Jahresheizkosten direkt berechnet werden:

$$K = Q \cdot k = 44\,000\,\text{kWh} \cdot 0{,}0643\,\frac{€}{\text{kWh}} = \underline{\underline{2829{,}20\,€}}$$

c) Zunächst wird das Energieflussbild mit den gegeben Werten gezeichnet. Dadurch wird die Berechnung der Heizzahl erleichtert (WRG = Wärmerückgewinnung):

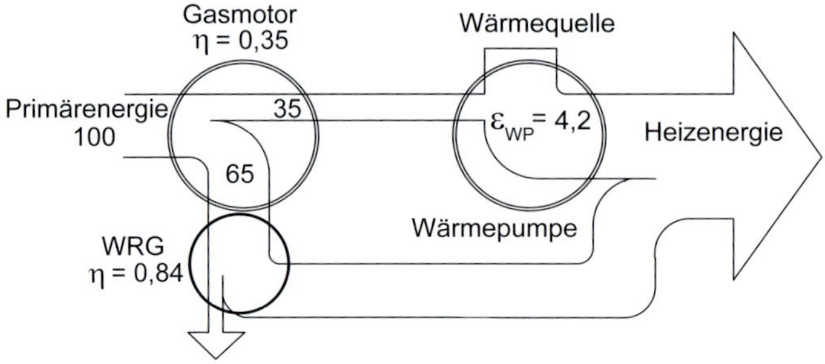

Wärmemenge aus Rückgewinnung der Motorwärme:

$$Q_{Mot} = 0{,}65 \cdot 100 \cdot 0{,}84 = \underline{54{,}6}$$

Wärmemenge, die die Wärmepumpe abgibt:

$$Q_{WP} = 0{,}35 \cdot 100 \cdot 4{,}2 = \underline{147}$$

Heizenergie: $Q_H = Q_{Mot} + Q_{WP} = 54{,}6 + 147 = 201{,}6$; Damit ergibt sich die Heizzahl zu

$$\zeta = \frac{Q_H}{E_{prim}} = \frac{201{,}6}{100} = \underline{\underline{2{,}016}}$$

d) Durch Umstellen von Gleichung (21.9) erhält man nun den Primärenergiebedarf:

$$\zeta = \frac{Q_H}{E_{prim}} \Rightarrow E_{Prim} = \frac{Q_H}{\zeta} = \frac{44\,000\,\mathrm{kWh}}{2{,}016} = \underline{\underline{21\,825{,}4\,\mathrm{kWh}}}$$

und erhält mit einer abgewandelten Gleichung (8.11) die Kosten. Dabei muss der Gaspreis eingesetzt werden, da es sich um eine gasmotorisch angetriebene Wärmepumpe handelt:

$$K = E_{Prim} \cdot k = 21\,825{,}4\,\mathrm{kWh} \cdot 0{,}0643 \frac{€}{\mathrm{kWh}} = \underline{\underline{1403{,}37\,€}}$$

e) Die Amortisationszeit ergibt sich, indem man die Mehrinvestition durch die jährliche Kosteneinsparung teilt. Diese ist zunächst zu berechnen als Differenz der unter a) und b) ermittelten Werte:

$$\Delta K = (2829{,}20 - 2514{,}29)\,€ = 314{,}91\,€ \text{ (pro Jahr)}$$

$$\tau_{Am} = \frac{K_{invest}}{\Delta K} = \frac{8000\,€}{314{,}91\frac{€}{a}} = \underline{\underline{25{,}4\,a}}$$

f) In diesem Fall müssen die jährlichen Einsparungen um 400,–€ für die Wartung gemindert werden. Dann Rechnung wie unter e)

$$\Delta K = (2829{,}20 - 1403{,}37)€ - 400{,}00€ = 1025{,}83€ \text{ (pro Jahr)}$$

$$\tau_{Am} = \frac{K_{invest}}{\Delta K} = \frac{14\,000€}{1025{,}83\frac{€}{a}} = \underline{\underline{13{,}65\,a}}$$

21.7 Aufgaben

1. Berechnen Sie die isentrope Kälteleistungszahl eines Prozesses mit einem Nutzkältegewinn von 150 kJ/kg bei einer isentropen Verdichterarbeit von 48 kJ/kg.

2. Für einen 4-Zylinder-Hubkolbenverdichter gibt der Hersteller Werte gemäß unten stehender Tabelle an. Berechnen Sie für eine Verdampfungstemperatur von t_0 = 10/–20/–30 °C bei jeweils 40 °C Verflüssigung
   a) die Kälteleistungszahl nach Carnot,
   b) die effektive Kälteleistungszahl mit den Werten der Tabelle.
   c) Wie viel Prozent der Leistungszahl nach Carnot erreicht der Verdichter bei den ausgewählten Temperaturen?
   d) Um wie viel Prozent sinkt die effektive Kälteleistungszahl, wenn die Verdampfungstemperatur sinkt (Grundwert bei –10 °C Verdampfung)?
   e) Um wie viel Prozent sinkt die Antriebsleistung, wenn die Verdampfungstemperatur sinkt (Grundwert bei –10 °C Verdampfung)?
   f) Um wie viel Prozent sinkt die Kälteleistung, wenn die Verdampfungstemperatur sinkt (Grundwert bei –10 °C Verdampfung)?
   g) Bewerten Sie die Ergebnisse der Aufgaben d) bis f).

Verfl.-Temp.		Verdampfungstemperatur in °C								
		10	5	0	–5	–10	–15	–20	–25	–30
30	$\dot{Q}$	40 850	33 700	27 550	22 300	17 790	13 960	10 730	8020	5760
	P	6,01	6,1	5,99	5,73	5,33	4,84	4,3	3,73	3,17
40	$\dot{Q}$	36 000	29 650	24 150	19 410	15 360	11 920	9000	6540	4480
	P	7,56	7,29	6,89	6,38	5,77	5,11	4,41	3,70	3,01
50	$\dot{Q}$	31 100	25 450	20 600	16 450	12 870	9820	7230	5050	3220
	P	8,85	8,26	7,58	6,84	6,05	5,24	4,40	3,58	2,77

Kälteleistung $\dot{Q}_0$ in Watt, Leistungsaufnahme P_{KL} in kW für R134a

3. Berechnen Sie für den 4-Zylinder-Hubkolbenverdichter aus Aufgabe 2 für eine Verdampfungstemperatur von t_0 = 0 °C bei jeweils 30/40/50 °C Verflüssigung
   a) die Kälteleistungszahl nach Carnot,
   b) die effektive Kälteleistungszahl mit den Werten der Tabelle.
   c) Wie viel Prozent der Leistungszahl nach Carnot erreicht der Verdichter bei den ausgewählten Temperaturen?
   d) Um wie viel Prozent sinkt die effektive Kälteleistungszahl, wenn die Verflüssigungstemperatur steigt (Grundwert bei 30 °C Verflüssigung)?
   e) Um wie viel Prozent steigt die Antriebsleistung, wenn die Verflüssigungstemperatur steigt (Grundwert bei 30 °C Verflüssigung)?
   f) Um wie viel Prozent sinkt die Kälteleistung, wenn die Verflüssigungstemperatur steigt (Grundwert bei 30 °C Verflüssigung)?
   g) Bewerten Sie die Ergebnisse der Aufgaben d) bis f).

4. Von einer Anlage sind folgende Werte bekannt: Laufzeit 18 h/d an 365 Tagen im Jahr, Kälteleistung 48 kW bei einer Kälteleistungszahl von 2,1. Berechnen Sie
   a) die Leistungsaufnahme der Verdichter in kW,
   b) die Jahresarbeit an elektrischer Energie in kWh,
   c) die dafür entstehenden Kosten bei einem Arbeitspreis von 0,29 €/kWh,
   d) die jährliche Kostenersparnis, wenn sich die Kälteleistungszahl der Anlage durch verschiedene Maßnahmen auf 2,3 verbessert.

5. Für einem Supermarkt wird eine Kälteanlage mit einem 40 kW R404A-Verbund für die Tiefkühlung (t_0 = –34 °C) und einem 90 kW R134a-Verbund für die Normalkühlung (bei t_0 = –8 °C) benötigt.
   Diese Anlage soll aus energetischen Gründen als Kaskadenschaltung (s. Fließbildskizze) ausgeführt werden, sodass die TK-Anlage in einem Plattenwärmeübertrager ihre Verflüssigungswärme an das verdampfende Kältemittel der NK-Anlage übergibt. Diese verflüssigt an der Luft bei t_c = 40 °C.

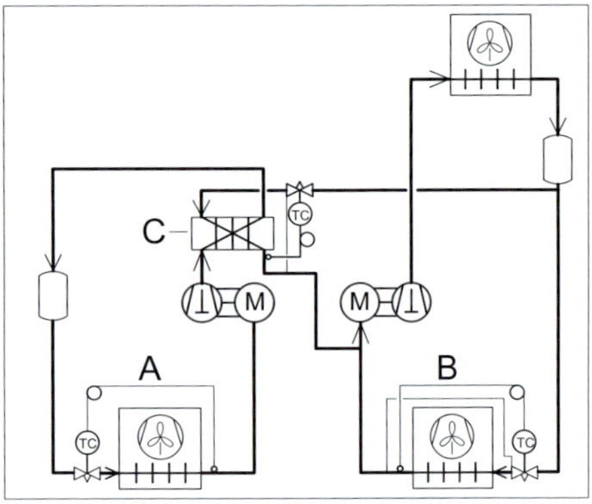

Supermarkt: Tiefkühlung (A) und Normalkühlung (B) in Kaskadenschaltung. C = Plattenwärmeübertrager als Verdampfer, NK = Verflüssiger TK

   Im Vorfeld der Anlagenplanung sind die effektiven Kälteleistungszahlen (EER-Werte) für TK und NK im Kaskadenbetrieb und im Betrieb als zwei getrennte Anlagen, die beide bei 40 °C verflüssigen, mit folgenden Ergebnissen berechnet worden:

TK: Fall 1: bei Verflüssigung an Luft (t_c = 40 °C) EER = 1,25; Fall 2: Kaskadenschaltung, bei Verflüssigung im Plattenwärmeübertrager (t_c = –3 °C) EER = 4,85.

NK: Beide Fälle Verflüssigung an Luft (t_c = 40 °C) EER = 3,35

Berechnen Sie

a) die Leistungsaufnahme der TK-Verdichter bei t_c = –3 °C (Kaskade) und bei t_c = 40 °C (Verflüssigung an Luft, da zwei getrennte Anlagen)
b) die Verflüssigungsleistung der TK-Anlage bei t_c = –3 °C,
c) die erforderliche Gesamt-Kälteleistung der NK-Anlage im Kaskadenbetrieb,
d) die Leistungsaufnahme der NK-Verdichter in beiden Fällen,
e) die erforderliche Antriebsleistung für die gesamte Supermarktkühlung (NK + TK) in beiden Fällen,
f) die jährliche Kostenersparnis im Kaskadenbetrieb bei 16 h/d Laufzeit an 365 Tagen und einem Arbeitspreis von 0,27 €/kWh.

6. Eine Kälteanlage mit einer Kälteleistung von 160 kW und wassergekühltem Verflüssiger mit Wasserrückkühlung in einem Kühlturm arbeitet bei einer Verdampfungstemperatur von –2 °C und verflüssigt bei 32 °C. Alternativ kann durch einen Verdunstungsverflüssiger die Verflüssigungstemperatur um 4 K abgesenkt werden. Die Anlage erreiche 50 % der Kälteleistungszahl nach Carnot. Berechnen Sie
   a) die Kälteleistungszahl auf 5 Stellen hinter dem Komma für beide Fälle,
   b) die Energieeinsparung im Jahr bei einer Laufzeit von 18 h/d an 365 Tagen im Jahr,
   c) die Kosteneinsparung bei einem Arbeitspreis von 29,5 ct/kWh.

7. Der Jahreswärmebedarf eines Wohngebäudes wird mit 62 000 kWh veranschlagt. Berechnen Sie bei einem Arbeitspreis von 0,20 €/kWh elektrischer Energie
   a) die Jahresenergiekosten einer elektromotorisch angetriebenen Wärmepumpe, die mit einer Jahresarbeitszahl von 4,25 angegeben wird,
   b) die Jahresenergiekosten einer Gasbrennwertheizung mit einem feuerungstechnischen Wirkungsgrad von 106 % bei einem Arbeitspreis von 6,5 ct/kWh,
   c) die Heizzahl einer gasmotorisch angetriebenen Wärmepumpe mit folgenden Werten:
      - Wirkungsgrad des Gasmotors η = 0,36;
      - Wärmeleistungszahl der Wärmepumpe ε_{WP} = 4,25;
      - Wärmerückgewinnungsgrad η_{WRG} = 85 %.
   d) die Jahresenergiekosten der gasmotorisch angetriebenen Wärmepumpe bei einem Arbeitspreis von 6,5 ct/kWh.

e) Nach wie viel Jahren amortisiert sich die elektromotorisch angetriebene Wärmepumpenanlage gegenüber der Gasheizung, wenn sie 10 000 € Mehrkosten für Wartung angallen?
f) Nach wie viel Jahren amortisiert sich die gasmotorisch angetriebene Wärmepumpenanlage gegenüber der Gasheizung, wenn sie 16 000 € mehr Investitionskosten verursacht und jährlich 500,– € Mehrkosten für Wartung anfallen?

8. Berechnen Sie die Amortisationszeiten der elektromotorisch angetriebenen Wärmepumpe und der gasmotorisch angetriebenen Wärmepumpe aus Aufgabe 7 bei um 25 % gestiegenen Kosten für elektrische Energie und Gas.

9. Berechnen Sie die Amortisationszeiten der elektromotorisch angetriebenen Wärmepumpe und der gasmotorisch angetriebenen Wärmepumpe aus Aufgabe 7 bei gleichen Energiepreisen und um 25 % gesunkenen Kosten für die Mehrinvestition der jeweiligen Heizsysteme. Die erhöhten Wartungskosten der Gasmotor-WP bleiben unverändert bei 500,– € pro Jahr.

10. Berechnen Sie die Amortisationszeiten der elektromotorisch angetriebenen Wärmepumpe und der gasmotorisch angetriebenen Wärmepumpe aus Aufgabe 7 bei um 25 % gestiegenen Kosten für elektrische Energie und Gas und um 25 % gesunkenen Kosten für die Mehrinvestition der jeweiligen Heizsysteme. Die erhöhten Wartungskosten der Gasmotor-WP bleiben unverändert bei 500,– € pro Jahr.

11. Berechnen Sie die isentropen Kälteleistungszahlen ε_{Kis} der Prozesse von Aufgabe 7 aus Kapitel 20.

12. Berechnen Sie die indizierten Kälteleistungszahlen ε_{Ki} der Prozesse von Aufgabe 8 aus Kapitel 20 und geben Sie an, welches der Kältemittel die geringsten Betriebskosten verursacht.

22 Wärmeübertrager

22.1 Verdampfer

Im Verdampfer nimmt das Kältemittel zunächst bei konstanter Temperatur latente Wärme durch Verdampfen, dann sensible Wärme durch Überhitzen auf und entzieht so dem zu kühlenden Medium Wärme. Den prinzipiellen Temperaturverlauf zeigt die Grafik.

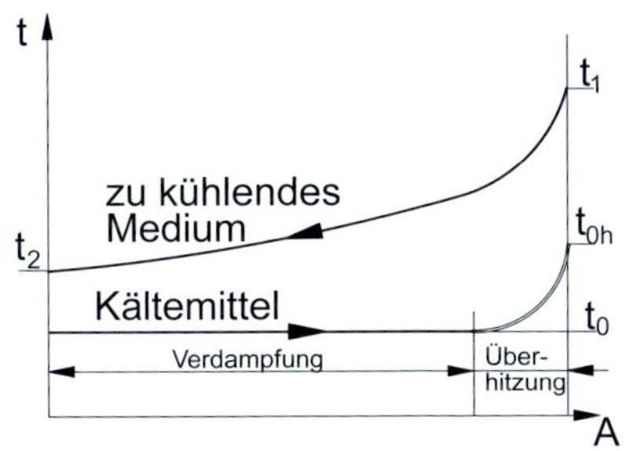

t_1	Eintrittstemperatur des zu kühlenden Mediums
t_2	Austrittstemperatur des zu kühlenden Mediums
t_0	Verdampfungstemperatur
t_{0h}	Austrittstemperatur des überhitzten Dampfs (am Fühler des TEV)

Die Leistung des Verdampfers lässt sich unter verschiedenen Aspekten berechnen, in seiner Eigenschaft als Wärmeübertrager, aus dem Blickwinkel des zu kühlenden Mediums und bezogen auf die Zustandsänderung des Kältemittels.

Verdampfer als Wärmeübertrager

Die Wärmeübertragungsleistung ist abhängig von der Wärmeübertragungsfläche A, der Wärmedurchgangszahl k und der treibenden Temperaturdifferenz ΔT_m und wird mit Gleichung (16.7) berechnet. Dabei ist als Temperaturdifferenz die mittlere logarithmische Temperaturdifferenz zu nehmen (Gl. 16.9):

$$\dot{Q}_0 = A \cdot k \cdot \Delta T_m$$

$$\Delta T_m = \frac{\Delta T_{max} - \Delta T_{min}}{\ln \frac{\Delta T_{max}}{\Delta T_{min}}}$$

$\dot{Q}_0$	Verdampferkälteleistung in W, kW
A	Wärmeübertragungsfläche in m^2
k	Wärmedurchgangszahl in W/m^2K
ΔT_m	mittlere log. Temperaturdifferenz in K
ΔT_{min}	$t_2 - t_0$ in K
ΔT_{max}	$t_1 - t_0$ (Überhitzung vernachlässigt) in K

Verdampfer als Luftkühler

Beim Verdampfer als Luftkühler ist die Enthalpiedifferenz der Luft dem h,x-Diagramm zu entnehmen (Gleichung 17.7)

$$\dot{Q}_0 = \dot{m}_L \cdot \Delta h$$

$$\dot{m}_L = \dot{V}_L \cdot \rho_L$$

Δh Enthalpiedifferenz der Luft in kJ/kg
$\dot{V}_L$ Luftvolumenstrom in m^3/s
ρ_L Dichte der Luft in kg/m^3
$\dot{m}_L$ Luftmassenstrom in kg/s

Verdampfer als Flüssigkeitskühler

Hier sind die Stoffwerte der zu kühlenden Flüssigkeit in Gleichung (15.5) einzusetzen.

$$\dot{Q}_0 = \dot{m}_{Fl} \cdot c_{Fl} \cdot \Delta T_{Fl}$$

$\dot{m}_{Fl}$ Massenstrom der Flüssigkeit in kg/s
c_{FL} spezifisches Wärmekapazität der Flüssigkeit in kJ/kgK
ΔT_{Fl} Temperaturdifferenz der Flüssigkeit in K

Verdampferleistung – kältemittelseitig

Auf die Zustandsänderung des Kältemittels bezogen berechnet sich die Verdampferleistung mit Gl. (19.4). Der prozessabhängige Nutzkältegewinn q_{0e} ist dem lg p,h-Diagramm zu entnehmen (Gl. 19.1).

$$\dot{Q}_0 = \dot{m}_R \cdot q_{0e}$$

$\dot{m}_R$ Kältemittelmassenstrom in kg/s
q_{0e} Nutzkältegewinn in kJ/kg

Der für eine Kühlaufgabe erforderliche Kältemittelmassenstrom, der für die Auslegung der gesamten Anlage (Rohrdimensionierung, erforderlicher Volumenstrom des Verdichters) bedeutsam ist, wird durch Umstellen dieser Gleichung berechnet.

Beispiel 22.1

Für einen Kühlraum für gemischte Kühlgüter ergab die Kältelastberechnung eine Verdampferkälteleistung von $\dot{Q}_0 = 6$ kW. Die Kühlraumtemperatur soll t_R = +2 °C betragen, die Verdampfungstemperatur $t_0 = t_R - 10$ K und die Luftaustrittstemperatur $t_{L2} = t_R - 5$ K. Es soll ein Ventilator-Luftkühler eingesetzt werden, dessen Wärmedurchgangskoeffizient mit $k = 35\ W/m^2K$ veranschlagt wird.

Berechnen Sie

a) die mittlere logarithmische Temperaturdifferenz (Überhitzung vernachlässigt),
b) die erforderliche Kühloberfläche des Verdampfers,
c) den erforderlichen Kältemittelmassenstrom, wenn der Nutzkältegewinn zu 150 kJ/kg bestimmt wurde.

Lösung:

a) Zunächst werden ΔT_{min} und ΔT_{max} bestimmt

$$t_0 = t_R - 10\,K \rightarrow \Delta T_{max} = 10\,K,\ t_{L2} = t_R - 5\,K \rightarrow \Delta T_{min} = 5\,K$$

$$\Delta T_m = \frac{\Delta T_{max} - \Delta T_{min}}{\ln \frac{\Delta T_{max}}{\Delta T_{min}}} = \frac{10\,K - 5\,K}{\ln \frac{10\,K}{5\,K}} = \frac{5\,K}{\ln 2} = \underline{\underline{7{,}2\,K}}$$

b) Zur Berechnung der erforderlichen Wärmeübertragungsfläche wird die Gleichung für die Kälteleistung umgestellt. Dabei wird die Kälteleistung in Watt eingesetzt, weil der k-Wert in W/m^2K gegeben ist, 6 kW = 6000 W:

$$\dot{Q}_0 = A \cdot k \cdot \Delta T_m \Rightarrow A = \frac{\dot{Q}_0}{k \cdot \Delta T} = \frac{6000\,W}{35 \frac{W}{m^2 \cdot K} \cdot 7{,}2\,K} = \underline{\underline{23{,}81\,m^2}}$$

c) Hierzu wird Gleichung (19.4) nach dem Kältemittelmassenstrom umgestellt:

$$\dot{Q}_0 = \dot{m}_R \cdot q_{0e} \Rightarrow \dot{m}_R = \frac{\dot{Q}_0}{q_{0e}} = \frac{6\,kW}{150 \frac{kJ}{kg}} = \underline{\underline{0{,}04 \frac{kg}{s}}}$$

22.2 Verflüssiger

Im Verflüssiger gibt das Kältemittel zunächst sensible Wärme (Enthitzen), dann bei konstanter Temperatur latente Wärme durch Verflüssigen, schließlich wieder sensible Wärme (Unterkühlen) ab. Auf diese Weise wird das Kältemittel von der im Verdampfer aufgenommene Wärme und dem Wärmeäquivalent der Verdichtungsarbeit befreit ($\dot{Q}_c = \dot{Q}_0 + P$) und steht wieder als unterkühlte Flüssigkeit vor dem Drosselorgan zur Verfügung. Den prinzipiellen Temperaturverlauf zeigt die Grafik.

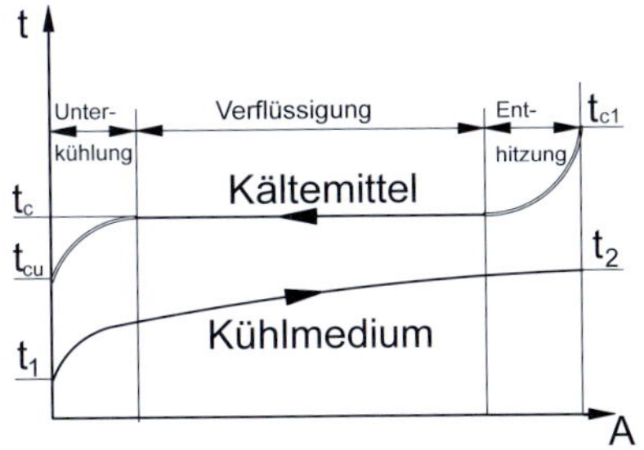

t_1 Eintrittstemperatur des Kühlmediums
t_2 Austrittstemperatur des Kühlmediums
t_{c1} Eintrittstemperatur des Druckgases in den Verflüssiger
t_c Verflüssigungstemperatur
t_{cu} Austrittstemperatur der unterkühlten Flüssigkeit

Die Leistung des Verflüssigers lässt sich wie beim Verdampfer ebenfalls unter verschiedenen Aspekten berechnen, in seiner Eigenschaft als Wärmeübertrager, aus dem Blickwinkel des Kühlmediums und bezogen auf die Zustandsänderung des Kältemittels.

Verflüssiger als Wärmeübertrager

Die Wärmeübertragungsleistung ist abhängig von der Wärmeübertragungsfläche A, der Wärmedurchgangszahl k und der treibenden Temperaturdifferenz ΔT_m und wird mit Gleichung (16.7) berechnet. Dabei ist als Temperaturdifferenz die mittlere logarithmische Temperaturdifferenz zu nehmen (Gl. 16.9):

$$\dot{Q}_c = A \cdot k \cdot \Delta T_m$$

$$\Delta T_m = \frac{\Delta T_{max} - \Delta T_{min}}{\ln \frac{\Delta T_{max}}{\Delta T_{min}}}$$

$\dot{Q}_c$	Verflüssigerleistung in W, kW
A	Wärmeübertragungsfläche in m^2
k	Wärmedurchgangszahl in W/m^2K
ΔT_m	mittlere log. Temperaturdifferenz in K
ΔT_{max}	$t_c - t_1$ in K (Enthitzung vernachlässigt)
ΔT_{min}	$t_c - t_2$ in K (Unterkühlung vernachlässigt)

Luftgekühlter Verflüssiger

Beim luftgekühlten Verflüssiger wird das Kühlmittel Luft nur sensibel erwärmt, der Wasserdampfgehalt ändert sich nicht. Deswegen kann mit der spezifischen Wärmekapazität von Luft $c_{pL} = 1$ kJ/kgK gerechnet werden (vgl. Gleichung 17.6).

$$\dot{Q}_c = \dot{m}_L \cdot c_{pL} \cdot \Delta T$$

$$\dot{m}_L = \dot{V}_L \cdot \rho_L$$

c_{pL}	spezifische Wämekapazität von Luft in kJ/kgK
$\dot{V}_L$	Luftvolumenstrom in m^3/s
ρ_L	Dichte der Luft in kg/m^3
$\dot{m}_L$	Luftmassenstrom in kg/s

Wassergekühlter Verflüssiger

Hier werden die Stoffwerte von Wasser in Gleichung (15.5) eingesetzt.

$$\dot{Q}_c = \dot{m}_W \cdot c_W \cdot \Delta T_W$$

$\dot{m}_W$	Massenstrom des Kühlwassers in kg/s
c_W	spezif. Wärmekapazität von Wasser in kJ/kgK
ΔT_W	Temperaturdifferenz des Wassers in K (Netzwasserbetrieb: ΔT_W ca. 20 K, Wasserrückkühlbetrieb: ΔT_W ca. 5 K)

Wassergekühlter Verflüssiger mit Wasserrückkühlbetrieb

Wassergekühlte Verflüssiger werden aus Kostengründen meist nicht mit Netzwasser betrieben, stattdessen wird das Kühlwasser in einem Wasserrückkühlwerk (Kühlturm) wieder abgekühlt. In diesem Fall wird mit der obigen Gleichung die umlaufende Wassermenge berechnet. Der Wasserbedarf setzt sich dann aus der Verdunstungswassermenge, die die Verflüssigungswärme abführt, sowie den Windverlusten und der Wassermenge zur Abschlämmung zusammen. Windverluste entstehen dadurch, dass Wassertröpfchen vom Luftstrom mitgerissen werden. Abschlämmung bedeutet, das stets ein Teil der umlaufenden Wassermenge durch Frischwasser ersetzt werden muss, um der durch Verdunstung verursachten Eindickung des Wasser (Mineralien bleiben zurück) entgegenzuwirken. Windverluste werden relativ zur umlaufenden Wassermenge, Abschlämmverluste relativ zum Verdunstungswasserstrom bestimmt.

Der Gesamtwasserbedarf $\dot{m}_{Wges}$ in kg/s ergibt sich aus dem Verdunstungswasserstrom $\dot{m}_{WV}$ in kg/s zuzüglich den Abschlämmverlusten, die so groß wie $\dot{m}_{WV}$ angenommen werden, und den Windverlusten, die mit 0,2 % von $\dot{m}_W$ (umlaufende Wassermenge, s. oben) abgeschätzt werden.

$$\dot{m}_{wges} = 2 \cdot \dot{m}_{WV} + 0{,}002 \cdot \dot{m}_W \tag{22.1}$$

Da die Verdampfungsenthalpie von Wasser sehr groß ist (ca. 2450 kJ/kg), ermöglicht der Wasserrückkühlbetrieb eine sehr große Wasserersparnis von meist über 90 % gegenüber dem Netzwasserbetrieb.

$$\dot{m}_{WV} = \frac{\dot{Q}_c}{r} \tag{22.2}$$

$\dot{Q}_c$ Verflüssigerleistung in kW

r spezif. Verdampfungsenthalpie des Wassers (temperaturabhängig) in kJ/kg

Die Verdampfungsenthalpie r des Wassers ist in der Tabelle „Zustandsgrößen feuchter Luft“ im Anhang abzulesen.

Verdunstungsverflüssiger

Bei einem wassergekühlten Verflüssiger mit Wasserrückkühlung befindet sich der Verflüssiger in der Regel unmittelbar am Aggregat, sodass kurze Leitungswege für das Kältemittel gewährleistet sind. Nur das Wasser muss einen weiten Weg bis zum Kühlturm nehmen. Bei Verdunstungsverflüssigern wird das Kältemittel-Druckgas zu einem wassergekühlten Kühlturm geleitet. Dadurch verlängern sich Leitungswege und steigt die Kältemittelfüllmenge. Andererseits entfällt der Temperatursprung zwischen Umlaufwasser und Verdunstungstemperatur, wodurch die Leistungszahl der Kälteanlage steigt. Die Berechnung des Wasserbedarfs erfolgt wie beim Wasserrückkühlbetrieb.

Verflüssigerleistung – kältemittelseitig

Auf die Zustandsänderung des Kältemittels bezogen berechnet sich die Verflüssigerleistung mit Gl. (19.5). Die prozessabhängige spezifische Verflüssigerwärme q_c ist dem lg p,h-Diagramm zu entnehmen (Gl. 19.3).

$$\dot{Q}_c = \dot{m}_R \cdot q_c$$

$\dot{m}_R$ Kältemittelmassenstrom in kg/s
q_c spezifische Verflüssigerwärme in kJ/kg

Beispiel 22.2

Ein wassergekühlter Verflüssiger mit Wasserrückkühlung hat folgende Daten: $t_{W1} = 26\,°C$, $t_{W2} = 32\,°C$, $\dot{Q}_c = 800\,kW$. Berechnen Sie

a) die erforderliche umlaufende Wassermenge in kg/s und m^3/h,

b) den Verdunstungswasserstrom $\dot{m}_{WV}$ unter der Annahme, dass die gesamte Abkühlung durch Verdunstung bei 22 °C stattfindet,

c) den Gesamtwasserbedarf bei folgenden Annahmen: Windverluste 0,2 % der umlaufenden Wassermenge; Abschlämmverluste so groß wie Verdunstungswasserstrom.

d) Wie viel Prozent beträgt die Wasserersparnis verglichen mit einem wassergekühlten Verflüssiger mit Netzwasserbetrieb und 20 K Temperaturdifferenz des Kühlwassers?

e) Wie groß ist die jährliche Kosteneinsparung bei einem Wasserpreis von 3,5 €/m^3 bei einer täglichen Laufzeit von 6 h an 120 Tagen im Jahr?

Lösung:

a) Umstellen der Gleichung (15.5) nach $\dot{m}_W$ mit $\Delta T_W = 6\,K$

$$\dot{Q}_c = \dot{m}_W \cdot c_W \cdot \Delta T_W \Rightarrow \dot{m}_W = \frac{\dot{Q}_c}{c_W \cdot \Delta T_W} = \frac{800\,kW}{4{,}19\,\frac{kJ}{kg \cdot K} \cdot 6\,K} = \underline{\underline{31{,}82\,\frac{kg}{s}}}$$

b) Anwendung von Gleichung (22.2) mit $r = 2448{,}9\,kJ/kg$ (Wasserdampftabelle, 22 °C)

$$\dot{m}_{WV} = \frac{\dot{Q}_C}{r} = \frac{800\,kW}{2448{,}9\,\frac{kJ}{kg}} = \underline{\underline{0{,}326677\,\frac{kg}{s}}}$$

c) Anwendung von Gleichung (22.1)

$$\dot{m}_{wges} = 2 \cdot \dot{m}_{WV} + 0{,}002 \cdot \dot{m}_W$$

$$= 2 \cdot 0{,}326677\,\frac{kg}{s} + 0{,}002 \cdot 31{,}82\,\frac{kg}{s} = \underline{\underline{0{,}716998\,\frac{kg}{s}}}$$

d) Zunächst wird mit der umgestellten Gleichung (15.5) der Wasserbedarf im Durchlaufbetrieb bestimmt:

$$\dot{Q}_c = \dot{m}_W \cdot c_W \cdot \Delta T_W \Rightarrow \dot{m}_W = \frac{\dot{Q}_c}{c_W \cdot \Delta T_W} = \frac{800\,\text{kW}}{4{,}19\,\frac{\text{kJ}}{\text{kg}\cdot\text{K}} \cdot 20\,\text{K}} = \underline{9{,}5465\,\frac{\text{kg}}{\text{s}}}$$

Mit diesem Wert wird das Ergebnis von c) ins Verhältnis gesetzt. Das Ergebnis von d) kommt in den Nenner, da es den Grundwert darstellt, auf den sich die Ersparnis bezieht. Die Einheit kann dabei weg gelassen werden:

$$\frac{0{,}716998}{9{,}5465} = 0{,}0751 = 7{,}51\,\%$$

Die Ersparnis beträgt also (100 – 7,51) % = 92,49 % (!)

e) Zunächst muss die jährlich eingesparte Wassermenge berechnet werden. Dazu wird die Differenz der Wassermassenströme (Ergebnis d minus Ergebnis c) mit der jährlichen Laufzeit in Sekunden multipliziert

$$9{,}5465\,\frac{\text{kg}}{\text{s}} - 0{,}716998\,\frac{\text{kg}}{\text{s}} = \underline{8{,}82954\,\frac{\text{kg}}{\text{s}}}$$

$$\dot{m}_{\text{Wspar}} = 8{,}82954\,\frac{\text{kg}}{\text{s}} \cdot 6\,\frac{\text{h}}{\text{d}} \cdot \frac{3600\,\text{s}}{\text{h}} \cdot 120\,\frac{\text{d}}{\text{a}} = 22\,886\,167{,}7\,\frac{\text{kg}}{\text{a}} = 22\,886{,}17\,\frac{\text{t}}{\text{a}}$$

Da 1 t Wasser genau 1 m³ einnimmt, werden also 22 886,1 m³ Wasser im Jahr eingespart. Diese kosten bei einem Wasserpreis von 3,5 €/m³:

$$22\,886{,}17\,\text{m}^3 \cdot 3{,}5\,\frac{€}{\text{m}^3} = \underline{\underline{80\,101{,}60\,€}}$$

Durch den Wasserrückkühlbetrieb werden also jährlich über 80 000 Euro (!) an Wasserkosten eingespart.

22.3 Aufgaben

1. Durch eine indirekte Kühlung soll ein Verbraucher mit Kaltwasser versorgt werden. Dazu steht ein zylindrischer wärmegedämmter Wasserbehälter mit einem Innendurchmesser von 800 mm und einer Höhe von 1500 mm zur Verfügung. Der Wasserspiegel im Behälter soll 1400 mm hoch sein. Das Wasser wird im Behälter durch ein Rührwerk bewegt.
   Zur Abkühlung des Wassers im Behälter ist ein Glattrohrschlangenverdampfer aus Cu-Rohr 15 × 1 mm vorgesehen. Das Wasser soll in 30 min von der Wasserein-

trittstemperatur t_{W1} = +12 °C auf die Wasseraustrittstemperatur t_{W2} = +4 °C abgekühlt werden. Die Wärmedurchgangszahl wird mit k = 290 W/m²K angenommen. Berechnen Sie

a) die Wassermasse im Behälter,
b) die Kältelast in kJ,
c) die Kälteleistung des Glattrohrverdampfers in kW,
d) die mittlere logarithmische Temperaturdifferenz bei t_0 = 0 °C,
e) die erforderliche Rohrlänge des Glattrohrverdampfers,
f) die Anzahl der Rohrwindungen für einen mittleren Windungsdurchmesser von 600 mm.

2. Ein luftgekühlter Verflüssiger hat eine wirksame Oberfläche von 3,85 m². Sein k-Wert wird mit 30 W/m²K angenommen. Weitere Werte: Lufteintrittstemperatur t_{L1} = 20 °C, Luftaustrittstemperatur t_{L2} = 26 °C, Verflüssigungstemperatur t_c = 35 °C. Berechnen Sie
   a) die mittlere logarithmische Temperaturdifferenz in K (Enthitzung und Unterkühlung vernachlässigt),
   b) die Leistung des Verflüssigers in W,
   c) des erforderlichen Luftmassenstrom in kg/s,
   d) den erforderlichen Volumenstrom des Lüfters in m³/h (vereinfacht mit der Luftdichte von ρ_L = 1,2 kg/m³).

3. An einem wassergekühlten Verflüssiger messen Sie: Wassereintrittstemperatur t_{W1} = 15 °C, Wasseraustrittstemperatur t_{W2} = 27 °C, Durchfluss 5,6 Liter in der Minute. Berechnen Sie die Verflüssigerleistung in W.

4. Ein Doppelrohr-Gegenstrom-Verflüssiger hat ein Kältemittel führendes Innenrohr von Cu 15 × 1 und soll bei t_{W1} = 20 °C und t_{W2} = 30 °C sowie t_c = 35 °C eine Verflüssigungsleistung von $\dot{Q}_c$ = 1200 W haben, wobei als k-Wert 400 W/m²K angenommen wird. Berechnen Sie
   a) die mittlere logarithmische Temperaturdifferenz in K (Enthitzung und Unterkühlung vernachlässigt),
   b) die erforderliche Länge des Rohrs (Rechnen Sie mit der Außenoberfläche des Innenrohrs),
   c) die Strömungsgeschwindigkeit des Wassers bei einem Mantelrohr Cu 22 × 1.

5. Für eine Kälteanlage wird eine Verflüssigerleistung von 80 kW benötigt. Berechnen Sie
   a) den Wasserbedarf bei Netzwasserbetrieb bei einer Temperaturdifferenz für das Wasser von 16 K.

b) die Amortisationszeit in Stunden für ein Wasserrückkühlwerk, das gegenüber dem Netzwasserbetrieb 90 % Wasser einspart und 20 000 € Mehrinvestition bedeutet bei einem Wasserpreis von 3,45 €/m³.

6. Für einen Kühlraum ergab die Kältelastberechnung eine Verdampferkälteleistung von $\dot{Q}_0 = 4{,}8\,kW$. Die Kühlraumtemperatur soll $t_R = +4\,°C$ betragen, die Verdampfungstemperatur $t_0 = t_R - 8\,K$ und die Luftaustrittstemperatur $t_{L2} = t_R - 4\,K$. Es soll ein Ventilator-Luftkühler eingesetzt werden mit $k = 32\,W/m^2K$ als Wärmedurchgangskoeffizient. Berechnen Sie
   a) die mittlere logarithmische Temperaturdifferenz (Überhitzung vernachlässigt),
   b) die erforderliche Kühloberfläche des Verdampfers,
   c) den erforderlichen Kältemittelmassenstrom, wenn der Nutzkältegewinn zu 142 kJ/kg bestimmt wurde,
   d) den erforderlichen Durchmesser der Saugleitung für eine Strömungsgeschwindigkeit von 8 m/s, wenn das spezifische Volumen des Saugdampfes $v = 72\,dm^3/kg$ beträgt.

7. Für einen wassergekühlten Verflüssiger mit Wasserrückkühlwerk gelten folgende Daten: $t_{W1} = 25\,°C$, $t_{W2} = 30\,°C$, $\dot{Q}_c = 140\,kW$. Berechnen Sie
   a) die erforderliche umlaufende Wassermenge in kg/s und m³/h,
   b) den Verdunstungswasserstrom $\dot{m}_{WV}$ in kg/s unter der Annahme, dass die gesamte Abkühlung durch Verdunstung bei 22 °C stattfindet ($r = 2448{,}9\,kJ/kg$),
   c) den Gesamtwasserbedarf in kg/s bei folgenden Annahmen: Windverluste 0,2 % der umlaufenden Wassermenge; die Abschlämmverluste sind 50 % größer als der Verdunstungswasserstrom.
   d) Wie viel Prozent beträgt die Wasserersparnis verglichen mit einem wassergekühlten Verflüssiger mit Netzwasserbetrieb und 20 K Temperaturdifferenz des Kühlwassers?
   e) Wie groß ist die jährliche Kosteneinsparung bei einem Wasserpreis von 3,6 €/m³ bei einer täglichen Laufzeit von 16 h an 365 Tagen im Jahr?

8. Für eine Kunsteisbahn wird ein Unterfrierschutz benötigt. Dazu wird Ethylenglykol in einem Plattenwärmeübertrager im Gegenstrom mit der Flüssigkeit der für die Eiserzeugung benötigten Ammoniak-Kälteanlage erwärmt und so zugleich die Unterkühlung verbessert. Die Werte der Tabelle sind bekannt bzw. werden angenommen. Berechnen Sie

t_{Sole1}	5 °C	Heizleistung	72 kW
t_{Sole2}	15 °C	$t_{NH3\text{-}1}$	32 °C
c_{Sole}	3,9 kJ/kgK	$t_{NH3\text{-}2}$	18 °C
k-Wert	600 W/m²K	w_{Sole}	0,8 m/s

   a) die mittlere logarithmische Temperaturdifferenz (K),
   b) die benötigte Wärmeübertragungsfläche (m²),

c) den Massenstrom der Sole,
d) den erforderlichen Innendurchmesser (mm) der Soleleitung (Dichte 1,025 kg/dm³).

9. Die Eislauffläche einer nicht überdachten Kunsteisbahn hat die Abmessungen 20 m × 30 m. Der einfache Kältebedarf (ohne Erneuerung des Eises) wird veranschlagt mit q = 2000 kJ/m² h. Bei einer Eistemperatur von $t_{Eis} = -3{,}5\,°C$ und Frischwassertemperatur von 16 °C sind stündlich 2,2 m³ Eis (Dichte 0,9 kg/dm³) zu erneuern. Berechnen Sie
   a) den Kältebedarf zur Aufrechterhaltung der Eistemperatur (ohne Erneuerung des Eises) in kW,
   b) den Kältebedarf zur Erneuerung des Eises in kW und den Gesamtkältebedarf in W.
   c) Wie groß ist die erforderliche Rohrlänge für den Pumpenumlauf des Kältemittels bei einer Verdampfungstemperatur von $t_0 = -9\,°C$? Wärmedurchgangskoeffizient zwischen Eis und verdampfendem Kältemittel k = 85 W/m²K, Rohrdurchmesser 40 mm.

10. Ein luftgekühlter Verflüssiger hat 2 Axialventilatoren, die je 2700 m³/h Luft durch die Lamellen saugen. Die Umgebungsluft hat 20 °C / 60 %, die Austrittsluft 25,5 °C, Verflüssigungstemperatur 33 °C.
   a) Berechnen Sie den Luftmassenstrom (Wert für ρ aus h,x-Diagramm bestimmen).
   b) Welche Verflüssigerleistung wird von der Luft abgeführt (kW)?
   c) Berechnen Sie die mittlere logarithmische Temperaturdifferenz in K.
   d) Welche wirksame Oberfläche muss der Verflüssiger haben, wenn als k-Wert 30 W/m²K angenommen wird?

23 Kälteanwendungen

23.1 Eiserzeugung

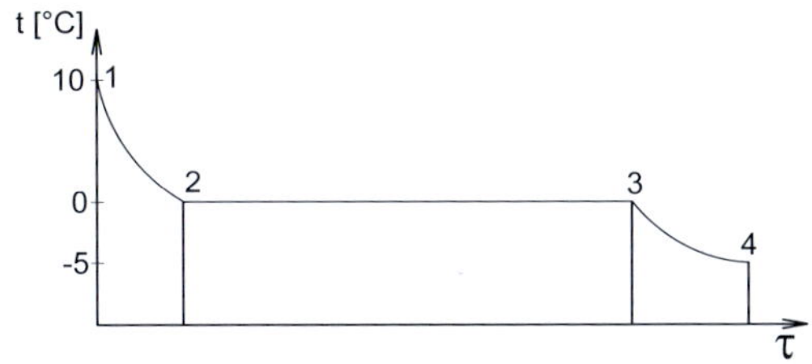

Bei der Eiserzeugung sind drei Phasen zu unterscheiden, deren prinzipieller Verlauf über die Zeit in der Grafik dargestellt ist: 1 – 2 Abkühlen des Wassers auf 0 °C (sensible Wärme Q_1), 2 – 3 Erstarrung des Wassers bei 0 °C zu Eis (latente Wärme Q_2), 3 – 4 Unterkühlung des Eises auf Endtemperatur (sensible Wärme Q_3). Der theoretische Gesamtkältebedarf Q_{th} in kJ setzt sich aus diesen drei Teilwärmemengen zusammen.

$$Q_1 = m \cdot c_W \cdot \Delta T_1$$

$$Q_2 = m \cdot q$$

$$Q_3 = m \cdot c_E \cdot \Delta T_2$$

$$Q_{th} = Q_1 + Q_2 + Q_3$$

ΔT_1	Temperaturdiff. in K zum Abkühlen von Wassertemperatur auf 0 °C
ΔT_2	Temperaturdiff. in K beim Unterkühlen von 0 °C an bis auf Eistemperatur
m	Masse des Wassers / Eises in kg
c_W	spezifische Wärmekapazität des Wassers 4,19 kJ/kgK
q	spezifische Erstarrungsenthalpie von Wasser zu Eis 335 kJ/kg
c_E	spezifische Wärmekapazität des Eises 2,1 kJ/kgK

Der praktische Kältebedarf Q ist durch Wärmeverluste (Einstrahlung) größer als Q_{th}. Die erforderliche Kälteleistung lässt sich dann bei bekannter Zeit mit Gleichung (15.4) ermitteln:

$$\dot{Q}_0 = \frac{Q}{\tau}$$

$\dot{Q}_0$	Kälteleistung in kW
τ	Zeit in s

Beispiel 23.1

Ein Scherbeneisbereiter produziert täglich 32 kg Eis von –6 °C bei einer Wassertemperatur von 16 °C. Berechnen Sie

a) den erforderlichen theoretischen Kältebedarf in kJ,

b) den praktischen Kältebedarf bei 15 % Verlust bezogen auf Q_{th},

c) die Kälteleistung des Aggregats in Watt,

d) die Kälteleistungszahl der Maschine, wenn der Hersteller die Leistungsaufnahme mit 90 W angibt.

Lösung:

a) Geg.: $m = 32\,kg$, $\Delta T_1 = 16\,K$, $\Delta T_2 = 6\,K$

$$Q_1 = m \cdot c_W \cdot \Delta T_1 = 32\,kg \cdot 4{,}19 \frac{kJ}{kgK} \cdot 16\,K = \underline{2145{,}28\,kJ}$$

$$Q_2 = m \cdot q = 32\,kg \cdot 335 \frac{kJ}{kg} = \underline{10\,720\,kJ}$$

$$Q_3 = m \cdot c_E \cdot \Delta T_2 = 32\,kg \cdot 2{,}1 \frac{kJ}{kgK} \cdot 6\,K = \underline{403{,}2\,kJ}$$

$$Q_{th} = Q_1 + Q_2 + Q_3 = (2145{,}28 + 10\,720 + 403{,}2)\,kJ = \underline{\underline{13\,268{,}48\,kJ}}$$

b) Der theoretische Kältebedarf wird um 15 % vergrößert:

$$Q_{prakt} = Q_{th} \cdot 1{,}15 = 13\,268{,}48\,kJ \cdot 1{,}15 = 15\,258{,}75\,kJ$$

c) $$\dot{Q}_0 = \frac{Q}{\tau} = \frac{15\,258{,}75\,kJ}{24 \cdot 3600\,s} = 0{,}1766\,kW = \underline{\underline{177\,W}}$$

d) Anwendung von Gleichung (21.6)

$$\varepsilon_{Ke} = \frac{\dot{Q}_0}{P} = \frac{177\,W}{90\,W} = \underline{\underline{1{,}97}}$$

23.2 Eisspeicher

Mit Eisspeichern wird ein Kältevorrat angelegt. Bei Verbrauchern mit periodischem Kältebedarf (z. B. Brauereien, Molkereien, Klimatisierung von Gebäuden) kann so über einen längeren Zeitraum mit einem relativ kleinen Kälteaggregat ein Eisvorrat angelegt werden, der bei Bedarf in kurzer Zeit durch Abschmelzen eine hohe Kälteleistung zur Verfügung stellt. Ein Anspeichern während der Nacht erhöht die Wirtschaftlichkeit, weil preiswerter Nachstrom zur Verfügung steht und zugleich die tieferen Außentemperaturen eine tiefere Verflüssigungstemperatur und damit höhere Kälteleistungszahl gestatten. Bei der Berechnung wird nur die latente Wärme des Abschmelzvorgangs berücksichtigt (Gleichung 15.2). Die erforderliche Kälteleistung zum Speichern $\dot{Q}_S$ in kW (Eisbildung) und die nutzbare Kälteleistung $\dot{Q}_A$ in kW (Abschmelzen) sind mit Gleichung (15.4) zu berechnen.

$$Q = m \cdot q$$

$$\dot{Q}_S = \frac{Q}{\tau_S}$$

$$\dot{Q}_A = \frac{Q}{\tau_A}$$

Q	Kältebedarf beim Anspeichern bzw. Kältevorrat beim Abschmelzen in kJ
m	Masse des gespeicherten Eises in kg
q	spezifische Erstarrungsenthalpie von Wasser zu Eis 335 kJ/kg
τ_A	Speicherzeit in s
τ_S	Abschmelzzeit in s

Beispiel 23.2

Ein Eisspeicher hat in 8 h 500 kg Eis angespeichert. Berechnen Sie

a) den verfügbaren Kältevorrat in kJ und in kWh,

b) die Kälteleistung zum Anspeichern in kW,

c) die verfügbare Kälteleistung in kW bei 2 h Abschmelzzeit.

Lösung:

Geg.: $m = 500\,\text{kg}$, $\tau_S = 8\,\text{h}$, $\tau_A = 2\,\text{h}$

a) $Q = m \cdot q = 500\,\text{kg} \cdot 335\,\frac{\text{kJ}}{\text{kg}} = \underline{\underline{167\,200\,\text{kJ}}} = \underline{\underline{46{,}44\,\text{kWh}}}$ (1 kWh = 3600 kJ)

b) Die Speicherzeit von 8 h muss in Sekunden eingesetzt werden:

$$\dot{Q}_S = \frac{Q}{\tau_S} = \frac{167\,200\,\text{kJ}}{8 \cdot 3600\,\text{s}} = \underline{\underline{5{,}816\,\text{kW}}}$$

c) $$\dot{Q}_A = \frac{Q}{\tau_A} = \frac{167\,200\,\text{kJ}}{2 \cdot 3600\,\text{s}} = \underline{\underline{23{,}26\,\text{kW}}}$$

23.3 Kühlen von Flüssigkeiten

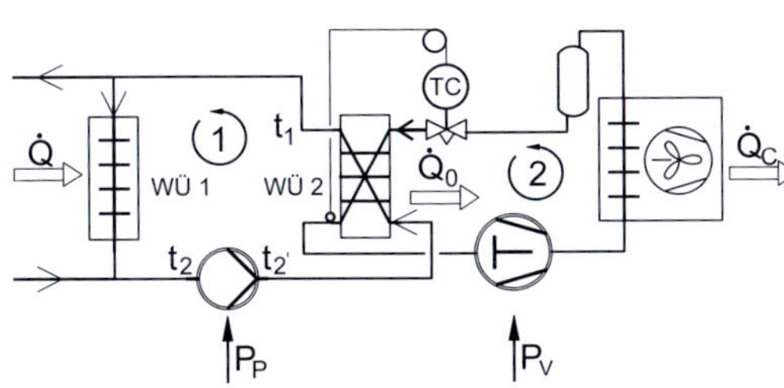

Bei vielen Anwendungen mit weit verzweigtem Verbrauchernetz wird indirekte Kühlung angewendet, die Kühllast also nicht direkt durch verdampfendes Kältemittel abgeführt.

Mit einer Kälteanlage (Kreis 2, Wasserkühlsatz, Kaltwassersatz) wird z. B. Wasser oder Sole als Kälteträger gekühlt, dieses zu den Kälteverbrauchern/Kühlstellen (WÜ 1) geleitet und nach Wärmeaufnahme ($\dot{Q}$) wieder im Verdampfer (Plattenwärmeübertrager oder Bündelrohrapparat, WÜ 2) zurückgekühlt (Kreis 1). Dort ist auch das Wärmeäquivalent P_P der den Kreislauf antreibenden Pumpe abzuführen, das zu einer Erwärmung der Flüssigkeit von t_2 auf $t_{2'}$ führt. Da die Flüssigkeit nur sensibel erwärmt bzw. gekühlt wird, ist mit Gleichung (15.1) bzw. (15.5) und den Stoffwerten des Kälteträgers zu rechnen.

$$Q = m \cdot c \cdot \Delta T$$

$$\dot{Q} = \dot{m} \cdot c \cdot \Delta T$$

Q	Wärmemenge in kJ
m	Masse der Flüssigkeit in Kg
c	spezifische Wärmekapazität der Flüssigkeit in kJ/kgK
ΔT	Temperaturdifferenz in K
$\dot{Q}$	Wärmestrom, Kühlleistung in kW
$\dot{m}$	Massenstrom der Flüssigkeit in kg/s

Die Energiestrombilanzen für die Kreise lauten unter Vernachlässigung von Wärmeverlusten im Rohrleistungssystem:

Kreis 1: $\dot{Q}_0 = \dot{Q} + P_P = \dot{m} \cdot c \cdot (t_{2'} - t_1)$ bzw.

Kreis 2: $\dot{Q}_c = \dot{Q}_0 + P_V = \dot{Q}_0 + \frac{\dot{Q}_0}{\varepsilon_{Ke}} = \dot{Q}_0 \cdot \left(1 + \frac{1}{\varepsilon_{Ke}}\right)$ (vgl. Gl. 23.1)

Beispiel 23.3

Eine Kühlsole mit $\rho = 1{,}06\,\text{kg/dm}^3$ und $c = 3{,}15\,\text{kJ/kgK}$ soll eine Kühlleistung von 145 kW erbringen, wobei sie sich von −8 °C auf −0,5 °C erwärmt. Die Pumpe im Rücklauf nimmt eine Leistung von 4,8 kW auf bei einem Wirkungsgrad von $\eta = 0{,}7$. Berechnen Sie

a) den erforderlichen Volumenstrom der Sole in dm^3/s,
b) die Druckdifferenz in bar, für die die Pumpe ausgelegt ist,
c) die Erwärmung der Sole in der Pumpe,
d) die erforderliche Kühlleistung des Solerückkühlers,
e) den Durchmesser in mm der Soleleitung bei $w = 0{,}7\,\text{m/s}$.

Lösung:

a) Zunächst ist der Massenstrom durch Umstellen von Gleichung (15.4) zu berechnen, dann mithilfe der Dichte der gesuchte Volumenstrom:

$$\dot{Q} = \dot{m} \cdot c \cdot \Delta T \Rightarrow \dot{m} = \frac{\dot{Q}}{c \cdot \Delta T} = \frac{145\,\text{kW}}{3{,}15\,\frac{\text{kJ}}{\text{kgK}} \cdot 7{,}5\,\text{K}} = \underline{6{,}1376\,\frac{\text{kg}}{\text{s}}}$$

$$\rho = \frac{m}{V} \Rightarrow V = \frac{m}{\rho} \Rightarrow \dot{V} = \frac{\dot{m}}{\rho} = \frac{6{,}1376\,\frac{\text{kg}}{\text{s}}}{1{,}06\,\frac{\text{kg}}{\text{dm}^3}} = \underline{\underline{5{,}79\,\frac{\text{dm}^3}{\text{s}}}}$$

b) Aufgrund des Wirkungsgrads von 0,7 kommt nur ein Teil der von der Pumpe aufgenommenen Leistung in der Sole an, um den Strömungswiderstand des Rohrnetzes zu überwinden:

$$P_V = P_P \cdot \eta = 4{,}8\,\text{kW} \cdot 0{,}7 = \underline{3{,}36\,\text{kW}}$$

Der Druckverlust ergibt sich durch Umstellen von Gleichung (12.2). Dabei ist die für den Transport verfügbare Leistung in Watt und der Volumenstrom in m^3/s einzusetzen.

$$P_V = \dot{V} \cdot \Delta p \Rightarrow \Delta p = \frac{P_V}{\dot{V}} = \frac{3360\,\text{W}}{0{,}00579\,\frac{\text{m}^3}{\text{s}}} = \frac{3360\,\frac{\text{Nm}}{\text{s}}}{0{,}00579\,\frac{\text{m}^3}{\text{s}}} = 580\,310{,}88\,\text{Pa} = \underline{\underline{5{,}8\,\text{bar}}}$$

c) Die Verlustleistung wird in Wärme umgewandelt und führt zur Erwärmung der Sole in der Pumpe.

$$\dot{Q}_P = \dot{m} \cdot c \cdot \Delta T \Rightarrow \Delta T = \frac{\dot{Q}_P}{\dot{m} \cdot c} = \frac{3{,}36\,\text{kW}}{6{,}1376\,\frac{\text{kg}}{\text{s}} \cdot 3{,}15\,\frac{\text{kJ}}{\text{kgK}}} = \underline{\underline{0{,}1738\,\text{K}}}$$

d) Der Solerückkühler muss den Wärmestrom von der Kühlstelle und von der Pumpe abführen (Energiestrombilanz Kreis 1):

$$\dot{Q}_0 = \dot{Q} + P_P = 145\,\text{kW} + 3{,}36\,\text{kW} = \underline{\underline{148{,}36\,\text{kW}}}$$

e) Mithilfe des unter a) ermittelten Volumenstroms und der gegebenen Strömungsgeschwindigkeit lässt sich die Rohrleitung dimensionieren (Gleichung 10.4). Dabei ist auf gleiche Einheiten zu achten. Hier wird also zweckmäßigerweise die Strömungsgeschwindigkeit umgerechnet: 0,7 m/s = 7 dm/s.

$$d = \sqrt{\frac{4 \cdot \dot{V}}{\pi \cdot w}} = \sqrt{\frac{4 \cdot 5{,}79\,\frac{\text{dm}^3}{\text{s}}}{\pi \cdot 7\,\frac{\text{dm}}{\text{s}}}} = 1{,}026\,\text{dm} = \underline{\underline{102{,}6\,\text{mm}}}$$

23.4 Transportkühlung

Bei Kühltransporten im Verteilerverkehr wird häufig mit eutektischen Kältespeichern gearbeitet. An Wänden und Decken des Laderaums sind Rohre bzw. Platten angebracht, die mit eutektischer Sole gefüllt sind und in denen Verdampferrohre verlaufen. Die Sole wird z. B. nachts gefroren, indem die Verdampferrohre an eine zentrale Kälteanlage angeschlossen oder durch ein fahrzeugeigenes Aggregat mit preiswertem Nachtstrom gekühlt werden. Diese kann dann tagsüber die einfallende Wärme bei konstanter Temperatur aufnehmen. Hier wird – wie bei Eisspeichern – nur mit dem latenten Anteil gerechnet.

Beispiel 23.4

Ein Verteilerfahrzeug hat einen Laderaum mit den Außenabmessungen $6\,\text{m} \times 2{,}4\,\text{m} \times 2{,}7\,\text{m}$. Der Wärmedurchgangskoeffizient der Wandung beträgt $k = 0{,}4\,\text{W/m}^2\text{K}$. Die Kühlung erfolgt über Platten mit eutektischer Sole mit einer spezifischen Schmelzenthalpie von $q = 285\,\text{kJ/kg}$. Laderaum und Ladung werden über Nacht auf –20 °C (Schmelz-/Erstarrungspunkt der Sole) gekühlt. Berechnen Sie

a) den einfallenden Wärmestrom in Watt bei einer mittleren Außentemperatur von 20 °C, einer Innentemperatur von –20 °C und 15 % Verlust durch Luftwechsel beim Türöffnen,
b) die in 12 Stunden einströmende Wärmemenge in kJ,
c) die erforderliche Masse der Sole, die diese Wärmemenge aufnimmt.

Lösung:

a) Zunächst wird die Wärmeübertragungsfläche berechnet, diese in Gleichung (16.7) eingesetzt mit $\Delta T = 40\,\text{K}$:

$$A = 2 \cdot (6\,\text{m} \cdot 2{,}4\,\text{m} + 6\,\text{m} \cdot 2{,}7\,\text{m} + 2{,}4\,\text{m} \cdot 2{,}7\,\text{m}) = 74{,}16\,\text{m}^2$$

$$\dot{Q}_{th} = A \cdot k \cdot \Delta T = 74{,}16\,\text{m}^2 \cdot 0{,}4\,\frac{\text{W}}{\text{m}^2\text{K}} \cdot 40\,\text{K} = \underline{\underline{1186{,}56\,\text{W}}}$$

Der tatsächliche Wärmestrom ist durch die Verluste um 15 % größer:

$$\dot{Q} = \dot{Q}_{th} = 1{,}15 \cdot 1186{,}56\,\text{W} = \underline{\underline{1364{,}544\,\text{W}}}$$

b) $$\dot{Q} = \frac{Q}{\tau} \Rightarrow Q = \dot{Q} \cdot \tau = 1{,}364544\,\text{kW} \cdot 12\,\text{h} \cdot 3600\,\frac{\text{s}}{\text{h}} = \underline{\underline{58\,948{,}3\,\text{kJ}}}$$

c) Diese Wärmemenge muss durch Schmelzen der gefrorenen Sole aufgenommen werden:

$$Q = m \cdot q \Rightarrow m = \frac{Q}{q} = \frac{58\,948{,}3\,\text{kJ}}{285\,\frac{\text{kJ}}{\text{kg}}} = \underline{\underline{206{,}8\,\text{kg}}}$$

23.5 Trocknen von Luft

Die grundlegenden Luftbehandlungsfunktionen und das zu ihrem Verständnis wichtige h,x-Diagramm wurden in Kapitel 17 behandelt. Lufttrocknung ist eine spezielle kältetechnische Anwendung, die durch Kühlen mit Wasserausscheidung und anschließendes Wiedererwärmen in raumlufttechnischen Systemen oder in speziellen (mobilen) Geräten zur Lufttrocknung (Lufttrockner, Kältetrockner, Bautrockner) stattfindet.

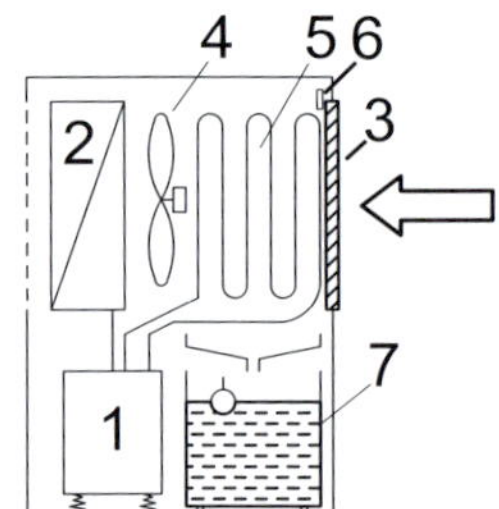

Letztere sind kompakte mobile Kälteaggregate, meist mit Wasserauffangbehälter (7) im Gehäuse und von einem Hygrostaten (6) überwacht, der das Gerät abschaltet, wenn die gewünschte Raumluftfeuchte erreicht wurde. In ihnen wird die zu trocknende Raumluft durch einen Ventilator (4) über eine Filtermatte (3) zum Verdampfer (5) geführt und dort unter den Taupunkt gekühlt, sodass Wasserausscheidung stattfindet. Die Luft wird anschließend durch den Verflüssiger (2) der Kälteanlage erwärmt.

Da die Verflüssigerleistung als Summe aus Verdampferwärmestrom und Verdichterleistung aufzufassen ist ($\dot{Q}_c = \dot{Q}_0 + P$, Gl. 21.5), wird der Raumluft im Endeffekt mehr Wärme am Verflüssiger zugeführt als am Verdampfer entzogen. Das Verhältnis von $\dot{Q}_c$ zu $\dot{Q}_0$ kann mithilfe der effektiven Kälteleistungszahl $\varepsilon_{Ke} = \dot{Q}_0/P$ berechnet werden, indem $P = \dot{Q}_0/\varepsilon_{Ke}$ in die Summenformel eingesetzt und die Summe durch Ausklammern vereinfacht wird:

$$\dot{Q}_c = \dot{Q}_0 + P = \dot{Q}_0 + \frac{\dot{Q}_0}{\varepsilon_{Ke}} = \dot{Q}_0 \cdot \left(1 + \frac{1}{\varepsilon_{Ke}}\right) \qquad (23.1)$$

Hinzu kommt, dass der Luft am Verdampfer sowohl sensible Wärme (Temperatur sinkt) als auch latente Wärme (Wasser kondensiert) entzogen, am Verflüssiger jedoch nur sensible Wärme zugeführt wird ($x = \text{const.}$).

Beide Effekte bewirken, dass die Luft beim Trocknungsprozess erheblich erwärmt wird. Vernachlässigt wird bei diesen Überlegungen die durch den Ventilator zugeführte Wärme.

Beispiel 23.5

Zeichnen Sie die Luftzustandsänderungen an einem Kältetrockner mit 1950 W Kälteleistung und folgenden Daten in das h,x-Diagramm ein:

Raumluftzustand:	20 °C / 70 %,
Temperatur der Verdampferoberfläche:	$t_v = 5\,°C$,
Lufttemperatur nach dem Verdampfer:	10 °C,
Kälteleistungszahl des Geräts:	$\varepsilon_{Ke} = 5$.

Bestimmen bzw. berechnen Sie

a) die Enthalpiedifferenz beim Abkühlen (entspricht Kälteleistung),
b) die Enthalpiedifferenz beim Erwärmen am Verflüssiger (entspricht Verflüssigerleistung),
c) die Temperatur der Luft nach dem Erwärmen,
d) den Massenstrom der Luft, der mit dieser Verdampferleistung behandelt werden kann,
e) den Volumenstrom in m^3/h bei einer Dichte von $1{,}2\,kg/m^3$,

f) die stündlich ausgeschiedene Wassermenge,
g) die Zeit in Stunden, nach der unter diesen Bedingungen der 10 Liter Wasserauffangbehälter voll ist.

Lösung:

a) Zunächst wird der Punkt des Raumluftzustands (20 °C / 70 %) eingezeichnet (1) und eine Gerade zu 5 °C / 100 % (t_V) gezogen. Punkt 2 (Ausgang Verdampfer) ergibt sich als Schnittpunkt dieser Geraden mit der 10 °C-Linie:

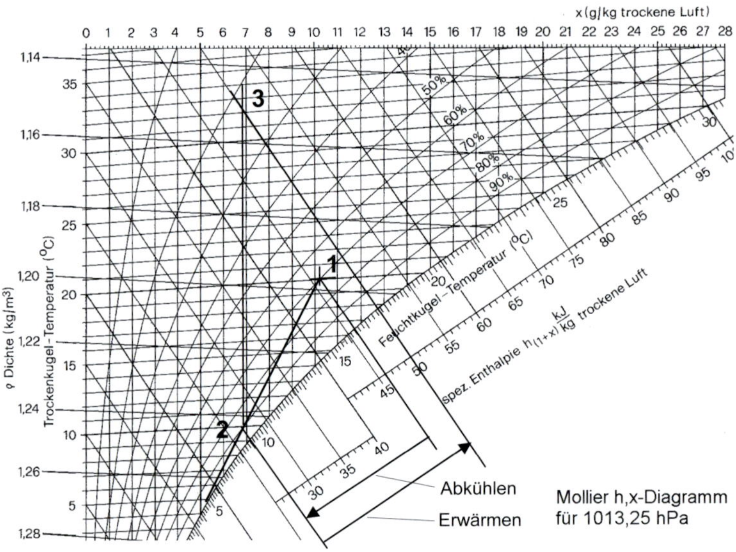

Die Ablesung ergibt $\Delta h_{Abk} = (46 - 27)\ \text{kJ/kg} = 19\ \text{kJ/kg}$

b) Damit wird die Enthalpiedifferenz beim Erwärmen mithilfe der effektiven Kälteleistungszahl und Gleichung (23.1) berechnet. Dabei werden Verdampfer- und Verflüssigerleistung durch die ihnen entsprechenden Enthalpiedifferenzen aus dem h,x-Diagramm ersetzt:

$$\Delta h_{Erw} = \Delta h_{Abk} \cdot \left(1 + \frac{1}{\varepsilon_{Ke}}\right) = 19\frac{\text{kJ}}{\text{kg}} \cdot \left(1 + \frac{1}{5}\right) = 19\frac{\text{kJ}}{\text{kg}} \cdot 1{,}2 = 22{,}8\frac{\text{kJ}}{\text{kg}}$$

c) Somit ergibt sich die Enthalpie der Luft nach dem Erwärmen am Verflüssiger zu:

$$h_3 = h_2 + \Delta h_{Erw.} = 27\ \text{kJ/kg} + 22{,}8\ \text{kJ/kg} = 49{,}8\ \text{kJ/kg} \approx 50\ \text{kJ/kg}$$

Punkt 3 kann nun als Schnittpunkt dieser Enthalpie-Linie mit der Senkrechten über Punkt 2 (x = const.) bestimmt werden. Damit ergibt sich eine Austrittsluft von ca. 32 °C / 23 %.

d) Gleichung (17.7) wird umgestellt:

$$\dot{Q}_0 = \dot{m}_L \cdot \Delta h \Rightarrow \dot{m}_L = \frac{\dot{Q}_0}{\Delta h} = \frac{1{,}95\,\text{kW}}{19\,\frac{\text{kJ}}{\text{kg}}} = \underline{\underline{0{,}10263\,\frac{\text{kg}}{\text{s}}}}$$

e) Gleichung (9.5) wird umgestellt:

$$\dot{m} = \rho \cdot \dot{V} \Rightarrow \dot{V} = \frac{\dot{m}}{\rho} = \frac{0{,}10263\,\frac{\text{kg}}{\text{s}}}{1{,}2\,\frac{\text{kg}}{\text{m}^3}} = 0{,}0855\,\frac{\text{m}^3}{\text{s}} = \underline{\underline{307{,}9\,\frac{\text{m}^3}{\text{h}}}}$$

f) Anwendung von Gleichung (17.8), dazu ist Δx zu berechnen:

$$\Delta x = x_2 - x_1 = (10{,}2 - 6{,}8)\ \text{g/kg} = 3{,}4\,\text{g/kg}$$

$$\dot{m}_W = \dot{m}_L \cdot \Delta x = 0{,}10263\,\frac{\text{kg}}{\text{s}} \cdot 3{,}4\,\frac{\text{g}}{\text{kg}} = 0{,}3489\,\frac{\text{g}}{\text{s}} = \underline{\underline{1{,}256\,\frac{\text{kg}}{\text{h}}}}$$

g) Da Wasser die Dichte 1 kg/dm^3 hat, kann mit dem Zahlenwert von f) weiter gerechnet werden, 1,256 kg/h entspricht 1,256 dm^3/h. Gleichung (9.2) wird umgestellt:

$$\dot{V} = \frac{V}{\tau} \Rightarrow \tau = \frac{V}{\dot{V}} = \frac{10\,\text{dm}^3}{1{,}256\,\frac{\text{dm}^3}{\text{h}}} = 7{,}96\,\text{h} = \underline{\underline{7\,\text{h}\ 57{,}6\,\text{min}}}$$

23.6 Wärmerückgewinnung

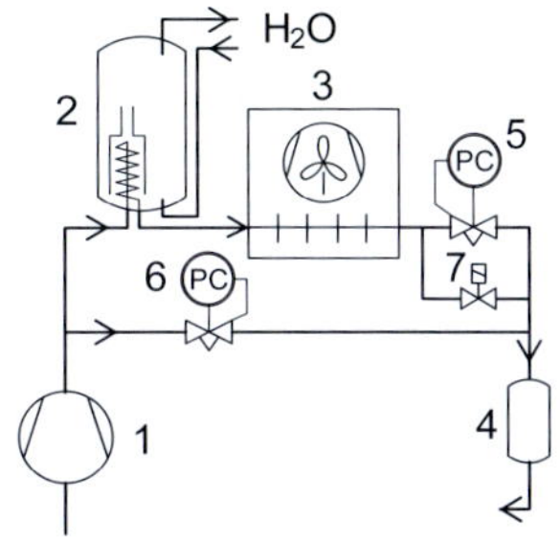

Wärmerückgewinnung (WRG) ist keine Anwendung, sondern ein häufig genutzter Nebeneffekt der Kälteerzeugung, dem im Zuge der gebotenen Energie- und somit CO_2-Einsparung eine immer größer werdende Bedeutung zukommt. Im Prinzip wird dabei der Verflüssigerwärmestrom $\dot{Q}_c = \dot{m}_R \cdot q_c$ nach Gleichung (19.5) einer Kälteerzeugung nicht vollständig an die Umgebung abgegeben, sondern zumindest teilweise genutzt, um z. B. Brauchwasser zu erwärmen. Häufig wird dazu ein zusätzlicher Wärmeübertrager in einem Brauchwasser-Behälter (2) in Reihe oder parallel zum Anlagenverflüssiger (3) eingesetzt. Auf diese Weise wird die Abwärme der Kälteerzeugung genutzt und ein separater Heizenergiebedarf vermieden (Kosteneinsparung).

Wie viel Verflüssigerleistung zur Verfügung steht, lässt sich mit Gleichung (23.1) bestimmen. Einfacher und hinreichend genau ist jedoch die Multiplikation der Kälteleistung mit einem Faktor:

$$\dot{Q}_c = f_1 \cdot \dot{Q}_0 \tag{23.2}$$

Die Tabelle zeigt die Werte für f_1, abhängig von Verflüssigungstemperatur t_c und Verdampfungstemperatur t_0, wobei der untere Wert für sauggasgekühlte halb- und vollhermetische Verdichter gilt, der obere Wert für luft- oder wassergekühlte offene Verdichter.

t_c in °C	t_0 in °C					
	-40	-30	-20	-10	0	10
30	1,58 (1,88)	1,43 (1,6)	1,32 (1,42)	1,24 (1,3)	1,17 (1,22)	1,11 (–)
40	1,7 (–)	1,53 (1,73)	1,41 (1,5)	1,32 (1,4)	1,23 (1,3)	1,16 (1,2)
50	– (–)	1,68 (1,87)	1,52 (1,67)	1,4 (1,51)	1,3 (1,41)	1,2 (–)
60	– (–)	– (–)	1,69 (–)	1,5 (–)	1,37 (–)	1,26 (–)

Verhältnis f_1 von Verflüssiger- zu Verdampferleistung in Abhängigkeit von Verdampfungs- und Verflüssigungstemperatur

(Quelle: Viessmann, Manuskriptunterlagen zum Thema: Wärmerückgewinnung in Verbindung mit Kälteanlagen)

Die maximal erreichbare Brauchwassertemperatur muss gemäß dem 2. Hauptsatz unter der Druckgastemperatur liegen, kann sich aber bei den heutigen, gut konstruierten Wärmeübertragern zur WRG nach dem Gegenstromprinzip bis auf wenige Kelvin annähern. Die Druckgastemperatur lässt sich im lg p,h-Diagramm bestimmen, wenn der indizierte Gütegrad η_i bekannt ist. (vgl. Kapitel 20.4).

Beispiel 23.6

Eine R134a-Kälteanlage hat 6 kW Kälteleistung bei $t_0 = 0\,°C$ und $t_c = 40\,°C$ und einer Laufzeit von 16 h/d. Der indizierte Gütegrad des sauggasgekühlten Hubkolbenverdichters wird mit $\eta_i = 0{,}8$ angenommen. Berechnen Sie

a) die verfügbare Verflüssigerleistung mit dem entprechenden Faktor f_1,
b) die Wassermenge pro Tag, die um 45 K erwärmt werden kann, unter der Annahme, dass die Wärmeübertragung mit einem Wirkungsgrad von 0,85 arbeitet.
c) Bestimmen Sie mithilfe des lg p,h-Diagramms die Druckgastemperatur des Prozesses bei einer Sauggastemperatur von 20 °C.

Lösung:

a) Der Faktor f_1 beträgt gemäß Tabelle $f_1 = 1{,}3$ ($t_0 = 0\,°C$, $t_c = 40\,°C$). Somit berechnet sich die Verflüssigerleistung mit Gleichung (23.2) zu

$$\dot{Q}_c = f_1 \cdot \dot{Q}_0 = 1{,}3 \cdot 6\,\text{kW} = \underline{7{,}8\,\text{kW}}$$

Aufgrund des veranschlagten Wirkungsgrads stehen davon 85 % zur Verfügung:

$$\dot{Q}_{WRG} = 0{,}85 \cdot \dot{Q}_c = 0{,}85 \cdot 7{,}8\,\text{kW} = \underline{\underline{6{,}63\,\text{kW}}}$$

b) Gleichung (15.5) wird umgestellt:

$$\dot{Q}_{WRG} = \dot{m} \cdot c \cdot \Delta T \Rightarrow \dot{m} = \frac{\dot{Q}_{WRG}}{c \cdot \Delta T} = \frac{6{,}63\,\text{kW}}{4{,}19\,\frac{\text{kJ}}{\text{kgK}} \cdot 45\,\text{K}} = \underline{0{,}035163\,\frac{\text{kg}}{\text{s}}}$$

Durch Umstellen von Gleichung (9.3) erhält man die gesuchte Wassermenge:

$$\dot{m} = \frac{m}{\tau} \Rightarrow m = \dot{m} \cdot \tau = 0{,}035163\,\frac{\text{kg}}{\text{s}} \cdot 16\,\text{h} \cdot 3600\,\frac{\text{s}}{\text{h}} = \underline{\underline{2025{,}4\,\text{kg}}}$$

c) Der isentrope Verdichtungsprozess wird ins Diagramm eingetragen (nur rechte Seite des Kreisprozesses) und die Enthalpien werden an Punkt 1 (Verdichtereingang) und 2 s (Verdichterausgang bei isentroper Verdichtung) abgelesen:

$h_1 = 416\,\text{kJ/kg}$, $h_{2s} = 445\,\text{kJ/kg}$.

Die Differenz beträgt: $w_{is} = h_{2s} - h_1 = 29\,\text{kJ/kg}$. Nun kann Gleichung (20.7) angewendet werden.

d) $$w_i = \frac{w_{is}}{\eta_i} = \frac{29\,\text{kJ/kg}}{0{,}8} = 36{,}25\,\frac{\text{kJ}}{\text{kg}}$$

Dieser Wert wird zu h_1 addiert und damit im Diagramm Punkt 2i bestimmt, sodass die Druckgastemperatur abgelesen werden kann:

$h_{2i} = h_1 + w_i = (416 + 36{,}25)\,\text{kJ/kg} = 452{,}25\,\text{kJ/kg}$.

Damit ergibt sich eine Druckgastemperatur von ca. 70 °C. In der folgenden Grafik ist Punkt 2i durch Eingabe ins Solkane-Berechnungsprogramm[1] bestimmt worden.

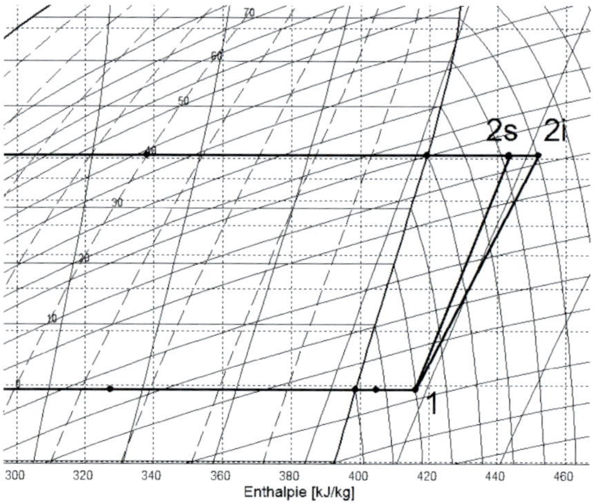

23.7 Aufgaben

1. Ein Scherbeneisbereiter produziert täglich 45 kg Eis von –5 °C bei einer Wassertemperatur von 15 °C. Berechnen Sie
   a) den erforderlichen theoretischen Kältebedarf in kJ,
   b) den praktischen Kältebedarf bei 13 % Verlust bezogen auf Q_{th},
   c) die Kälteleistung des Aggregats in Watt.

2. Ein Scherbeneisbereiter produziert täglich 20 t Eis von –2 °C bei einer Frischwassertemperatur von 16 °C. Berechnen Sie
   a) den erforderlichen theoretischen Kältebedarf in kJ,
   b) den praktischen Kältebedarf bei 20 % Verlust,
   c) die Kälteleistungszahl der Maschine, wenn der Hersteller den Energiebedarf mit 1300 kWh pro Tag angibt.

3. Ein Eisspeicher erzeugt 800 kg Eis in 8 h, das bei Bedarf in 1,5 h abschmilzt. Berechnen Sie
   a) die Kälteleistung in kW beim Anspeichern,

1) Dieses Programm steht im Internet kostenfrei zur Verfügung.

b) die Kälteleistung in kW beim Abschmelzen (ohne die Speicherleistung).

4. In einer Brauerei muss alle 6 Stunden ein Sud innerhalb 1 Stunde gekühlt werden. Der Kältebedarf von $1{,}2 \times 10^6$ kJ wird von einem Eisspeicher erbracht. Berechnen Sie
   a) die Kälteleistung in kW beim Anspeichern,
   b) die Eismenge in kg, die angespeichert werden muss,
   c) die Länge der Rohrschlange des Eisspeichers, wenn das Rohr 42 mm Außendurchmesser hat und die Eisschicht 25 mm dick ist ($\rho_{Eis} = 0{,}9$ kg /m^3).

5. Ein Eisspeicher soll 40 kWh Kapazität besitzen. Berechnen Sie
   a) die Eismenge in kg, die angespeichert werden muss,
   b) die erforderliche Länge des Speicherrohrs aus Cu 16 × 1, wenn mit einer Eisschichtdicke von 15 mm gerechnet wird,
   c) die Füllmenge an R134a (Flüssigkeit und Dampf) bei einer Rohrlänge von 590 m, wenn bei $t_0 = -10$ °C mit einem Füllgrad von 25 % (Flüssigkeitsanteil im Rohr) gerechnet wird?

6. An der Verdampferschlange eines Eisspeichers aus Cu 15 × 1 von 180 m Länge bildet sich innerhalb von 8 h eine 20 mm dicke Eisschicht, die bei Bedarf in 1,5 h abschmilzt. Berechnen Sie
   a) die Eismenge in kg, die sich gebildet hat,
   b) die erforderliche Kälteleistung beim Anspeichern (kW),
   c) die verfügbare Kälteleistung beim Abschmelzen (kW).

7. Die Eisspeicherrohrschlange aus Aufgabe 6 befinde sich in einem Behälter der Maße 1,2 m × 1,2 m × 1,0 m (l × b × h), der mit 1,2 m^3 Wasser gefüllt ist. Wie hoch steht das Wasser
   a) vor
   b) nach der Eisbildung.

8. In einem Silo-Eisspeicher hängen 60 Speicherplatten von 1,1 m × 0,9 m, an denen in 5 min beidseitig eine 2,5 mm dicke Eisschicht gebildet wird, die anschließend durch Heißgasabtauung (1 min) in den Speicher fällt.
   a) Wie viel kg Eis bildet sich an einer Platte bei einmaligem Anfrieren? ($\rho_{Eis} = 0{,}9$ kg/dm^3)
   b) Wie viel kg Eis hat sich nach 6 Stunden im Behälter angesammelt?
   c) Wie groß ist die Kapazität in kWh?
   d) Welche Kälteleistung ist zum Anspeichern erforderlich?
   e) Welche Kühlleistung ergibt sich, wenn das Eis innerhalb von 90 min abschmilzt?

9. Ein Eisspeicher für einen Milch verarbeitenden Betrieb baut in 20 Stunden eine Kapazität von 3500 kWh auf. Berechnen Sie

a) die erforderliche Eismenge in kg,
b) die erforderliche Kälteleistung zum Anspeichern in kW,
c) die Kühlleistung, wenn das Eis innerhalb von 75 min abschmilzt?

10. In einem Eisspeicher befinden sich 1200 m Rohr mit 25 mm Außendurchmesser. Der Eispanzer um das Rohr ist 15 mm dick. Berechnen Sie
a) das Volumen des Eises in dm^3,
b) die Masse des Eises in kg ($\rho_{Eis} = 0{,}9\,kg/dm^3$),
c) die Speicherkapazität in kJ bzw. kWh.

11. Eine Kühlsole mit $\rho = 1{,}08\,kg/dm^3$ und $c = 3{,}06\,kJ/kgK$ soll eine Kühlleistung von 120 kW erbringen, wobei sie sich von –12 °C auf –5 °C erwärmt. Die Pumpe im Rücklauf hat eine Leistung von 2,8 kW bei $\eta = 0{,}7$. Berechnen Sie
a) den erforderlichen Volumenstrom (in dm^3/s),
b) die Erwärmung der Sole in der Pumpe in Kelvin,
c) die erforderliche Kühlleistung des Solerückkühlers,
d) den Durchmesser in mm der Soleleitung bei $w = 0{,}7\,m/s$.

12. In einem Durchlaufkühler sind 13 m^3 einer wässrigen Lösung (Dichte $\rho = 1{,}1\,kg/dm^3$, spezifische Wärmekapazität $c = 3{,}2\,kJ/kgK$) in 2 Stunden von 24 °C auf 2 °C zu kühlen. Welche Kälteleistung ist erforderlich?

13. Ein Wasserkühlsatz hat 785 kW Kälteleistung und kühlt Wasser von 11 °C auf 5 °C.
a) Wie viel kg Wasser können stündlich gekühlt werden?
b) Welche Strömungsgeschwindigkeit ergibt sich bei einem Rohrinnendurchmesser von 150 mm?
c) Die Kaltwasserpumpe hat einen Wirkungsgrad von 0,7 und ist für eine Druckdifferenz von 3 bar ausgelegt. Wie groß ist ihre Antriebsleistung?
d) Welche Temperaturerhöhung erfährt das Wasser beim Durchströmen der Pumpe?
e) Wie viel Prozent der Kälteleistung beträgt die Pumpenantriebsleistung?

14. In einem Industriebetrieb müssen stündlich 9 m^3 Wasser von 70 °C auf 6 °C zurückgekühlt werden. Die Kühlung erfolgt wie skizziert in drei Stufen:
1. Vorkühlung in einem Luftkühler auf 42 °C
2. Abkühlung in einem Verdunstungskühler auf 25 °C
3. Abkühlung mit einer Kälteanlage auf 6 °C

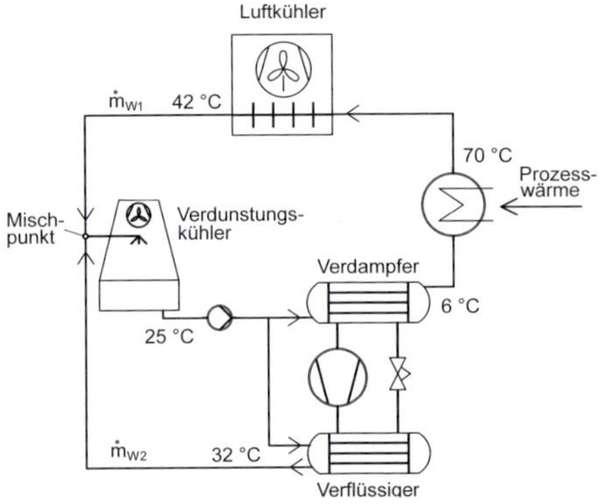

Der Verdunstungskühler muss außerdem das Kühlwasser des Verflüssigers der Kälteanlage rückkühlen. Die Kälteleistungszahl der Anlage wird mit $\varepsilon = 5$ angenommen, die Leistung der Pumpe mit 10 kW.

Berechnen Sie

a) die Gesamtkühlleistung,

b) die Kühlleistung des Luftkühlers,

c) die Nutzkühlleistung (aus dem Prozess) des Verdunstungskühlers,

d) die Kühlleistung des Verdampfers (Kälteleistung $\dot{Q}_0$),

e) die Verflüssigerleistung $\dot{Q}_c$ der Kälteanlage,

f) den erforderlichen Kühlwasserstrom $\dot{m}_{W2}$ des Verflüssigerkreislaufs,

g) den gesamten vom Verdunstungskühler abzuführenden Wärmestrom,

h) die Mischtemperatur vor dem Verdunstungskühler (Pumpenleistung vernachlässigt),

i) die stündlich erforderliche Zusatzwassermenge unter folgenden Annahmen:
- Verdunstung erfolgt bei 20 °C
- Windverluste 0,2 % der umlaufenden Wassermenge
- Abschlämmverluste so groß wie Verdunstungswasserstrom.

15. Die Trockeneisfüllung eines Fahrzeugladeraums mit den Außenabmessungen 10 m × 2,4 m × 2,8 m beträgt 80 kg.

a) Welche Wärmemenge in kJ nimmt das Kohlenstoffdioxid beim Sublimieren und anschließenden Erwärmen auf 0 °C auf? (spezifische Sublimationswärme $\Delta h = 573{,}6$ kJ/kg, Sublimationstemperatur –78,9 °C, spezifische Wärmekapazität $c = 0{,}84$ kJ/kgK)

b) Wie viel Stunden kann damit die Laderaumtemperatur aufrechterhalten werden, wenn die Temperaturdifferenz zur Umgebung 20 K beträgt und der k-Wert der Laderaumdämmung mit 0,5 W/m²K sowie 10 % Verluste (Luftaustausch durch Türöffnen etc.) angenommen werden?

16. Ein Verteilerfahrzeug hat einen Laderaum mit den Außenabmessungen 7,8 m × 2,4 m × 2,6 m. Der Wärmedurchgangskoeffizient der Wandung beträgt $k = 0{,}38$ W/m²K. Die Kühlung erfolgt über Platten mit eutektischer Sole mit einer spezifischen Schmelzenthalpie von $q = 290$ kJ/kg. Laderaum und Ladung werden über Nacht auf - 20 °C (Schmelzpunkt der Sole) gekühlt. Berechnen Sie

a) den einfallenden Wärmestrom in Watt bei einer mittleren Außentemperatur von 20 °C, einer Innentemperatur von –20 °C und 15 % Verlust durch Luftwechsel beim Türöffnen,

b) die in 12 Stunden einströmende Wärmemenge in kJ,

c) die erforderliche Masse der Sole, die diese Wärmemenge aufnimmt.

17. Zeichnen Sie die Luftzustandsänderungen an einem Kältetrockner mit 1950 W Kälteleistung und folgenden Daten ins h,x-Diagramm ein:

Raumluftzustand:	16 °C / 80 %
Temperatur der Verdampferoberfläche:	$t_v = 2\,°C$
Lufttemperatur nach dem Verdampfer:	10 °C
Kälteleistungszahl des Geräts:	$\varepsilon_{Ke} = 4$

Bestimmen bzw. berechnen Sie

a) die Enthalpiedifferenz beim Abkühlen (entspricht der Kälteleistung),
b) die Enthalpiedifferenz beim Erwärmen am Verflüssiger (entspricht der Verflüssigerleistung),
c) die Temperatur der Luft nach dem Erwärmen,
d) den Massenstrom der Luft, der mit dieser Verdampferleistung behandelt werden kann,
e) den Volumenstrom in m^3/h bei einer Dichte von 1,2 kg/m^3,
f) die stündlich ausgeschiedene Wassermenge,
g) die Zeit in Stunden, nach der unter diesen Bedingungen der 10 Liter Wasserauffangbehälter voll ist.

18. Ein Raumluftentfeuchter hat eine Verdampferleistung von $\dot{Q}_0 = 1200\,W$ und kühlt Luft von 28 °C / 70 % auf 10 °C / 90 %.

a) Ermitteln Sie die erforderlichen Werte Δh, ρ_1, Δx.
b) Wie viel kg Luft kann er stündlich kühlen, wie viel m^3/h entspricht das?
c) Nach wie viel Stunden ist der mitgelieferte 10-Liter-Wasserauffangbehälter voll?

19. 5000 m^3/h Luft von 21 °C / 80 % wird getrocknet, indem sie über einen Luftkühler mit $t_V = 5\,°C$ geführt wird, den sie mit 13 °C verlässt. Anschließend wird sie wieder auf 21 °C erwärmt. Ermitteln Sie die erforderlichen Werte aus dem h,x-Diagramm und berechnen Sie

a) den Massenstrom der Luft am Kühlereingang in kg/h und kg/s,
b) die erforderliche Kälteleistung des Kühlers in kW,
c) die erforderliche Heizleistung in kW,
d) die stündlich ausgeschiedene Wassermenge.
e) Welche relative Luftfeuchtigkeit stellt sich nach dem Wiedererwärmen ein?

20. Eine Kälteanlage hat eine Kälteleistung von 1,2 kW bei $t_0 = 0\,°C$, $t_c = 30\,°C$ und läuft 16 h/d.

a) Bestimmen Sie mit Hilfe des Faktors f_1 (Tabelle siehe 23.6) die Verflüssigerleistung (sauggasgekühlte Kapsel).
b) Wie viel kg Wasser kann die WRG dieser Anlage täglich um 40 K erwärmen, unter der Annahme, dass die Wärmeübertragung mit einem Wirkungsgrad von 0,85 arbeitet?

21. Eine Kälteanlage hat eine Kälteleistung von 16 kW bei $t_0 = -10\,°C$, $t_c = 40\,°C$ und läuft 14 h/d.

a) Bestimmen Sie mit Hilfe des Faktors f_1 (Tabelle siehe 23.6) die Verflüssigerleistung (offener Verdichter).

b) Wie viel kg Wasser kann die WRG dieser Anlage täglich um 45 K erwärmen unter der Annahme, dass die Wärmeübertragung mit einem Wirkungsgrad von 0,8 arbeitet?

24 Sicherheit und Umweltschutz

Die modernen Kältemittel sind überwiegend ungiftig. Dennoch werden Füllmengen von Kälteanlagen ggf. begrenzt, um Gefahren von Personen abzuwenden. Diese können auch von den sogenannten Sicherheitskältemitteln der Gruppe A1, z. B. R134a, ausgehen, weil sie Luft verdrängen und deshalb zu Bewusstlosigkeit führen können, wenn bestimmte Konzentrationen überschritten werden. Brennbare Kältemittel wie R290 (Propan, Gruppe A3) oder gar giftige und brennbare wie R717 (Ammoniak, NH_3, Gruppe B2) sind natürlich erst recht gefährlich. Wenn sie austreten und dabei die untere Explosionsgrenze überschritten wird, besteht akute Explosionsgefahr, wenn eine Zündquelle vorhanden ist.

24.1 Füllmengenbeschränkungen bei Sicherheitskältemitteln

Für Kältemittel der Gruppe A1 (ungiftig, nicht brennbar) gilt eine Einschränkung, sobald Kältemittel führende Teile in öffentlich zugänglichen Bereichen liegen. Dann darf die Füllmenge das Produkt aus Raumvolumen (in m^3) und praktischem Grenzwert (Practical Limit, PL) nicht überschreiten. Dabei ist stets der kleinste Raum, in dem Kältemittel führende Teile liegen, zugrunde zu legen. Der PL-Wert beruht auf Erfahrungswerten und ist in DIN EN 378-1 Anhang E dokumentiert. Die Tabelle zeigt den PL-Wert ausgewählter Kältemittel. Damit berechnet sich die maximale Füllmenge m_{max} in kg zu:

R-Nummer	Name / Zusammensetzung	PL kg/m^3
134a	Tetrafluorethan	0,25
290	Propan	0,008
404A	R125/143a/134a	0,52
407C	R32/125/134a	0,31
410A	R32/125	0,44
507A	R125/143a	0,53
717	Ammoniak	0,00035
744	Kohlenstoffdioxid	0,1

PL-Werte nach DIN EN 378-1 Anhang E

$$m_{max} = V \cdot PL \qquad (24.1)$$

V Volumen des kleinsten Raums in m^3
PL praktischer Grenzwert in kg/m^3

Beispiel 24.1

Ein Multisplit-Klimagerät kühlt Hotelzimmer mit den Maßen l = 4 m; b = 3,5 m; h = 2,5 m. Berechnen Sie die maximale Füllmenge für die Kältemittel R407C und R410A.

Lösung:

1. Raumvolumen berechnen: $V = l \cdot b \cdot h = 4\,m \cdot 3{,}5\,m \cdot 2{,}5\,m = \underline{35\,m^3}$
2. Füllmenge berechnen mit Gleichung (24.1)

$$\text{R407C: } m = V \cdot PL = 35\,m^3 \cdot 0{,}31\,\frac{kg}{m^3} = \underline{\underline{10{,}85\,kg}}$$

$$\text{R410A: } m = V \cdot PL = 35\,m^3 \cdot 0{,}44\,\frac{kg}{m^3} = \underline{\underline{15{,}4\,kg}}$$

24.2 Füllmengenbeschränkungen bei brennbaren Kältemitteln

Bei brennbaren Kältemitteln (Gruppe A2, A3) darf im Fall einer Leckage die untere Explosionsgrenze (UEG) nicht erreicht werden. Diese ist in DIN EN 378-1 Anhang E als LFL (Lower Flammabilty Limit) dokumentiert. Die Tabelle zeigt die LFL-Werte einiger brennbarer Kältemittel.

R-Nummer	Name/chemische Formel	LFL kg/m³
32	Difluormethan, CH_2F_2	0,307
50	Methan, CH_4	0,032
143a	Trifluorethan, CH_3CF_3	0,282
152a	Difluorethan, CH_3CHF_2	0,130
170	Ethan, C_2H_6	0,038
290	Propan, C_3H_8	0,038
600a	Isobutan, $CH(CH_3)_3$	0,038
717	Ammoniak, NH_3	0,116
1150	Ethen, $CH_2 = CH_2$	0,036
1270	Propen, $CH_3CH = CH_2$	0,047

Untere Explosionsgrenze nach DIN EN 378-1 Anhang E

Bei Komfortklimageräten und Wärmepumpen gelten besondere Regeln. Bei Kältemitteln, die eine deutlich höhere Dichte als Luft haben, können sich bei Austritt in Bodennähe schneller Konzentrationsnester bilden, die den LFL-Wert überschreiten. Bei Austritt in Deckennähe verteilt sich das Kältemittel stärker und der LFL-Wert wird nicht so leicht erreicht. Deswegen fließt bei der Berechnung der zulässigen Füllmenge von brennbaren Kältemitteln, deren Molekularmasse über

42[1] liegt (z. B. Propan, R32), die Höhe ein, in der das Innengerät montiert ist, wenn die Füllmenge $4\,m^3 \times LFL$ überschreitet. Nur werksseitig dauerhaft geschlossene Anlagen mit einer Füllmenge unter 150 g unterliegen keinen Einschränkungen. Weitere Einzelheiten dazu sind in DIN EN 378-1 Anhang C.3 dokumentiert. Damit berechnet sich die maximale Füllmenge m_{max} in kg mit folgender Größengleichung zu:

$$m_{max} = 2{,}5 \cdot LFL^{5/4} \cdot h_0 \cdot \sqrt{A} \quad (24.2)$$

h_0 in Anhang C.3 festgelegte Montagehöhe
A Raumfläche in m^2

Bei vorgegebener Füllmenge m berechnet sich die erforderliche Mindest-Raumfläche A_{min} in m^2 zu:

$$A_{min} = \left(\frac{m}{2{,}5 \cdot LFL^{5/4} \cdot h_0}\right)^2 \quad (24.3)$$

LFL untere Explosionsgrenze in kg/m^3
m Kältemittelmenge der Anlage in kg

Für die Montagehöhe h_0 ist in Anhang C.3 festgelegt:
Bodenaufstellung $h_0 = 0{,}6\,m$
Wandmontage $h_0 = 1{,}8\,m$
Fenstermontage $h_0 = 1{,}0\,m$
Deckenmontage $h_0 = 2{,}2\,m$

Beispiel 24.2

Ein Komfort-Klimagerät soll mit einer Füllmenge von 250 g Propan betrieben werden. Berechnen Sie

a) ob der Wert $4\,m^3 \times LFL$ überschritten wird,
b) welche Mindest-Raumfläche bei Bodenaufstellung,
c) bei Fenstermontage,
d) bei Wandmontage,
e) bei Deckenmontage erforderlich ist.

Lösung:

a) Propan hat $LFL = 0{,}038\,kg/m^3$, damit ist

$$4\,m^3 \cdot LFL = 4\,m^3 \cdot 0{,}038\,\frac{kg}{m^3} = 0{,}152\,kg = \underline{\underline{152\,g < 250\,g}} \Rightarrow$$

$4\,m^3 \times LFL$ überschritten.

1) Luft hat die Molekularmasse 29. Die Normdichte von Gasen ist proportional zur Molekularmasse. Ammoniak, (NH_3, 17) und Methan (CH_4, 16) sind also „leichter" als Luft, Ethan (C_2H_6, 30) unterscheidet sich kaum in der Dichte.

b) Anwendung Gleichung (24.3) mit den gegebenen Montagehöhen

$$A_{min} = \left(\frac{m}{2{,}5 \cdot LFL^{5/4} \cdot h_0}\right)^2 = \left(\frac{0{,}25}{2{,}5 \cdot 0{,}038^{5/4} \cdot 0{,}6}\right)^2 = \underline{\underline{98{,}7}}\,(m^2)$$

c) $$A_{min} = \left(\frac{m}{2{,}5 \cdot LFL^{5/4} \cdot h_0}\right)^2 = \left(\frac{0{,}25}{2{,}5 \cdot 0{,}038^{5/4} \cdot 1{,}0}\right)^2 = \underline{\underline{35{,}5}}\,(m^2)$$

d) $$A_{min} = \left(\frac{m}{2{,}5 \cdot LFL^{5/4} \cdot h_0}\right)^2 = \left(\frac{0{,}25}{2{,}5 \cdot 0{,}038^{5/4} \cdot 1{,}8}\right)^2 = \underline{\underline{10{,}96}}\,(m^2)$$

e) $$A_{min} = \left(\frac{m}{2{,}5 \cdot LFL^{5/4} \cdot h_0}\right)^2 = \left(\frac{0{,}25}{2{,}5 \cdot 0{,}038^{5/4} \cdot 2{,}2}\right)^2 = \underline{\underline{7{,}33}}\,(m^2)$$

24.3 Maschinenraumbelüftung

Maschinenräume für Kälteanlagen sind gemäß DIN EN 378-3 unter bestimmten Voraussetzungen (z. B. ab 25 kg Kältemittel mit ODP > 0 bzw. GWP > 0) mit Detektoren auszustatten, die bei Überschreiten bestimmter Konzentrationen Alarm auslösen und eine mechanische Lüftung in Gang setzen. Diese muss abhängig von der Kältemittelfüllmenge einen bestimmten Volumenstrom $\dot{V}$ in m^3/s besitzen, der durch folgende Größengleichung berechnet wird.

$$\dot{V} = 14 \cdot 10^{-3} \cdot m^{2/3} \tag{24.4}$$

Dabei ist m die Masse der Kältemittel-Füllmenge in kg in der Kälteanlage mit der größten Füllmenge, die sich mit irgendeinem Teil in dem Maschinenraum befindet

Beispiel 24.3

In einem Maschinenraum befinden sich drei Kälteanlagen mit den Füllmengen:

Anlage 1:	25 kg
Anlage 2:	45 kg
Anlage 3:	312 kg

Berechnen Sie den erforderlichen Luftvolumenstrom für die mechanische Lüftung in m^3/h.

Lösung:

Größte Füllmenge in Anlage 3 mit m = 312 kg

$$\dot{V} = 14 \cdot 10^{-3} \cdot m^{2/3} = 14 \cdot 10^{-3} \cdot 312^{2/3} = 0{,}014 \cdot 46 = 0{,}644 (m^3/s) = \underline{\underline{2318{,}5\,m^3/h}}$$

24.4 Treibhauspotenzial und TEWI

Die Klimawirksamkeit einer Kälteanlage beruht auf zwei Effekten:

1. der direkten Auswirkung durch freigesetztes Kältemittel, wenn es ein Treibhauspotenzial besitzt (GWP >0),
2. der indirekten Auswirkung durch den Energieverbrauch der Anlage, denn bei der Erzeugung der Energie entsteht CO_2.

Die direkte Auswirkung ist abhängig vom Treibhauspotenzial (GWP, Global Warming Potential) des verwendeten Kältemittels und der freigesetzten Menge (Leckage, Rückgewinnungsverluste). Die GWP-Werte der Kältemittel werden bezogen auf $CO_2 = 1$ und meist über einen Zeithorizont von 100 Jahren angegeben und sind als GWP_{100}-Werte dokumentiert.

R	GWP_{100}	R-Nummer	GWP_{100}	R	GWP_{100}	R	GWP_{100}
717	0	134a	1430	407F	1825	32	675
744	1	404A	3922	410A	2088	1234yf	4
290	3	407A	2107	507A	3985	1234ze	6
600a	3	407C	1774	23	14800	513A	631

Treibhauspotenzial ausgewählter Kältemittel

Wie viel CO_2 bei der Erzeugung von einer Kilowattstunde elektrischer Energie entsteht, hängt von der Energiequelle ab bzw. dem Kraftwerksmix, z.B. Braunkohle (1,2 kg), Steinkohle (0,95 kg), Gas (0,4 kg), Photovoltaik (100 g), Kernkraft (31 – 61 g), Wasserkraft (40 g), Windenergie (25 g). Im Mittel beträgt der Wert in Deutschland etwa 0,6 kg CO_2 pro erzeugter Kilowattstunde.

Land	kg CO_2/kWh_{el}	Land	kg CO_2/kWh_{el}
Norwegen	0,005	Italien	0,59
Schweden	0,04	Deutschland	0,6
Schweiz	0,08	Niederlande	0,64
Frankreich	0,09	Großbritannien	0,64
Spanien	0,48	Luxemburg	1,08

CO_2 Emissionen bei der Stromerzeugung in Europa

Die Gesamtauswirkung einer Kälteanlage auf den Treibhauseffekt als Summe aus direktem und indirektem Treibhauseffekt wird durch den TEWI (Total Equivalent Warming Impact) erfasst:

$$\text{TEWI} = (\text{GWP} \times L \times n) + (\text{GWP} \times m\,[1-\alpha_{\text{Rückgewinnung}}]) + (n \times E_{\text{Jährlich}} \times \beta) \quad (24.5)$$

Leckage — Rückgewinnungsverluste — Energiebedarf

direkter Treibhauseffekt — indirekter Treibhauseffekt

GWP	Treibhauspotenzial in CO_2-Äquivalent
L	Leckrate pro Jahr in kg/a
n	Betriebszeit der Anlage in a
m	Füllmenge der Anlage in kg
$\alpha_{\text{Rückgewinnung}}$	Recycling-Faktor
$E_{\text{Jährlich}}$	Energiebedarf pro Jahr in kWh/a
β	CO_2-Emission pro kWh in kg/kWh

Beispiel 24.4

Eine Kälteanlage enthält 100 kg R507A und hat bei durchschnittlich 16 h/d Laufzeit eine mittlere Leistungsaufnahme von 38 kW an 365 Tagen im Jahr. Die Leckagerate betrage 8 % pro Jahr, die Lebensdauer 15 Jahre, die Rückgewinnungsquote 80 %.

Berechnen Sie den Treibhauseffekt in kg CO_2

a) durch Leckage,
b) durch Rückgewinnungsverluste,
c) durch den Energiebedarf,
d) insgesamt (TEWI),
e) In welchem Verhältnis stehen direkter und gesamter Treibhauseffekt?

Lösung:

a) Leckage:

$$m_{CO_2} = 100\,\text{kg} \cdot 0{,}08/\text{a} \cdot 15\,\text{a} \cdot 3985\,\text{kg}_{CO_2}/\text{kg}_{507A} = \underline{478\,200\,\text{kg}}$$

b) Rückgewinnungsverluste (20 % = 0,2):

$$m_{CO_2} = 100\,\text{kg} \cdot 0{,}2 \cdot 3985\,\text{kg}_{CO_2}/\text{kg}_{507A} = \underline{79\,700\,\text{kg}}$$

Summe direktes Treibhauspotenzial in kg CO_2:

$$m_{CO_2} = 478\,200\,\text{kg} + 79\,700\,\text{kg} = \underline{557\,900\,\text{kg}}$$

c) Indirekt:

$$m_{CO_2} = 38\,\text{kW} \cdot 16\,\text{h/d} \cdot 365\,\text{d/a} \cdot 15\text{a} \cdot 0{,}6\,\text{kg/kWh} = \underline{1\,997\,280\,\text{kg}}$$

d) TEWI:

$$m_{CO_2} = 5\,57\,900\,\text{kg} + 1\,997\,280\,\text{kg} = \underline{\underline{2\,555\,180\,\text{kg}}}$$

e) $$\frac{m_{\text{direkt}}}{m_{\text{gesamt}}} = \frac{5\,57\,900\,\text{kg}}{2\,555\,180\,\text{kg}} = 0{,}2183 \approx \underline{\underline{21{,}83\,\%}}$$

24.5 Aufgaben

1. Das Bürogebäude aus Kapitel 4, Aufgabe 7, soll klimatisiert werden, so dass in jedem Raum ein Innengerät an der Decke hängt (Raumhöhe 2,8 m). Berechnen Sie die maximal zulässige Füllmenge für
   a) R407C,
   b) R410A.

2. Die Klimaanlage für das Bürogebäude aus Kapitel 4, Aufgabe 7, hat eine Füllmenge von 10,5 kg R410A. Wegen der Füllmengenbegrenzung durch die kleinen Räume Teeküche und WC sollen diese ausgespart werden. Wird die Füllmengengrenze jetzt eingehalten?

3. Mit einem Split-Klimagerät soll ein Raum der Maße 6 m × 8,2 m × 2,8 m gekühlt werden. Berechnen Sie die maximal zulässige Füllmenge für Propan in
   a) Bodenaufstellung,
   b) Fenstermontage,
   c) Wandmontage,
   d) Deckenmontage.

4. Mit einem Split-Klimagerät soll ein Raum der Maße 6 m × 8,2 m × 2,8 m gekühlt werden. Berechnen Sie die maximal zulässige Füllmenge für R32 in
   a) Bodenaufstellung,
   b) Fenstermontage,
   c) Wandmontage,
   d) Deckenmontage.

5. Mit einem Split-Klimagerät soll ein Raum der Maße 6 m × 8,2 m × 2,8 m gekühlt werden. Berechnen Sie die maximal zulässige Füllmenge für R410A in kg.

6. Ein Komfort-Klimagerät hat eine Füllmenge von 1,4 kg R32. Berechnen Sie
   a) ob der Wert $4\,m^3 \times$ LFL überschritten wird,
   b) welche Mindest-Raumfläche bei Bodenaufstellung,
   c) bei Fenstermontage,
   d) bei Wandmontage,
   e) bei Deckenmontage erforderlich ist.

7. Eine Kälteanlage enthält 45 kg R134a und hat bei durchschnittlich 16 h/d Laufzeit eine mittlere Leistungsaufnahme von 15,8 kW an 365 Tagen im Jahr. Die Leckagerate betrage 5 % pro Jahr, die Lebensdauer 15 Jahre, die Rückgewinnungsquote 80 %. Berechnen Sie den Treibhauseffekt in kg CO_2 für den Energiemix in Deutschland und in der Schweiz (CH, siehe Tabelle in Kapitel 24.4)

a) durch Leckage,
b) durch Rückgewinnungsverluste,
c) durch den Energiebedarf,
d) insgesamt (TEWI).
e) In welchem Verhältnis stehen direkter und gesamter Treibhauseffekt?

8. Die Anlage aus Aufgabe 7 wird auf indirekte Kühlung mit einem Kälteträger in einem Sekundärsystem umgestellt und enthält dadurch nur noch 8 kg R134a. Dafür hat sie nun eine mittlere Leistungsaufnahme von 17,3 kW. Alle weiteren Werte bleiben unverändert: 16 h/d Laufzeit an 365 Tagen im Jahr, Leckagerate 5 % pro Jahr, Lebensdauer 15 Jahre, Rückgewinnungsquote 80 %. Berechnen Sie den Treibhauseffekt in kg CO_2 für den Energiemix in Deutschland und in der Schweiz (CH, siehe Tabelle in Kapitel 24.4)
   a) durch Leckage,
   b) durch Rückgewinnungsverluste,
   c) durch den Energiebedarf,
   d) insgesamt (TEWI).
   e) In welchem Verhältnis stehen direkter und gesamter Treibhauseffekt?
   f) Bewerten Sie die Veränderungen gegenüber der direkten Kühlung (Aufgabe 7) im Hinblick auf die Klimawirksamkeit (CO_2) in beiden Ländern.

9. Die Anlage aus Aufgabe 7 wird auf HFO1234yf mit einem $GWP_{100} = 4$ umgestellt und bleibt in ihren sonstigen Werten unverändert (45 kg Kältemittel, mittlere Leistungsaufnahme von 15,8 kW, 16 h/d Laufzeit an 365 Tagen im Jahr, Leckagerate 5 % pro Jahr, Lebensdauer 15 Jahre, Rückgewinnungsquote 80 %). Berechnen Sie den Treibhauseffekt in kg CO_2 für den Energiemix in Deutschland (0,6 kg CO_2/kWh_{el})
   a) durch Leckage,
   b) durch Rückgewinnungsverluste,
   c) durch den Energiebedarf,
   d) insgesamt (TEWI).
   e) In welchem Verhältnis stehen direkter und gesamter Treibhauseffekt?
   f) Bewerten Sie die Veränderungen gegenüber der Anlage mit R134a (Aufgabe 7) im Hinblick auf die Klimawirksamkeit (CO_2).

10. Kältemitteldetektionssysteme zur Überwachung von Maschinenräumen müssen bei folgenden Konzentrationen ansprechen:

Kältemittel/ -gruppe	Konzentration	Aktion
A1	≥ 50 % von ATEL/ODL[1)]	Alarm
Ammoniak über 50 kg	≥ 350 mg/m³ (500 Vol. ppm) ≥ 21 200 mg/m³ (30 000 Vol. ppm)	Alarm, mechanische Lüftung ein Abschaltung der Anlage
A2, A3	≥ 25 % der LFL[2)]	Alarm, mechanische Lüftung ein, Abschaltung der Anlage

1) Grenzwert für Toxizität bzw. Sauerstoffarmut in kg/m³ gemäß DIN EN 378-1 Anhang E

2) LFL (Lower Flammability Limit) Untere Explosionsgrenze (UEG)

Ein Maschinenraum hat die Maße l = 12 m, b = 8 m, h = 4 m. Er wird durch Kältemitteldetektoren überwacht.

a) Berechnen Sie für die in der Tabelle aufgeführten Kältemittel, ab welcher ausgeströmten Kältemittelmenge jeweils der Alarm ausgelöst werden muss.

b) Bewerten Sie den Unterschied zwischen dem ungiftigen und unbrennbaren R744 (CO_2) und den beiden brennbaren Kältemitteln der Gruppe A2L.

R-Nummer	Sicher-heits-gruppe	Name/chemische Formel	PL kg/m³	ATEL/ODL kg/m³	LFL kg/m³
134a	A1	Tetrafluorethan, CH_2FCF_3	0,25	0,21	–
404A	A1	125/143a/134a	0,52	0,52	–
407C	A1	32/125/134a	0,31	0,268	–
744	A1	Kohlenstoffdioxid, CO_2	0,1	0,07	–
32	A2L	Difluormethan, CH_2F_2	0,061	0,298	0,307
1234yf	A2L	$CF_3CF = CH_2$	0,058		0,299
290	A3	Propan, C_3H_8	0,008	0,09	0,038
1270	A3	Propen, $CH_3CH = CH_2$	0,008	0,002	0,047
717	B2	Ammoniak, NH_3	0,00035	0,00022	0,116

25 Lösungen

1. Formeln und Gleichungen

1. $m = \rho \cdot V, \quad V = \frac{m}{\rho}, \quad V = m \cdot v, \quad m = \frac{V}{v}$

2. $A = \frac{\dot{Q}}{k \cdot \Delta T}, \quad k = \frac{\dot{Q}}{A \cdot \Delta T}, \quad \Delta T = \frac{\dot{Q}}{k \cdot A}$

3. $d = \sqrt{\frac{4A}{\pi}}$

4. $d = \sqrt{D^2 - \frac{4A}{\pi}}$

5. $l = \frac{V}{b \cdot h}, \quad b = \frac{V}{l \cdot h}, \quad h = \frac{V}{l \cdot b}$

6. $m = \frac{Q}{c \cdot \Delta T}, \quad c = \frac{Q}{m \cdot \Delta T}$

7. $d = \sqrt{\frac{4V}{\pi \cdot h}}, \quad h = \frac{4V}{\pi \cdot d^2}$

8. $h = \frac{4V}{\pi \cdot (D^2 - d^2)}, \quad d = \sqrt{D^2 - \frac{4V}{\pi \cdot h}}, \quad D = \sqrt{\frac{4V}{\pi \cdot h} + d^2}$

9. $Q = \dot{Q} \cdot \tau$

2. Prozentrechnen, Brüche und Dezimalzahlen

1.

Prozentwert	100	75	50	25	20	10	5	4	2	1
Bruch	$\frac{1}{1} = 1$	$\frac{3}{4}$	$\frac{1}{2}$	$\frac{1}{4}$	$\frac{1}{5}$	$\frac{1}{10}$	$\frac{1}{20}$	$\frac{1}{25}$	$\frac{1}{50}$	$\frac{1}{100}$
Dezimalzahl	1	0,75	0,5	0,25	0,2	0,1	0,05	0,04	0,02	0,01

2. 17,5 h/d

3.

Bruch	$\frac{1}{2}$	$\frac{1}{3}$	$\frac{1}{6}$	$\frac{1}{7}$	$\frac{1}{8}$	$\frac{1}{9}$	$\frac{2}{1}$	$\frac{5}{6}$	$\frac{3}{8}$	$\frac{4}{5}$
Dezimalzahl	0,5	$0,\overline{3}$	$0,1\overline{6}$	$0,\overline{142857}$	0,125	$0,\overline{1}$	2	$0,8\overline{3}$	0,375	0,8
Prozentwert	50	33,3	16,6	14,29	12,5	11,1	200	83,3	37,5	80

4. a) 32 kg b) Nachfüllmenge 40 kg statt 320 kg, Ersparnis 280 kg, Kosten 11 200 €

5.

	Anlage 1	Anlage 2	Anlage 3	Anlage 4	Anlage 5
Füllmenge in kg	0,8	5,6	48	280	1200
Leckagerate in %/a	**15**	**11**	8	5	**2,5**
Nachfüllmenge in kg	0,12	0,616	**3,84**	**14**	30

6. a) 18 h/d b) 11,1 %

7. $\dot{Q}_0 = 16\,\text{kW}$

8. a) 24 kg/h b) 22,8 kg/h

9. a) 942,5/min b) 32,4 % c) 3,98 %

10.

Messbereich in bar	Klasse 1	Klasse 0,6	Klasse 0,25
12	±0,12	±0,072	±0,03
24	±0,24	±0,144	±0,06
40	±0,4	±0,24	±0,1

11. a)

Manometer	Zulässiger Messfehler	Minimalwert	Maximalwert
Saugdruck 4,2 bar	± 0,192 bar	4,008 bar	4,392 bar
Hochdruck 4,5 bar	± 0,384 bar	4,116 bar	4,884 bar

Überschneidung im Bereich 4,116 bis 4,392 bar, also liegen die Werte im Toleranzbereich.

b)

Manometer	Zulässiger Messfehler	Minimalwert	Maximalwert
Saugdruck 5 bar	± 0,192 bar	4,808 bar	5,192 bar

3. Längen, Längenteilung

1. $t = \frac{l - (a + b)}{n - 1} = \frac{520\,\text{mm} - (20\,\text{mm} + 20\,\text{mm})}{7 - 1} = \frac{480\,\text{mm}}{6} = \underline{\underline{80\,\text{mm}}}$

2. 110 mm und 220 mm (6 Stücke bedeutet 5 Schnitte, also werden 5 × 2 mm = 10 mm zerspant. Übrig bleiben 990 mm, die durch 9 zu teilen sind, da die 3 Doppelstücke für 6 Kurzstücke stehen)

3. a) $t = \frac{l - (a + b)}{n - 1} = \frac{700\,\text{mm} - (70\,\text{mm} + 120\,\text{mm})}{3 - 1} = \frac{510\,\text{mm}}{2} = \underline{\underline{255\,\text{mm}}}$

b) Abstand gleich Teilung minus 2 × halber Bohrungsdurchmesser:
$a = 255\,\text{mm} - 12\,\text{mm} = \underline{243\,\text{mm}}$

4. $\hat{t} = \frac{\pi \cdot d}{n} = \frac{\pi \cdot 400\,\text{mm}}{8} = \pi \cdot 50\,\text{mm} = \underline{\underline{157\,\text{mm}}}$

5. 11,2 m

6. $d_m = 336{,}77\,\text{mm}$ $d = 324{,}77\,\text{mm}$ $D = 348{,}77\,\text{mm}$

7. a) 804,24 mm b) 256,4 mm

8. 353,52 mm

9. a) 2011,4 mm (1,25 Kreise mit d_m = 255 mm + 200 mm + 810 mm)
b) 2405,4 mm (1,25 Kreise mit d_m = 392 mm + 200 mm + 666 mm)

10. 245,6 mm (0,25 Kreis mit d_m = 58 mm + 155/360 Kreis mit d_m = 108 mm + 17 mm + 37 mm)

11. 183,1 mm (1 Kreis mit d_m = 36 mm + 2 × 11 mm + 2 × 24 mm)

12. 7218 mm (5,5 Kreise mit d_m = 382 mm + 0,5 Kreis mit d_m = 262 mm + 78 mm + 128 mm)

7437 mm (5,5 Kreise mit d_m = 395 mm + 0,5 Kreis mit d_m = 275 mm + 65 mm + 115 mm)

4. Flächen

1.

	m^2	dm^2	cm^2	mm^2
a)	0,037	3,7	370	37 000
b)	1,47	147	14 700	1 470 000
c)	0,21	21	2100	210 000
d)	0,125	12,5	1250	125 000

	m^2	dm^2	cm^2	mm^2
e)	1,152	115,2	11 520	1 152 000
f)	2,43	243	24 300	2 430 000
g)	0,0047	0,047	4,7	470
h)	0,011	1,1	110	11 000

2.

Quadrat	a)	b)
l	36 mm	45 mm
e	50,91 mm	63,63 mm
A	1296 mm^2	20,25 cm^2
U	144 mm	18 cm

Rechteck	a)	b)
l	76 mm	52,5 cm
b	22 mm	33,9 cm
e	79,12 mm	62,49 cm
A	16,72 cm^2	17,7975 dm^2
U	196 mm	172,8 cm

Kreis	a)	b)
d	25 mm	47,5 cm
r	12,5 mm	23,75 cm
A	39,27 mm^2	1772 cm^2
U	78,54 mm	149,23 cm

Kreisring	a)	b)
D	32 mm	85 mm
d	26 mm	43 mm
A	254,47 mm^2	4222 mm^2

3. $A = 0{,}45\,m^2$

4. $A = 549{,}8\,mm^2 = 0{,}5498\,dm^2$

5. $A_{vor} = 24\,dm^2$, $A_{nach} = 14{,}14\,dm^2$

6. $d = 50{,}46\,cm$

7. Flächen der Einzelräume siehe Skizze, $A_{ges} = 138\,m^2$

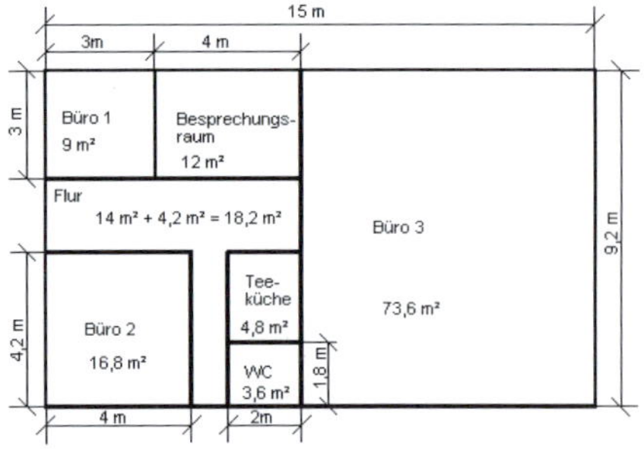

8. $A_{vor} = 0{,}028353\,dm^2$, $A_{nach} = 0{,}026546\,dm^2$

9. Freier Querschnitt sinkt im Verhältnis 8^2 zu 14^2 also $\frac{64}{196} = 0{,}3265 = 32{,}65\,\%$, also Absenkung um 67,35 %

10. Tabelle zu den Rohren:

Außendurchmesser × Wandstärke $D \times b$ in mm	Innendurchmesser d in mm	mittlerer Durchmesser d_m in mm	freier Querschnitt in dm^2	Materialquerschnitt in mm^2 (Kreisring)
6 × 1	4	5	0,001257	15,71
8 × 1	6	7	0,0028274	21,99
10 × 1	8	9	0,0050265	28,27
12 × 1	10	11	0,007854	34,56
15 × 1	13	14	0,0132732	43,98
18 × 1	16	17	0,0201062	53,41
22 × 1	20	21	0,0314159	65,97
22 × 1,5	19	20,5	0,0283529	96,6
28 × 1,5	25	26,5	0,0490874	124,88
35 × 1,5	32	33,5	0,0804248	157,87
42 × 1,5	39	40,5	0,1194591	190,85
54 × 2	50	52	0,1963495	326,73
64 × 2	60	62	0,2827433	389,56
76,1 × 2	72,1	74,1	0,4082822	465,58

5. Volumen

1. Einheiten umrechnen

	m^3	dm^3	cm^3
a)	0,025	25	25 000
b)	0,00021	0,21	210
c)	0,00125	1,25	1250

	m^3	dm^3	cm^3
d)	0,65	650	650 000
e)	0,147	147	147 000
f)	1,2	1200	1 200 000

2.

Quader	a)	b)
l	75 mm	80 cm
b	30 mm	35 cm
h	15 mm	20 cm
V	33,75 cm^3	56 dm^3
A_O	76,5 cm^2	102 dm^2

Hohlzylinder	a)	b)
D	32 mm	85 mm
d	26 mm	80 mm
s	3 mm	2,5 mm
h	112 mm	145 mm
V	2,733 cm^3	6,48 cm^3

Würfel	a)	b)
l	140 mm	32 mm
V	2,744 dm^3	32,768 cm^3

Zylinder	a)	b)
d	25 mm	50 mm
h	25 mm	25 mm

Würfel	a)	b)
A_O	$11{,}76\,dm^2$	$61{,}44\,cm^2$

Zylinder	a)	b)
V	$12{,}27\,cm^3$	$49{,}09\,dm^3$
A_M	$19{,}63\,cm^2$	$39{,}27\,dm^2$

3. $V = 1{,}178\,m^3$ 4. $h = 31{,}83\,dm \rightarrow 32\,dm$ 5. $V = 0{,}47\,dm^3$

6. Zusammengesetzter Körper:
Zylinder mit d = 9 dm, h = 31 dm plus Kugel mit d = 9 dm;

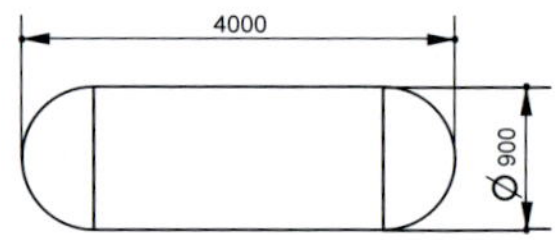

$V = V_{Zyl} + V_{Kugel}$
$= 1972{,}13\,dm^3 + 381{,}7\,dm^3$
$= 2353{,}83\,dm^3$

7. Hohlzylinder: $d = 0{,}15\,dm$, $D = 0{,}27\,dm$, $h = 1800\,dm$; $V = 71{,}25\,dm^3$

8. a) $l = 58{,}81\,m$ b) $A = 3{,}325\,m^2$ c) $V_{Rohr} = 14{,}96\,dm^3$
d) $V_{Beh} = 538{,}78\,dm^3$ e) $V_{Wasser} = 523{,}82\,dm^3$

9. a) $d = 33{,}678\,m$ b) $A_O = 3567{,}24\,m^2$ ($d_m = 33{,}678\,m + 0{,}019\,m = 33{,}697\,m$)

10. a) $A = 2{,}04\,m^2$ (2 Seiten pro Platte) b) $V = 122{,}4\,dm^3$
c) 7 h enthalten 60 Zyklen je 7 min: $V = 7344\,dm^3$

11. Beachte: V ist proportional zu d^2 (!) und h. A_M ist proportional zu d und h

	1 h	2 h	3 h
1 d	V, A_M	2 V, 2 A_M	3 V, 3 A_M
2 d	4 V, 2 A_M	8 V, 4 A_M	12 V, 6 A_M
3 d	9 V, 3 A_M	18 V, 6 A_M	27 V, 9 A_M

6. Masse, Dichte, spezifisches Volumen

1.

1234 g = 1,234 kg	560 kg = 0,56 t	$1{,}174\,kg/dm^3 = 1174\,kg/m^3$	
5,2 g = 5200 mg	0,745 kg = 745 g	$250\,dm^3 = 0{,}25\,m^3$	$0{,}36\,m^3 = 360\,dm^3$
$145\,l = 0{,}145\,m^3$	$0{,}045\,m^3 = 45\,dm^3$	34 g = 0,034 kg	3,26 kg = 3260 g
$1164\,kg/m^3 = 1{,}164\,kg/dm^3$		$1{,}218\,kg/dm^3 = 1218\,kg/m^3$	
$500\,dm^3/kg = 0{,}5\,m^3/kg$		1,4 g = 0,0014 kg	
$1{,}118\,g/cm^3 = 1{,}118\,kg/dm^3$		5,21 kg = 5210 g	

2. $\rho = 8{,}19\,g/cm^3$ 3. a) $1{,}6\,cm^3$ b) 13,44 g c) 74 d) 16,2 cm

4. a) Cu 18 × 1: d = 18 mm, D = 18,2 mm, h = 60 mm (3 mal 20 mm), $V = 341{,}177\,mm^3$
(Cu 42,1,5: d = 42 mm, D = 42,4 mm, h = 93 mm, $V = 2465{,}899\,mm^3$)
b) 111,9 g (937,04 g) c) 108,6 cm (784,92 cm)

5. $V_1 = 3{,}272\,dm^3$, $V_2 = 4{,}524\,dm^3$ $m_1 = 29{,}22\,kg$ $m_2 = 40{,}4\,kg$ $\Delta m = 11{,}18\,kg$

6. Differenz $\Delta m = 2{,}153\,kg$

7. a) $V_{Cu} = 23{,}185\,dm^3$, $m_{Cu} = 207{,}04\,kg$; $V_{Al} = 30{,}16\,dm^3$, $m_{Al} = 81{,}43\,kg$; Differenz $\Delta m = 125{,}61\,kg$ b) 60,7 %

8. a) $V_{507} = 12{,}964\,dm^3 \rightarrow 86{,}43\,\%$ b) $V_{407F} = 13{,}17\,dm^3 \rightarrow 87{,}8\,\%$ Volumen reicht aus

9. a) 264,3 mm b) $\rho' = 1{,}175\,kg/dm^3$, $m' = 1{,}763\,kg$
c) Dampf: $\rho'' = 40{,}96\,kg/m^3$, $m = 8{,}288\,g \Rightarrow m_{ges} = 1{,}771\,kg$

10. a) $V = 12{,}566\,dm^3$ b) $\rho' = 1{,}179\,kg/dm^3$, $\rho'' = 39{,}79\,kg/m^3 = 0{,}03979\,kg/dm^3$
c) $m' = 7{,}408\,kg$, $m'' = 0{,}25\,kg$; $m_{ges} = 7{,}658\,kg$

11. a) 51 Lamellen, b) $A = 382{,}5\,dm^2$ (beidseitig), c) $V = 3{,}825\,dm^3$, $m = 3{,}44\,kg$

12. a) $A = 2{,}34\,m^2$ b) $V = 308{,}88\,dm^3$ c) 84 Zyklen $\Rightarrow m = 23\,351{,}3\,kg$

7. Kraft, Gewichtskraft, Zugfestigkeit

1. $R_m = 379{,}4\,N/mm^2$

2. $F_{zB} = 5000\,N$

3. a) $R_m = 1200\,N/mm^2$ $Re = 1080\,N/mm^2$ b) $A = 36{,}6\,mm^2$
c) 39 528 N d) 43 920 N

4. a) $S = 58\,mm^2$ b) $F_m = 4060\,N$ c) $\nu = 43{,}56$

5. a) $A = 100{,}53\,mm^2$ b) $F = 70\,371{,}7\,N$ c) $F = 18\,095{,}6\,N$ d) 1844,6 kg

6. a) $A = 22{,}384\,mm^2$ b) 26 860,6 N d) 912,69 kg d) 15 582,69 m

7. a) M8: $F_{zB} = 43\,920\,N$, M10: $F_{zB} = 46\,400\,N$ b) M8: $F_e = 39\,528\,N$, M10: $F_e = 37\,120\,N$

8. a) $\nu = 5{,}596$ b) $\nu = 5{,}04$

9. a) $F_{zB} = 147\,150\,N$ b) $A = 210{,}21\,mm^2$ (2 Kreisflächen) c) 11,57 mm

10. a) $S = 36{,}6\,mm^2$ b) $F_m = 11\,712\,N$ c) $\nu = 183{,}67$

11. a) ($A = 100{,}53\,mm^2$) $F_m = 70\,371{,}7\,N$ b) $F_e = 18\,095{,}6\,N$

8. Arbeit, Energie, Leistung, Wirkungsgrad

1. 4609 J

2. 26 781,3 J = 26,78 kJ

3. $\tau = 10{,}7\,s$

4. $\tau = 1{,}14\,s$

5. a) 659,23 J
   b) Die Lösung ergibt sich durch Gleichsetzen der Formeln für Hub- und Verschiebearbeit und anschließendes Umstellen nach der gesuchten Größe h.
   Die Lösung ergibt sich aber auch schon durch logisches Denken: Wenn die zum Verschieben nötige Kraft 40 % der Gewichtskraft beträgt, kann mit der entsprechenden Arbeit das gesamte Gewicht um 40 % (= Faktor 0,4) des Verschiebewegs angehoben werden.

$$W_{Hub} = W$$
$$m \cdot g \cdot h = F_{Reib} \cdot s$$
$$F_G \cdot h = 0{,}4 \cdot F_G \cdot s$$
$$h = 0{,}4 \cdot s$$
$$h = 0{,}4 \cdot 1{,}2\,\text{m}$$
$$h = 0{,}48\,\text{m}$$

6. a) $W = 18\,776\,34\,\text{J} = 18{,}78\,\text{kJ}$ b) $W = 2589{,}4\,\text{J} = 2{,}59\,\text{kJ}$
   c) 12/87 = 0,1379 = 13,79 % der gesamten Hubarbeit sind für den Werkzeugkoffer notwendig.

7. 1. Verschiebearbeit: $W = F \cdot s = 600\,\text{N} \cdot 2\,\text{m} = \underline{\underline{1200\,\text{J}}}$
   2. Hubwagen:
      2.1. Arbeit gegen den Rollwiderstand, Weg = 2 × 5 m + 2 m = 12 m:
      $W_{Roll} = F \cdot s = 50\,\text{N} \cdot 12\,\text{m} = \underline{\underline{600\,\text{J}}}$
      2.2. Anheben mit $\eta = 0{,}5$: Theoretische Hubarbeit: $W_{Hubth} = 58{,}86\,\text{J}$. Wegen des Wirkungsgrads müssen wir tatsächlich doppelt so viel Hubarbeit verrichten wie theoretisch berechnet: $W_{Hub} = 117{,}72\,\text{J}$
      Gesamtarbeit bei Verwendung des Hubwagens:
      $W_{ges} = W_{Roll} + W_{Hub} = 600\,\text{J} + 117{,}72\,\text{J} = \underline{\underline{717{,}72\,\text{J}}}$
      Fazit: Die Verwendung des Hubwagens lohnt sich

8. a) $P_e = 41{,}42\,\text{kW}$ b) $P_i = 23{,}18\,\text{kW}$ c) $W_{el} = 255\,500\,\text{kWh}$ d) $K = 66\,430\,€$

9. a) $\eta_{ges} = 0{,}5355$ b) $P_{ab} = 0{,}7497\,\text{kW}$, $W_{ab} = 2698{,}92\,\text{kJ}$
   Diese Arbeit steht also zum Anheben der Wassermenge zur Verfügung:
   $$\text{aus } W_{Hub} = m \cdot g \cdot h \text{ folgt: } m = \frac{W_{Hub}}{g \cdot h} = \frac{2698{,}92\,\text{kJ}}{9{,}81\,\text{m/s}^2 \cdot 8{,}6\,\text{m}} = \underline{\underline{31\,990{,}6\,\text{kg}}}$$
   c) $W_{el} = 2464\,\text{kWh}$, $K = 640{,}64\,€$

10. a) 6480 kJ b) 44 036,7 kg

11. a) $\eta = 0{,}8004$ b) $W_{Reib} = 46\,103{,}04\,\text{kJ}$ c) $P_V = 6{,}24\,\text{kW}$ bzw. 3,3408 kW
    d) $W_{el} = 204\,480\,\text{kWh}$ $K = 57\,254{,}40\,€$

12. a) $\eta = 0{,}765$ b) $P_{ab} = 7{,}497\,\text{kW}$ c) $W = 3448{,}62\,\text{kJ}$ $Q = 2586{,}465\,\text{kJ}$

13. a) $\eta = 0{,}51765$ b) $\eta = 0{,}595$ c) $P = 3{,}213\,\text{kW}$ d) $P = 6{,}21\,\text{kW}$
    e) $W_{el} = 40\,779{,}3\,\text{kWh}$ f) $K = 9787{,}03\,€$

14. a) K = 102 200 € b) 12 264 € c) 3,67 Jahre

9. Geschwindigkeit, Volumenstrom, Massenstrom

1. a) 2 m/s b) 4 m/s c) 0,5 m/s d) 4 m/s e) 16 m/s

2. a) Wasser: 1,2 dm^3/s Luft: 3 m^3/s b) Wasser 0,24 dm^2 Luft: 0,375 m^2 = 37,5 dm^2

3. a) 5,55 dm^3/s b) 5,714 dm^3/s c) 7,07 dm/s 7,27 dm/s

4. a) 1,75 m^3/s = 6300 m^3/h b) 2,1 kg/s c) 11,67 m/s d) 35 cm

5. a) 5,05 m/s b) 3,125 (5,56) m/s

6. a) 2,262 m^3/s b) 2,714 kg/s

7. a) 750 m^3/h = 0,20833 m^3/s b) 1,7361 m/s c) 0,13 m^2 d) 3,3157 m/s

8. a) 0,007 m^3/s b) 0,618 m/s

9. a) 0,12315 dm^3/s b) ρ' = 1,146 kg/dm^3 → 0,14113 kg/s c) 2,45 m/s

10. a) 0,09236 dm^3/s b) ρ' = 1,163 kg/dm^3 → 0,10742 kg/s
    c) 10 × 1: 0,91875 m/s; 12 × 1: 0,588 m/s

10. Rohrleitungen und Kanäle

1. a) 5,556 dm^3/s b) 97,1 mm c) 91 mm: 0,854 m/s 96 mm: 0,768 m/s

2. a) v' = 0,854 dm^3/kg, → 0,05124 dm^3/s b) 10,43 mm
   c) 10 mm: 0,65 m/s, 12 mm: 0,45 m/s

3.

Medium	Ltg.	m in kg/s	ρ in kg/dm^3	V in dm^3/s	w in m/s	d in mm
Kältemittel A	FL_1	0,052	1,15	0,0452	0,6	9,8
Kältemittel A	FL_2	0,052	1,15	0,0452	0,9	8
Kältemittel A	SL_1	0,052	0,01189	4,373	8	26,38
Kältemittel A	SL_2	0,052	0,01189	4,373	8,9	25
Kältemittel B	FL_1	0,65	1,171	0,5551	1	26,58
Kältemittel B	FL_2	0,65	1,171	0,5551	1,131	25
Kältemittel B	SL_1	0,65	0,0275	23,636	10	54,86
Kältemittel B	SL_2	0,65	0,0275	23,636	12,04	50
Sole A	1	3,5	1,08	3,24	0,7	76,78
Sole A	2	3,5	1,08	3,24	0,796	72
Sole B	1	1,75	1,06	1,6509	0,75	52,94
Sole B	2	1,75	1,06	1,6509	0,841	50

4.

$\dot{V}$ in m^3/h	$\dot{V}$ in m^3/s	ρ in kg/m^3	$\dot{m}$ in kg/s	w in m/s	d in m
12000	3,333	1,189	3,963	8	0,728
12000	3,333	1,189	3,963	10,7	0,630
5500	1,528	1,2	1,833	8	0,493
5500	1,528	1,2	1,833	7,78	0,5
100000	27,778	1,175	32,639	25	1,19
100000	27,778	1,175	32,639	28,2	1,12
22000	6,111	1,245	7,608	8	0,986
22000	6,111	1,245	7,608	9,6	0,9

5.

$\dot{V}$ in m^3/h	$\dot{V}$ in m^3/s	ρ in kg/m^3	$\dot{m}$ in kg/s	w in m/s	l in m
300000	83,33	1,2	100	9	3,04
300000	83,33	1,2	100	6,8	3,5
17500	4,861	1,18	5,736	6	0,90
17500	4,861	1,18	5,736	6,73	0,85
29500	8,194	1,28	10,489	5	1,28
29500	8,194	1,28	10,489	5,69	1,2
74500	20,694	1,2	24,83	9	1,51
74500	20,694	1,2	24,83	8,6	1,55

6. a) $\dot{m}_R = 0{,}08\,kg/s$, $v_{FL} = 0{,}837\,dm^3/kg$, $d_{FL} = 9{,}2\,mm$
b) $w_{FL} = 13{,}3\,dm/s = 1{,}33\,m/s$ c) $w_{KL} = 8{,}5\,dm/s = 0{,}85\,m/s$
d) $v_{Dampf} = 121{,}19\,dm^3/kg = 0{,}12119\,m^3/kg$, $\dot{V} = 9{,}6952\,dm^3/s = 34{,}9\,m^3/h$
e) $A_{SL} = 0{,}08042\,dm^2 = 8{,}042.10^{-4}\,m^2$ $w_{SL} = 12{,}05\,m/s$

7. a) 110,46 mm b) 13,5 m/s c) 3,38 m/s d) 66 mm

8. a) $w_{59\,mm} = 10{,}5\,m/s$
b) $A_{ges} = 1{,}15\,dm^2$, $A_{59\,mm} = 0{,}2733\,dm^2$
$A_{groß} = A_{ges} - A_{59\,mm} = 0{,}8766\,dm^2 \rightarrow d_{groß} = 105{,}6\,mm$
c) $A_{ges} = A_{59\,mm} + A_{104\,mm} = 0{,}2733\,dm^2 + 0{,}8495\,dm^2 = 1{,}12288\,dm^2 \rightarrow 10{,}24\,m/s$

9. a) $d_{SL} = 18{,}71\,mm$ b) $d_{SL\text{-}A} = 11{,}33\,mm$ c) 11,6 m/s
d) $A_{ges} = 274{,}91\,mm^2$, $A_{10\,mm} = 78{,}54\,mm^2$,
$A_{groß} = A_{ges} - A_{10\,mm} = 196{,}37\,mm^2 \rightarrow d_{groß} = 15{,}8\,mm$
e) $A_{ges} = A_{10\,mm} + A_{14\,mm} = 78{,}54\,mm^2 + 153{,}94\,mm^2 = 232{,}48\,mm^2 \rightarrow 13\,m/s$

10. Lösung:
a) $v_1 = 113{,}63\,dm^3/kg$, $d_{SL} = 88{,}39\,mm$
b) $v_2 = 23{,}5\,dm^3/kg$, $d_{DL} = 36{,}69\,mm$
c) $v_3 = 0{,}869\,dm^3/kg$, $d_{FL} = 24{,}44\,mm$

d) w_{SL} = 10,84 m/s
e) w_{DL} = 15,78 m/s
f) w_{FL} = 0,956 m/s
g) w_{3FL} = 1,99 m/s
h) Die Strömungsgeschwindigkeit in der Druckleitung Cu 35 × 1 liegt etwas außerhalb des empfohlenen Bereichs, die in den drei Flüssigkeitsleitungen Cu 12 × 1 nach der Teilung sind wesentlich zu hoch (siehe Tabelle in Kap. 10.1).

11. Druck, Hydrostatischer Druck, Auftrieb, Druckverlust

1. p_e = 2,8 (7,5) bar
2. F = 351,96 N
3. F = 53 kN
4. Δp = 3334 Pa
5. h = 339,85 mm
6. Δp = 539,55 Pa
7. Δp = 11 448,27 Pa = 0,114 bar
8. F_A = 2,57 N
9. ρ' = 1,187 kg/dm³ d = 12,53 cm
10. a) 0,76 m b) 0,21 m c) sinkt, da $V_{LKW} < 20\,m^3$
11. 10,19 m
12.

	p_{abs}	p_a	p_e
a)	2120 hPa	990 hPa	**1,13 bar**
b)	12,88 bar	**1010 hPa**	11,87 bar
c)	**245 hPa**	1018 hPa	–773 mbar

12. Druckverlust, Verlustleistung, Energiekosten

1. a) 34 % b) 51,5 % c) 182,4 %
2. ρ = 12,14 kg/m³ Δp = 11 800 Pa = 0,118 bar
3. a) w = 7,68 m/s b) Δp = 3866,65 Pa c) Abnahme 67,23 %
4. a) w = 11,53 m/s b) Δp = 2936,4 Pa c) 7,54 m/s d) Δp = 1353,1 Pa
5. a) P_{Va} = 70 W b) P_{Ve} = 440 W c) P_{Vm} = 255 W
6. a) A = 0,8 m² b) $\dot{V}_L$ = 4,8 m³/s c) P_{Va} = 576 W, P_{Ve} = 1920 W d) P_{Vm} = 1248 W
7. a) P_{Va} = 1000 W, P_{Ve} = 2500 W b) P_{Vm} = 1750 W = 1,75 kW
   c) P_{Motm} = 2,917 kW d) K = 1306,67 €
8. a) P_{Vm} = 2500 W b) Energiekosten jetzt 1866,67 €, also 560 € Mehrkosten
9. Δp_m = 400 W, P_{Vm} = 3333,34 W, P_{Motm} = 5,56 kW, K = 2488,89 €, ΔK = 1182,22 €
10. a) K = 852,17 € b) 3,26 Jahre

c) Kosten bei $\eta = 0,6$: 513,33 € Kosten bei $\eta = 0,92$: 334,78 € ⇒ 8,29 Jahre

d) Je geringer die Energiekosten desto größer die Amortisationszeit für Energie sparende Investitionen

11. a) $\dot{V}_L = 6,8\,m^3/s$ $P_{Va} = 952\,W$, $P_{Ve} = 2865\,W$ b) $P_{Vm} = 1904\,W = 1,904\,kW$
c) $P_{Motm} = 2,116\,kW$ d) 6177,4 kWh e) 1235,48 €

13. Thermodynamische Temperatur, Gasgesetze

1. $p_e = 85,4\,bar$
2. $\rho = 1,189\,kg/m^3$
3. a) $\rho = 0,77099\,kg/m^3$ b) oben, da Luft mit $1,293\,kg/m^3$ eine größere Normdichte hat
4. a) $p_2 = 815,18\,h\,Pa$ b) $F = 36\,963,69\,N$ c) ($A_o = 146\,m^2$) $F = 2\,698\,372\,N$
5. a) $V_2 = 193\,m^3$ b) $V_3 = 100\,m^3$ c) $p_3 = 5,18\,bar$
6. $m = 3,7347\,kg$
7. $V = 13,4\,m^3$
8. a) $m = 770,18\,kg$ b) $p_2 = 17,695\,bar$ c) $p_{2e} = 16,7\,bar$
9. $V = 0,55376\,dm^3$
10. a) $\rho_{0CO2} = 1,964\,kg/m^3$ b) unten, da höhere Dichte
11. a) $\rho_{N2\,20°C} = 1,165\,kg/m^3$
b) $V_{Kugel} = 0,5236\,cm^3$, V_{Jahr}, $= 1651,22\,dm^3$, $m_{Jahr} = 1,924\,kg$

14. Wärmedehnung

1. $\Delta l = 11,58\,mm$
2. $\Delta l = 103,84\,mm$
3.

	Werkstoff	l_1 in m	ΔT in K	Δl in mm	l_2 in m
a)	Al	1	80	1,92	1,00192
b)	Cu	7,4	110	13,431	7,413431
c)	Stahl	8,5	900	90,27	8,59027
d)	Cu	10,8	110	19,602	10,819602
e)	Al	12	35	10,08	12,01008
f)	Al	12	18,05	0,0052	12,0052
g)	Cu	25	80	0,033	25,033
h)	Stahl	5	40	0,00236	5,00236
i)	Al	12	70	0,02016	12,02016
j)	Cu	6,06	90	0,009	6,0696
k)	Stahl	16,006	95,3	0,018	16,00245

4.

	Fluid	V_1 in dm^3	ΔT in K	ΔV in dm^3	V_2 in dm^3
a)	Glykolsole	4500	50	225	4725
b)	Alkohol	260	82	23,452	283,452
c)	Öl	12	75	0,63	12,63
d)	Wasser	1,2	15	0,018	1,218

5. $\Delta V_{Sole} = 44{,}8\,dm^3$

6. $\Delta V_{Beh} = \Delta V_{Sole} - \Delta V_{Rohr} = 44{,}8\,dm^3 - 2{,}2176\,dm^3 = 42{,}5824\,dm^3$

7. $\Delta T = 39{,}5\,K \Rightarrow$ ab $(-24\,°C + 39{,}5\,K) = 15{,}5\,°C$ entsteht Flüssigkeitsdruck

8. a) $V_{FL20\,°C} = 5{,}712\,dm^3$ b) $V_{Sam} = 6{,}347\,dm^3$ c) $V_{FL50\,°C} = 6{,}356\,dm^3$
d) kein Dampfpolster mehr vorhanden (!) e) $v = 0{,}9067\,dm^3/kg \rightarrow 49{,}675\,°C$

9. a) $V_{Flü22\,°C} = 8{,}21\,dm^3$ b) $V_{Dampfpolster} = 3{,}79\,dm^3$ c) $V_{Fla55\,°C} = 10{,}011682\,dm^3$
d) $V_{Flü55\,°C} = 9{,}28\,dm^3$
e) $\Delta V_{Flü} = 1{,}07\,dm^3$, $\Delta V_{Fla} = 0{,}011682\,dm^3$; $\Delta V_{Flü}/\Delta V_{Fla} = 91{,}6$. Da die Flüssigkeit sich ca. 92 mal so stark ausdehnt wie die Flasche, kann die Behälterausdehnung bei Betrachtungen zur Berstsicherheit durch ein Dampfpolster vernachlässigt werden.

10. a) $V_{Flü18\,°C} = 8{,}11\,dm^3$ b) $V_{Dampfpolster18\,°C} = 3{,}89\,dm^3$ c) 32,4 %
d) $V_{Flü50\,°C} = 9{,}08\,dm^3$ e) $V_{Dampfpolster50\,°C} = 2{,}92\,dm^3$ f) 24,3 %

11. a) $V_{Sole32\,°C} = 1475{,}6\,dm^3$ b) $V_{System32\,°C} = 1483{,}95\,dm^3$ c) 48,3 °C

12. a) $V_{Sole36\,°C} = 564\,dm^3$ b) $V_{Nachfüll24\,°C} = 38{,}29787\,dm^3$ c) $636\,dm^3$

15. Wärmemenge, Wärmestrom

1. a) $Q = 33\,500\,kJ$ b) $m = 159{,}37\,kg$ ($r = 210{,}20\,kJ/kg$)

2. a) $Q = 44\,581{,}6\,kJ$ b) $\dot{Q} = 24{,}77\,kW$

3. a) $Q = 1\,440\,000\,kJ$ b) $m = 57\,279{,}2\,kg$

4. a) $Q_{ges} = Q_1 + Q_2 + Q_3 = 335\,200\,kJ + 1\,675\,000\,kJ + 5250\,kJ = 2\,015\,450\,kJ$
b) 2 075 913,5 kJ c) 24 kW

5. a) $\dot{m}_{Sole} = 0{,}81\,kg/s$ b) $d = 44{,}1\,mm$

6. a) $\dot{Q} = 12{,}27\,kW$ ($r = 204{,}50\,kJ/kg$) b) $Q = 44\,172\,kJ$; $m = 131{,}86\,kg$

7. a) $Q = 161\,280\,kJ$ b) $m = 1132{,}1\,kg$

8. a) $m = 3690\,kg$ b) $Q = 439\,257{,}6\,kJ$ c) $\dot{Q} = 85{,}41\,kW$ ($\tau = 5400\,s$)
d) $m = 1311{,}2\,kg$

9. a) $Q_1 = 6335{,}28\,kJ$, $Q_2 = 40\,644\,kJ$, $Q_{ges} = 46\,979{,}28\,kJ$ b) $\dot{Q} = 13{,}05\,kW$
c) $m = 140{,}24\,kg$

10. a) $Q_{ges} = Q_1 + Q_2 + Q_3 = 18\,900\,kJ + 150\,000\,kJ + 36\,660\,kJ = 205\,560\,kJ$
b) $\dot{Q} = 11{,}42\,kW$ c) $m = 150{,}37\,kg$

11. a) $Q = 771\,058\,kJ$ b) 2301,67 kg c) $\dot{Q} = 642{,}55\,kW$ d) $\dot{Q} = 21{,}42\,kW$

16. Wärmeübertragung

1. a) $k = 0{,}1838\,W/m^2K$ b) $\dot{Q} = 229{,}74\,W$ c) $\Delta T = 45{,}95\,K$
d) ΔT halbiert auf 25 K ⇒ Wärmestrom halbiert auf 114,87 W

2. a) $\dot{Q} = 102{,}22\,W$ b) $\lambda = 0{,}0568\,W/mK$

3. a) $k = 1246{,}06\,W/m^2K$ b) $l = 22{,}35\,m$

4. a) $A = 153{,}938\,m^2$ b) $Q = 7591{,}5\,kJ$ ($r = 216{,}94\,kJ/kg$) $\dot{Q} = 2108{,}75\,W$
c) $k = 0{,}2978\,W/m^2K$ d) $\dot{m}_R = 42{,}61\,kg/h$ (Anstieg proportional zur Temperaturdifferenz)

5.

	Stärke δ m	λ W/mK	α W/m² K	δ/λ bzw.1/α m²K/ W	ΔT K
Übergang außen	–	–	28	0,03571429	0,31053747
Außenputz	0,02	0,8		0,025	0,21737797
Ziegelmauer	0,3	0,87		0,34482759	2,99832044
Dampfsperre	0,0005	0,2		0,0025	0,0217378
Wärmedämmung	0,2	0,034		5,88235294	51,1477585
Innenputz	0,02	0,8		0,025	0,21737797
Übergang innen	–	–	8	0,125	1,08688986
k-Wert in W/m²K				0,15527	56

$t_a = 30\,°C$; $t_2 = 29{,}6894625\,°C$; $t_3 = 29{,}4720846\,°C$; $t_4 = 26{,}4737641\,°C$;
$t_5 = 26{,}45220263\,°C$; $t_6 = -24{,}69557322\,°C$; $t_7 = -24{,}91131101\,°C$; $t_{KR} = -26\,°C$
Der größte Temperaturabfall liegt in der Schicht mit dem größten spezifischen Wärmeleitwiderstand, also in der Wärmedämmung.

6. a) $k = 0{,}106592\,W/m^2K$ b) 20 cm: $\dot{Q} = 52\,170{,}72\,W$ 30 cm: $\dot{Q} = 35\,814{,}91\,W$
c) 20 cm: $Q = 438\,234{,}05\,kWh$ 30 cm: $Q = 300\,845{,}24\,kWh$
d) 20 608,32 €

7. a) $\dot{Q} = 11{,}9415\,kW$ b) $\Delta T_m = 9{,}276\,K$ c) $k = 1072{,}8\,W/m^2K$ d) $c = 2{,}985\,kJ/kgK$

8. a) $\dot{Q} = 732{,}53\,kW$ b) $\Delta T_W = 15{,}734\,K \Rightarrow t_{W2} = 16{,}734\,°C$
   c) $\Delta T_m = 44{,}85\,K$ d) $A = 13{,}61\,m^2$

9. a) $k = 0{,}190475\,W/m^2K$ b) $\dot{Q} = 256{,}26\,W + 64{,}11\,W = 320{,}37\,W$

10. a) $k = 0{,}105014\,W/m^2K$
    b) $t_2 = 24{,}777\,°C$, $t_3 = 24{,}183\,°C$, $t_4 = -26{,}413\,°C$, $t_5 = 27{,}403\,°C$
    c) $\dot{Q} = 24\,699{,}29\,W$ d) $Q = 216\,118{,}78\,kWh$ e) 31 849,08 €

17. Luftbehandlung

1. a) $x_1 = 3{,}2\,g/kg$ b) $\varphi_2 = 21{,}8\,\%$ c) $\Delta x = 3{,}9\,g/kg$

2. a) $x_1 = 14\,g/kg$
   b) Da Luft bei 15 °C nur $x_S = 10{,}6\,g/kg$ Wasserdampf enthalten kann, wird Wasser ausgeschieden
   c) $\varphi_2 = 100\,\%$

3. $m_W = 840\,g$

4. a) $h_1 = 56\,kJ/kg$ $h_2 = 21\,kJ/kg$ $\Delta h = 35\,kJ/kg$ $x_1 = 12\,g/kg$ $x_2 = 5{,}6\,g/kg$
   $\Delta x = 6{,}4\,g/kg$ $\rho_2 = 1{,}258\,kg/m^3$
   b) $V_{KR} = 33{,}75\,m^3$ $\dot{V}_L = 1181{,}25\,m^3/d$ c) $\dot{m}_L = 1486\,kg/d$
   d) $\dot{Q}_0 = 52\,010{,}438\,kJ/d = 601{,}97\,W$ e) $\dot{m}_W = 9{,}5\,kg/d$

5. a) $\Delta h_1 = 36\,kJ/kg$ $\Delta h_2 = 10\,kJ/kg$ $\rho_{L1} = 1{,}166\,kg/m^3$ b) $\dot{Q}_0 = 23{,}32\,kW$
   c) $\dot{Q}_H = 6{,}48\,kW$ d) $\dot{m}_W = 17{,}023\,kg/h$ e) $\varphi = 41\,\%$

6. a) $h_1 = 71\,kJ/kg$ $h_2 = 28\,kJ/kg$ $\Delta h = 43\,kJ/kg$ $x_1 = 15\,g/kg$ $x_2 = 7{,}3\,g/kg$
   $\Delta x = 7{,}7\,g/kg$
   b) $\rho_{L1} = 1{,}146\,kg/m^3$ c) $\dot{m}_L = 13\,752\,kg/h$ $\dot{Q}_0 = 164{,}26\,kW$
   d) $\dot{m}_W = 105{,}89\,kg/h$

7. a) $\rho_1 = 1{,}264\,kg/m^3$, $x_1 = 2{,}3\,g/kg$, $x_2 = 4\,g/kg$, $h_2 = 17\,kJ/kg$, $h_3 = 27\,kJ/kg$
   b) $\dot{m}_W = 32{,}232\,kg/h$
   c) $t_2 = 2\,°C$
   d) $\dot{Q}_H = 52{,}75\,kW$
   e) $\varphi_3 = 30\,\%$

8. $\rho_{L1} = 1{,}26\,kg/m^3$ a) $\dot{V}_L = 0{,}36\,m^3/s = 1296\,m^3/h$ b) $\dot{m}_L = 0{,}4536\,kg/s$
   c) $\dot{Q}_H = 6{,}35\,kW$ d) 19 %

9. a) $\dot{m}_L = 0{,}4\,kg/s$ b) $\dot{V}_L = 1200\,m^3/h$

18. Kältebedarf

1. a) $\dot{Q}_{0Verda} = 13{,}56\,kW$ b) $\tau = 21{,}6\,h$

2. a) $\dot{Q}_{0Verda} = 24{,}25\,kW$ b) $\tau = 12{,}8\,h$
   c) Geringere Laufzeit ⇒ weniger Entfeuchtung ⇒ höhere rel. Feuchte im Kühlraum

3.

	Masse kg/d	Q_1 kJ	Q_2 kJ	Q_3 kJ	Q_{ges} kJ	$\dot{Q}$ kJ/d	$\dot{Q}$ kW
a)	800	22 320	197 600	20 480	240 400	240 400	2,78
b)	380	15 800,4	82 080	9718,5	107 598,9	107 598,9	1,25
c)	1200	20 124	160 800	34 632	215 556	215 556	2,49

4. a) $\dot{Q}_E = 272{,}7\,W$ (Boden 48 W) b) $\dot{Q}_{KG} = 18\,000\,kJ/d = 210\,W$

5.

	Q_1 kJ	Q_2 kJ	Q_3 kJ	Q_{ges} kJ	$\dot{Q}$ kW
a)	69 768	612 000	71 280	753 048	34,86
b)	14 968,8	111 150	11 354,4	137 473,2	4,77
c)	22 050	243 600	37 800	303 450	8,43

6. a) $A = 50{,}9\,m^2$ $\dot{Q}_E = 178{,}15\,W = 4{,}2756\,kWh/d$
   b) $V_{KR} = 24{,}15\,m^3$ $\rho_2 = 1{,}272\,kg/m^3$ $\dot{m}_L = 1075{,}4\,kg^3/d$ $\Delta h = 20\,kJ/kg$
   $\dot{Q}_{Lw} = 21\,503{,}16\,kJ/d = 5{,}973\,kWh/d$
   c) Abkühlung: Erbsen: 26 480 kJ/d = 7,356 kWh/d
   Karotten: 12 064 kJ/d = 3,351 kWh/d
   d) Atmung: Erbsen: 16 000 kJ/d = 4,444 kWh/d
   Karotten: 2200 kJ/d = 0,611 kWh/d
   e) Beleuchtung: 0,06 kWh/d
   f) Ventilator: 4 kWh/d
   g) $\dot{Q}_{Kühllast} = 30{,}01\,kWh/d$ $\dot{Q}_{0Verda} = 1{,}88\,kW$

7. a) $Q_1 = 3\,270\,475\,kJ$, $Q_2 = 13\,800\,000\,kJ$, $Q_3 = 1\,606\,725\,kJ$, $Q_{ges} = 18\,677\,200\,kJ$
   b) $Q_{Atm} = 125\,000\,kJ$ (¼ Tag) c) $Q_{ges} = 109\,960\,kJ$ d) 218,9 kW e) 5,53 kW
   f) Die erforderliche Kälteleistung für die Einlagerung ist ca. 40-fach größer als die für die Gefrierlagerung. Es ist unwirtschaftlich, eine sehr große Kälteleistung bereitzustellen, wenn sie nur wenige Tage im Jahr benötigt wird. Abhilfe schafft ein Vorkühlen auf Temperaturen nahe am Gefrierpunkt und ein gestaffeltes Einlagern, hier z. B. 5 t jeden Tag.
   g) Wärmestrom: 3 693,84 W, Jahreswärmemenge: 32 358,038 kWh,
   Jahresarbeit: 17 030,5463 kWh, Jahresenergiekosten: 5 109,16 €.

8. a) 1 584 970 kJ b) 410,41 kJ c) 9424,75 kJ d) 18,45 kW
   e) Der Kältebedarf für die Atmung beträgt 0,025 % vom gesamten Kältebedarf und kann somit vernachlässigt werden.

9. a) 4,5 kW b) 17,2 kW c) 1,02625 kg/s d) 0,3299 dm ≈ 33 mm

10. a) 691,572 W = 16,598 kWh/d b) 9303,27 kJ/d = 2,548 kWh/d
    c) $Q_1 + Q_2 + Q_3 = (17\,250 + 108\,000 + 15\,262{,}5)$ kJ = 140 512,5 kJ $\dot{Q}_{KG} = 39{,}03$ kWh/d
    d) 0,12 kWh/d e) 3,6 kWh/d f) 3,2 kWh/d g) 3,62 kW

19. Kreisprozessberechnung

1. a)

h_1	409,9 kJ/kg
h_{1e}	397,22 kJ/kg
h_2	446 kJ/kg
$h_{3/4}$	246,17 kJ/kg
v_1	118,7 dm³/kg
v_2	27 dm³/kg
v_3	0,851 dm³/kg
t_{V2}	63 °C
x	30 %

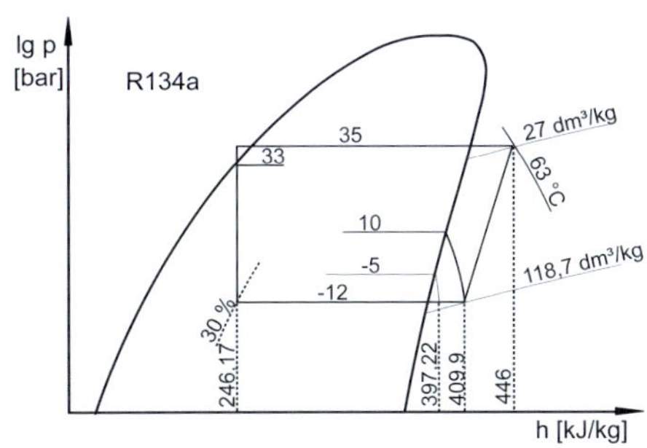

b) $q_{0e} = h_{1e} - h_4 = (397{,}22 - 246{,}17)$ kJ/kg = 151,05 kJ/kg
   $w_{is} = h_2 - h_1 = (446 - 409{,}9)$ kJ/kg = 36,1 kJ/kg
   $q_c = h_2 - h_3 = (446 - 246{,}17)$ kJ/kg = 199,83 kJ/kg

c) $\dot{m}_R = 0{,}4766$ kg/s

d) $\dot{V}_1 = 56{,}58$ dm³/s = 203,69 m³/h

e) $d_{SL} = 92{,}06$ mm f) $d_{DL} = 36{,}95$ mm g) $d_{FL} = 29{,}3$ mm

2. a) siehe Tabelle

h_1	412,22 kJ/kg
h_{1e}	403,44 kJ/kg
h_2	435 kJ/kg
$h_{3/4}$	236,09 kJ/kg
v_1	80,59 dm³/kg
v_2	32 dm³/kg
v_3	0,832 dm³/kg
t_{V2}	48,5 °C
x	19,5 %

b) q_{0e} = 167,35 kJ/kg
   w_{is} = 22,78 kJ/kg
   q_c = 198,91 kJ/kg

c) $\dot{m}_R = 4{,}78$ kg/s d) $\dot{V}_1 = 385{,}25$ dm³/s = 1386,9 m³/h

e) $d_{SL} = 255{,}7$ mm f) $d_{DL} = 139{,}6$ mm g) $d_{FL} = 100{,}6$ mm

20. Verdichter

1. a) V_H = 62,0268 (40,212) cm³ b) V_{SK} = 0,239 (0,126) cm³
   c) V_{SV} = 0,603 (0,679) cm³ d) V_S = 0,842 (805) cm³ e) σ = 1,36 (2) %

2. a) $V_H = 2486{,}938\,cm^3$ b) $V_{SK} = 4{,}011\,cm^3$ c) $V_{SV} = 34{,}212\,cm^3$
d) $V_S = 38{,}223\,cm^3$ e) $\sigma = 1{,}537\,\%$

3.

	d mm	l_H mm	i 1	n 1/min	$\dot{V}_g$ dm^3/s	$\dot{V}_g$ m^3/h	λ –	$\dot{V}_1$ dm^3/s
a)	55	48	4	1450	11,024	39,7	0,78	8,598
b)	110	102	16	1450	374,8	1349,3	0,81	303,6
c)	61	46	6	1239,8	16,667	60	0,8	13,33
d)	39	32	2	1450	1,848	6,653	0,74	1,367
e)	63	51	8	1450	30,736	110,65	0,77	23,667

4. a) $30{,}69\,dm^3/s = 0{,}03069\,m^3/s = 110{,}488\,m^3/h$ b) $0{,}02486\,m^3/s$ c) 32,07 kW
d) 56,26 mm e) 0,23676 kg/s f) 18,16 mmm g) 12,66 m/s

5. a) $8{,}451\,dm^3/s = 30{,}748\,m^3/h$ b) 24,52 kW c) 15,7 kW d) 6,32 kW

6. Beispiel 1: $1365{,}3\,kJ/m^3$, Aufgabe 1: $1272{,}5\,kJ/m^3$, Aufgabe 2: $2076{,}6\,kJ/m^3$

7. a) bis c)

Größe, Symbol	Einheit	R32	R134a	R410A	R507A
Enthalpie Ende Nutzkältegewinn h_{1e}	kJ/kg	534,1	403,5	431,5	368,1
Enthalpie Verdichtereingang h_1	kJ/kg	542,6	411,8	440	376,8
Enthalpie Verdichterausgang h_2	kJ/kg	612,5	449,5	485,5	408,1
Enthalpie vor dem Drosselorgan h_3	kJ/kg	276,2	255,9	270	259,5
spezif. Volumen Verdichtereingang v_1	dm^3/kg	72,75	110,6	51,32	48,6
Verflüssigungsdruck p_c	bar	24,78	10,17	24,19	18,68
Verdampfungsdruck p_0	bar	5,83	2,01	5,73	4,49
Nutzkältegewinn q_{0e}	kJ/kg	257,9	147,6	161,5	108,6
spezif. isentrope Verdichtungsarbeit w_{is}	kJ/kg	69,9	37,7	45,5	31,3
volumetrische Kälteleistung q_{0v}	kJ/m^3	3545	1334,5	3146,9	2234,6
Massenstrom $\dot{m}_R$ für 100 kW	kg/s	0,3877	0,6775	0,6192	0,9208
Innendurchmesser SL bei $w_{SL} = 10\,m/s$	mm	59,9	97,7	63,6	75,5
Druckverhältnis	1	4,25	5,06	4,22	4,16
Liefergrad, grafisch bestimmt	1	0,79	0,76	0,795	0,8
tatsächlicher Hubvolumenstrom	m^3/s	0,02828	0,07493	0,03177	0,04475
geometrischer Hubvolumenstrom	m^3/h	128,55	354,95	143,9	201,38

R134a benötigt den größten, R32 den kleinsten Verdichter.

d)

Größe, Symbol	Einheit	R32	R134a	R410A	R507A
spezif. indizierte Verdichtungsarbeit w_i	kJ/kg	87,4	47,1	56,9	39,1
Enthalpie Verdichterausgang h_{2i}	kJ/kg	630	458,9	496,9	415,9

21. Kälteleistungszahl, Energiebilanz

1. $\varepsilon_{Kis} = 3{,}125$

2. a) –10 °C: 5,263; –20 °C: 4,219; –30 °C: 3,474;
   b) –10 °C: 2,882; –20 °C: 2,041; –30 °C: 1,488;
   c) –10 °C: 54,76 %; –20 °C: 48,38 %; –30 °C: 42,83 %;
   d) –20 °C: $\dfrac{2{,}041}{2{,}882} = 0{,}7082 = 70{,}82\,\% \Rightarrow\ -29{,}18\,\%$ –30 °C: –48,37 %
   e) –20 °C: –23,5 % –30 °C: –47,8 %
   f) –20 °C: –41,4 % –30 °C: –70,8 %
   g) Sowohl die Kälteleistung als auch die Antriebsleitung nehmen bei sinkender Verdampfungstemperatur ab. Die Abnahme der Kälteleistung ist stärker, deswegen sinkt die Kälteleistungszahl. Das bedeutet, dass die Betriebskosten bei Erzeugung tieferer Temperaturen zunehmen.

3. a) 30 °C: 9,105 40 °C: 8,841 50 °C: 6,636
   b) 30 °C: 4,599 40 °C: 3,505 50 °C: 2,718
   c) 30 °C: 50,51 % 40 °C: 39,64 % 50 °C: 40,96 %
   d) 40 °C: –23,78 % 50 °C: –40,9 %
   e) 30 °C: 15 % 50 °C: 26,5 %
   f) 30 °C: –12,34 % 50 °C: –25,2 %
   g) Sowohl die Kälteleistung als auch die Antriebsleitung nehmen bei steigender Verflüssigungstemperatur ab. Die Abnahme der Kälteleistung ist stärker, deswegen sinkt die Kälteleistungszahl. Das bedeutet, dass die Betriebskosten bei höherer Verflüssigungstemperatur zunehmen.

4. a) 22,857 kW b) 150 171,43 kWh c) 43 549,71 € d) 3786,93 €

5. a) TK bei –3 °C: P = 8,247 kW; bei t_c = 40 °C: P = 32 kW
   b) (40 + 8,247) kW = 48,247 kW
   c) (90 + 48,247) kW = 138,247 kW
   d) NK in Kaskade: P = 41,27 kW ohne Kaskade: P = 26,87 kW
   e) Kaskade: $P_{ges} = P_{TK} + P_{NK}$ = (8,429 + 41,27) kW = 49,699 kW
   2 Anlagen: $P_{ges} = P_{TK} + P_{NK}$ = (32 + 26,87) kW = 58,87 kW
   f) 14 460,83 €

6. a) EER = 3,9875 / 4,51917 b) 263 623,82 kWh – 232 609,08 kWh = 31 014,7 kWh
c) 9149,35 €

7. a) W_{el} = 14 588,24 kWh → 2917,65 € b) Q = 58 490,57 kWh → 3801,89 €
c) Heizzahl $\zeta = 2{,}074$ d) Gasbedarf 29 893,92 kWh → 1943,1 € e) 11,31 Jahre
f) 11,78 Jahre

8. Stromkosten WP bei k_{el} = 0,25 €/kWh jetzt 3647,06 €; Gaskosten Brennwertheizung bei Gaspreis 8,125 ct/kWh jetzt 4752,36 €; Gaskosten der Gasmotor-WP jetzt 2428,88 € ergibt Amortisationszeiten 9,05 Jahre bzw. 8,77 Jahre.

9. Mehrinvestition jetzt 7500 € bzw. 12 000 €; Energiekosten wie Aufgabe 7 ergibt Amortisationszeit 8,48 Jahre bzw. 8,83 Jahre.

10. Mehrinvestition wie in Aufgabe 9, Energiekosten wie in Aufgabe 8 ergibt Amortisationszeit 6,79 Jahre bzw. 6,58 Jahre.

11.

Größe, Symbol	Einheit	R32	R134a	R410A	R507A
Nutzkältegewinn q_{0e}	kJ/kg	257,9	147,6	161,5	108,6
spezif. isentrope Verdichtungsarbeit w_{is}	kJ/kg	69,9	37,7	45,5	31,3
isentrope Kälteleistungszahl $\varepsilon_{Kis} = \frac{q_{0e}}{w_{is}}$	1	3,69	3,92	3,55	3,47

12. Die polytrope Kälteleistungszahl lässt sich in diesem Fall einfach durch Multiplikation der in der vorigen Aufgabe schon berechneten isentropen Kälteleistungszahl mit dem indizierten Gütegrad berechnen. Aber auch die Division von Nutzen q_{0e} durch Aufwand (hier w_i) führt zum selben Ergebnis.

Größe, Symbol	Einheit	R32	R134a	R410A	R507A
Nutzkältegewinn q_{0e}	kJ/kg	257,9	147,6	161,5	108,6
spezif. indizierte Verdichtungsarbeit w_i	kJ/kg	87,4	47,1	56,9	39,1
Enthalpie Verdichterausgang h_2	kJ/kg	630	458,9	496,9	415,9
polytrope Kälteleistungszahl $\varepsilon_{Ki} = \frac{q_{0e}}{w_i}$	1	2,95	3,13	2,84	2,78

Die geringsten Betriebskosten verursacht das Kältemittel mit der höchsten Kälteleistungszahl, hier also R134a.

22. Wärmeübertrager

1. a) m = 703,7 kg b) Q = 23 588 kJ c) $\dot{Q}_0$ = 13,104 kW d) 7,28 K
e) l = 131,7 m f) 69,88 Windungen

2. a) ΔT_m = 11,74 K b) $\dot{Q}_c$ = 1356 W c) $\dot{m}_L$ = 0,226 kg/s d) 678 m^3/h

3. $\dot{Q}_c = 4{,}6928\,kW = 4693\,W$

4. a) $\Delta T_m = 9{,}1\,K$ b) $\dot{m}_W = 0{,}026036\,kg/s$; $l = 7\,m$ c) $w = 0{,}189\,m/s$

5. a) $\dot{m}_W = 1{,}19331742\,kg/s = 4295{,}94\,kg/h$ entspricht $4{,}29594\,m^3/h$
b) Ersparnis 13,3389 €/h ⇒ Amortisation nach 1499,37 h

6. a) $\Delta T_m = 5{,}77\,K$ b) $A = 26\,m^2$ c) $\dot{m}_R = 0{,}0338\,kg/s$ d) 19,68 mm

7. a) $\dot{m}_W = 6{,}6882577\,kg/s$ entspricht $24{,}077\,m^3/h$ b) $\dot{m}_{WV} = 0{,}0571685\,kg/s$
c) $\dot{m}_{Wges} = 0{,}1562978\,kg/s$ d) $\dot{m}_{WNetz} = 1{,}67064\,kg/s$ ⇒ Ersparnis 90,67 %
e) Differenz 1,51434 kg/s ⇒ Ersparnis von 114 615,11 €

8. a) $\Delta T_m = 14{,}9\,K$ b) $A = 8{,}05\,m^2$ c) $\dot{m}_{Sole} = 1{,}846\,kg/s$ d) $d = 54\,mm$

9. a) $\dot{Q}_{01} = 1\,200\,000\,kJ/h = 333{,}34\,kW$
b) $\dot{Q}_{02} = 810\,592{,}2\,kJ/h = 225{,}16\,kW$ $\dot{Q}_{0\,ges} = 558\,497{,}5\,W$ c) $l = 9506{,}69\,m$

10. a) $\rho_{L2} = 1{,}174\,kg/m^3$, $\dot{m}_L = 1{,}761\,kg/s$ b) $\dot{Q}_c = 9{,}6855\,kW$ c) $\Delta T_m = 10\,K$
d) $A = 32{,}285\,m^2$

23. Kälteanwendungen

1. a) $Q_{th} = 18\,375{,}5\,kJ$ b) $Q_{prakt} = 20\,764{,}3\,kJ$ c) $\dot{Q}_0 = 240\,W$

2. a) $Q_{th} = 8\,124\,800\,kJ$ b) $Q_{prakt} = 9\,749\,760\,kJ$ c) $\varepsilon = 2{,}08$

3. a) $\dot{Q}_S = 9{,}3\,kW$ b) $\dot{Q}_A = 49{,}6\,kW$

4. a) $\dot{Q}_S = 66{,}67\,kW$ b) 3582,0896 kg c) 756,36 m

5. a) $m = 429{,}85\,kg$ b) $l = 326{,}94\,m$
c) $\rho' = 1{,}327\,kg/m^3$ $\rho'' = 10{,}05\,kg/m^3$
$V = 90{,}823\,dm^3$ $V_{FL} = 22{,}7\,dm^3$ $V_D = 68{,}12\,dm^3$
$m_{FL} = 30{,}13\,kg$ $m_D = 0{,}685\,kg$ $m_{ges} = 30{,}8\,kg$

6. a) $V = 395{,}84\,dm^3$ $m = 356{,}25661\,kg$ b) $\dot{Q}_S = 4{,}14\,kW$
c) $\dot{Q}_A = 22{,}1\,kW$ (nur Abschmelzen) bzw. 26,24 kW (b + c)

7. a) $V = Vw + V_{Rohr} = 1{,}2\,m^3 + 0{,}0318086\,m^3 = 1{,}2318086\,m^3 \Rightarrow h = 0{,}8554\,m$
b) $V = Vw + V_{Rohr} + \Delta V = 1{,}27138\,m^3$
mit $\Delta V = V_{Eis} - V_W = m_{Eis}/\rho_{Eis} - m_{Eis}/\rho_W = 0{,}039584\,m^3$
$\Rightarrow h = 0{,}8829\,m$, $\Delta h = 2{,}75\,cm$

8. a) $m = 4{,}455\,kg$ b) $m = 16\,038\,kg$ c) $Q = 1492{,}425\,kWh$ d) $\dot{Q}_S = 298{,}485\,kW$
e) $\dot{Q}_A = 994{,}95\,kW$

9. a) $m = 37\,611{,}9\,kg$ b) $\dot{Q}_S = 175\,kW$ c) $\dot{Q}_A = 2800\,kW$

10. a) $V_{Eis} = 2261{,}9467\,dm^3$ b) $m_{Eis} = 2035{,}75\,kg$ c) $Q = 681\,976{,}93\,kJ = 189{,}44\,kWh$

11. a) $\dot{V}_{Sole} = 5{,}18\,dm^3/s$ b) $\Delta T = 0{,}114\,K$ c) $\dot{Q}_0 = 121{,}96\,kW$ d) $d = 97{,}1\,mm$

12. $\dot{Q}_0 = 139{,}82\,kW$

13. a) $\dot{m}_W = 31{,}225\,kg/s = 112\,410{,}5\,kg/h$ b) $1{,}767\,m/s$ c) $P = 13{,}38\,kW$
d) $\Delta T = 0{,}072\,K$ e) 1,7 %

14. a) $\dot{Q} = 670{,}4\,kW$ b) $\dot{Q}_{Luftkühler} = 293{,}3\,kW$ c) $\dot{Q}_{Nutz} = 178\,kW$
d) $\dot{Q}_0 = 199\,kW \approx 200\,kW$ e) $\dot{Q}_c = 240\,kW$
f) $\dot{m}_{W2} = 8{,}18\,kg/s$ g) $\dot{Q}_{Verdunster} = 428\,kW$ h) $t_M = 34{,}3\,°C$
i) Verdunstungswasserstrom: 0,177445 kg/s;
Windverluste: 0,02136 kg/s; Ergänzungswassermenge: 1333 kg/h

15. a) $Q = 51\,190\,kJ$ b) $A = 117{,}44\,m^2$; $\dot{Q} = 1291{,}84\,W$; 39625,6 s = 11 h 25,6 s

16. a) $A = 90{,}48\,m^2$; $\dot{Q} = 1581{,}59\,W$ b) $Q = 68\,324{,}7\,kJ$ c) 235,6 kg

17. a) $h_1 = 39\,kJ/kg$, $h_2 = 28\,kJ/kg$, $\Delta h_{Abk} = 11\,kJ/kg$ b) $\Delta h_{Erw} = 13{,}75\,kJ/kg$
c) $t_2 = 23{,}5\,°C$ d) $\dot{m}_L = 0{,}17727\,kg/s = 638{,}182\,kg/h$ e) $\dot{V}_L = 531{,}82\,m^3/h$
f) $\dot{m}_W = 1{,}213\,kg/h$ g) 8,247 h = 8 h 14,8 min = 8 h 14 min 49,6 s

18. a) $\Delta h = 44\,kJ/kg$, $\Delta x = 9{,}9\,g/kg$ $\rho_1 = 1{,}16\,kg/m^3$ b) 98,18 kg/h, $84{,}64\,m^3/h$
c) 972 g/h → 10,288 h

19. $h_1 = 52{,}5\,kJ/kg$, $h_2 = 34{,}5\,kJ/kg$, $\rho_1 = 1{,}191\,kg/m^3$, $x_1 = 12{,}4\,g/kg$, $x_2 = 8{,}6\,g/kg$
a) 5955 kg/h = 1,654 kg/s b) $\dot{Q}_0 = 29{,}775\,kW$ c) $\dot{Q}_H = 13{,}23\,kW$
d) $\dot{m}_W = 22{,}629\,kg/h$ e) $\varphi_3 = 55\,\%$

20. a) $f = 1{,}22 \rightarrow \dot{Q}_c = 1{,}464\,kW$ b) 427,67 kg

21. a) $f = 1{,}32 \rightarrow \dot{Q}_c = 21{,}12\,kW$ b) 4516,35 kg

24. Sicherheit und Umweltschutz

1. Kleinster Raum ist das WC: $V_{WC} = 10{,}08\,m^3$
a) R407C: $PL = 0{,}31\,kg/m^3 \rightarrow m_{max} = 3{,}12\,kg$
b) R410A: $PL = 0{,}44\,kg/m^3 \rightarrow m_{max} = 4{,}44\,kg$

2. Kleinster Raum ist das Büro 1 mit $V_{Büro1} = 25{,}2\,m^3$;
R410A: $PL = 0{,}44\,kg/m^3 \rightarrow m_{max} = 11{,}1\,kg$, Grenze wird eingehalten

3. a) $m_{max} = 0{,}177\,kg$ b) $m_{max} = 0{,}294\,kg$ c) $m_{max} = 0{,}53\,kg$ d) $m_{max} = 0{,}647\,kg$

4. a) $m_{max} = 2{,}404$ kg b) $m_{max} = 4{,}0$ kg c) $m_{max} = 7{,}2$ kg d) $m_{max} = 8{,}8$ kg

5. $m_{max} = 60{,}6$ kg

6. a) R32: LFL = 0,307 kg/m³ → $m_{max} = 1{,}228$ kg < 1,4 kg; Grenze wird überschritten
b) $A_{min} = 16{,}68\,m^2$ c) $A_{min} = 6{,}01\,m^2$ d) $A_{min} = 1{,}85\,m^2$ e) $A_{min} = 1{,}24\,m^2$

7. a) 48 262,5 kg b) 12 870 kg c) 830 448 kg (CH: 110 726,4 kg)
d) 891 580,5 kg (CH: 171 858,9 kg) e) 0,0686 = 6,86 % (CH: 35,57 %)

8. a) 8580 kg b) 2288 kg
c) 909 288 kg (CH: 121 238 kg) d) 920 156 kg (CH: 132 106,4 kg CO_2) e) 1,18 %
f) Der direkte Treibhauseffekt ist gesunken (Einsparung in Deutschland und in der Schweiz von 50 264,5 kg CO_2), der indirekte Treibhauseffekt ist allerdings gestiegen (D: 78 840 kg CO_2, CH: 21 380 kg CO_2), sodass die Klimawirksamkeit der Kälteerzeugung in Deutschland größer geworden ist. Der TEWI steigt in D um 28 575,5 kg CO_2, in der Schweiz sinkt er um 39 752,5 kg.

9. a) 135 kg b) 171 kg c) 830 448 kg (unverändert) d) 830 619 kg e) 0,02 %
f) Der direkte Treibhauseffekt ist gesunken (Einsparung in Deutschland von 60 961,5 kg CO_2), der indirekte unverändert, so dass die Klimawirksamkeit der Kälteerzeugung geringer geworden ist. Der TEWI sinkt um die im direkten Bereich eingesparten 60 961,5 kg CO_2.

10. a) Maschinenraumvolumen V = 384 m³, Werte siehe Tabelle

R-Nummer	Sicherheits-gruppe	Aktionsgrenze	ATEL/ODL kg/m³	LFL kg/m³	Menge kg
134a	A1	≥ 50 % von ATEL/ODL	0,21	–	40,32
404A	A1	≥ 50 % von ATEL/ODL	0,52	–	99,84
407C	A1	≥ 50 % von ATEL/ODL	0,268	–	51,456
744	A1	≥ 50 % von ATEL/ODL	0,07	–	13,44
32	A2L	≥ 25 % der LFL		0,307	29,472
1234yf	A2L	≥ 25 % der LFL		0,299	28,704
290	A3	≥ 25 % der LFL		0,038	3,648
1270	A3	≥ 25 % der LFL		0,047	4,512
717	B2	≥ 350 mg/m³			0,134
717	B2	≥ 21 200 mg/m³			8,1408

b) Es darf nicht soviel ungiftiges und unbrennbares CO_2 ausströmen wie bei den beiden Kältemitteln der Gruppe A2L (L für Low Flammability, schwache Brennbarkeit). Das liegt an der hohen Erstickungsgefahr, die von CO_2 ausgeht.

Anhang

1. Dampftafel für das Nassdampfgebiet R134a

(Werte aus dem Solkane® Berechnungsprogramm)

Temp.	Druck	Dichte		spezif. Volumen		spezif. Enthalpie		spezif. Verd.-Enthalpie	spezif. Entropie	
		Flüss.	Dampf	Flüss.	Dampf	Flüss.	Dampf		Flüss.	Dampf
t	p	ρ'	ρ"	v'	v"	h'	h"	r	s'	s"
°C	bar	$\frac{kg}{dm^3}$	$\frac{kg}{m^3}$	$\frac{dm^3}{kg}$	$\frac{dm^3}{kg}$	$\frac{kJ}{kg}$	$\frac{kJ}{kg}$	$\frac{kJ}{kg}$	$\frac{kJ}{kgK}$	$\frac{kJ}{kgK}$
–30,00	0,84	1,389	4,43	0,720	225,87	160,77	380,31	219,54	0,8480	1,7515
–29,00	0,88	1,386	4,63	0,721	216,04	162,04	380,93	218,89	0,8533	1,7503
–28,00	0,93	1,383	4,84	0,723	206,73	163,31	381,55	218,25	0,8585	1,7492
–27,00	0,97	1,380	5,05	0,725	197,89	164,58	382,18	217,60	0,8637	1,7481
–26,00	1,02	1,377	5,28	0,726	189,51	165,85	382,80	216,94	0,8689	1,7471
–25,00	1,06	1,374	5,51	0,728	181,55	167,13	383,42	216,29	0,8741	1,7460
–24,00	1,11	1,371	5,75	0,729	174,00	168,41	384,04	215,63	0,8793	1,7450
–23,00	1,16	1,368	5,99	0,731	166,82	169,69	384,66	214,96	0,8845	1,7440
–22,00	1,22	1,365	6,25	0,733	159,99	170,98	385,28	214,30	0,8896	1,7431
–21,00	1,27	1,362	6,51	0,734	153,50	172,27	385,89	213,62	0,8948	1,7421
–20,00	1,33	1,359	6,79	0,736	147,33	173,56	386,51	212,95	0,8999	1,7412
–19,00	1,39	1,356	7,07	0,738	141,46	174,85	387,12	212,27	0,9050	1,7403
–18,00	1,45	1,353	7,36	0,739	135,86	176,15	387,73	211,58	0,9101	1,7394
–17,00	1,51	1,349	7,66	0,741	130,53	177,45	388,34	210,90	0,9152	1,7385
–16,00	1,57	1,346	7,97	0,743	125,45	178,75	388,95	210,20	0,9203	1,7377
–15,00	1,64	1,343	8,29	0,744	120,61	180,06	389,56	209,51	0,9254	1,7369
–14,00	1,71	1,340	8,62	0,746	116,00	181,36	390,17	208,81	0,9304	1,7361
–13,00	1,78	1,337	8,96	0,748	111,59	182,68	390,77	208,10	0,9355	1,7353
–12,00	1,85	1,334	9,31	0,750	107,39	183,99	391,38	207,39	0,9405	1,7346
–11,00	1,93	1,331	9,67	0,752	103,38	185,31	391,98	206,67	0,9455	1,7338
–10,00	2,01	1,327	10,05	0,753	99,54	186,63	392,58	205,95	0,9505	1,7331
–9,00	2,09	1,324	10,43	0,755	95,88	187,95	393,18	205,23	0,9555	1,7324
–8,00	2,17	1,321	10,83	0,757	92,38	189,28	393,78	204,50	0,9605	1,7317
–7,00	2,25	1,318	11,23	0,759	89,03	190,61	394,37	203,77	0,9655	1,7310
–6,00	2,34	1,315	11,65	0,761	85,83	191,94	394,97	203,03	0,9705	1,7304
–5,00	2,43	1,311	12,08	0,763	82,76	193,27	395,56	202,29	0,9754	1,7297

t °C	p bar	ρ' $\frac{kg}{dm^3}$	ρ" $\frac{kg}{m^3}$	v' $\frac{dm^3}{kg}$	v" $\frac{dm^3}{kg}$	h' $\frac{kJ}{kg}$	h" $\frac{kJ}{kg}$	r $\frac{kJ}{kg}$	s' $\frac{kJ}{kgK}$	s" $\frac{kJ}{kgK}$
-4,00	2,53	1,308	12,53	0,765	79,83	194,61	396,15	201,54	0,9804	1,7291
-3,00	2,62	1,305	12,98	0,766	77,02	195,95	396,74	200,79	0,9853	1,7285
-2,00	2,72	1,301	13,45	0,768	74,33	197,30	397,32	200,03	0,9902	1,7279
-1,00	2,82	1,298	13,94	0,770	71,75	198,64	397,91	199,26	0,9951	1,7273
0,00	2,93	1,295	14,43	0,772	69,28	200,00	398,49	198,49	1,0000	1,7267
1,00	3,04	1,291	14,95	0,774	66,91	201,35	399,07	197,72	1,0049	1,7262
2,00	3,15	1,288	15,47	0,776	64,64	202,70	399,65	196,95	1,0098	1,7256
3,00	3,26	1,285	16,01	0,778	62,45	204,06	400,22	196,16	1,0146	1,7251
4,00	3,38	1,281	16,57	0,780	60,36	205,42	400,80	195,38	1,0195	1,7246
5,00	3,50	1,278	17,14	0,782	58,35	206,79	401,37	194,58	1,0243	1,7241
6,00	3,62	1,275	17,72	0,785	56,42	208,15	401,94	193,78	1,0292	1,7236
7,00	3,75	1,271	18,33	0,787	54,57	209,52	402,50	192,98	1,0340	1,7231
8,00	3,88	1,268	18,94	0,789	52,79	210,90	403,07	192,17	1,0388	1,7226
9,00	4,01	1,264	19,58	0,791	51,07	212,27	403,63	191,36	1,0436	1,7221
10,00	4,15	1,261	20,23	0,793	49,43	213,65	404,19	190,54	1,0484	1,7217
11,00	4,29	1,257	20,90	0,795	47,84	215,03	404,74	189,71	1,0532	1,7212
12,00	4,43	1,254	21,59	0,798	46,32	216,42	405,30	188,88	1,0580	1,7208
13,00	4,58	1,250	22,30	0,800	44,85	217,80	405,85	188,04	1,0627	1,7204
14,00	4,73	1,247	23,02	0,802	43,44	219,19	406,39	187,20	1,0675	1,7200
15,00	4,88	1,243	23,76	0,804	42,08	220,58	406,94	186,35	1,0723	1,7196
16,00	5,04	1,240	24,53	0,807	40,77	221,98	407,48	185,50	1,0770	1,7192
17,00	5,21	1,236	25,31	0,809	39,51	223,38	408,02	184,64	1,0818	1,7188
18,00	5,37	1,232	26,11	0,811	38,30	224,78	408,55	183,77	1,0865	1,7184
19,00	5,54	1,229	26,94	0,814	37,12	226,18	409,08	182,90	1,0912	1,7180
20,00	5,72	1,225	27,78	0,816	35,99	227,59	409,61	182,02	1,0960	1,7176
21,00	5,90	1,221	28,65	0,819	34,90	229,00	410,14	181,14	1,1007	1,7172
22,00	6,08	1,218	29,54	0,821	33,85	230,41	410,66	180,24	1,1054	1,7169
23,00	6,27	1,214	30,45	0,824	32,84	231,83	411,18	179,35	1,1101	1,7165
24,00	6,46	1,210	31,39	0,826	31,86	233,25	411,69	178,44	1,1148	1,7162
25,00	6,65	1,206	32,35	0,829	30,91	234,67	412,20	177,53	1,1195	1,7158
26,00	6,85	1,202	33,33	0,832	30,00	236,09	412,71	176,61	1,1242	1,7155
27,00	7,06	1,199	34,34	0,834	29,12	237,52	413,21	175,69	1,1289	1,7151
28,00	7,27	1,195	35,38	0,837	28,27	238,96	413,71	174,75	1,1336	1,7148
29,00	7,48	1,191	36,44	0,840	27,44	240,39	414,20	173,81	1,1383	1,7144
30,00	7,70	1,187	37,53	0,842	26,65	241,83	414,69	172,86	1,1429	1,7141
31,00	7,93	1,183	38,64	0,845	25,88	243,27	415,18	171,91	1,1476	1,7138

t °C	p bar	ρ' $\frac{kg}{dm^3}$	ρ'' $\frac{kg}{m^3}$	v' $\frac{dm^3}{kg}$	v'' $\frac{dm^3}{kg}$	h' $\frac{kJ}{kg}$	h'' $\frac{kJ}{kg}$	r $\frac{kJ}{kg}$	s' $\frac{kJ}{kgK}$	s'' $\frac{kJ}{kgK}$
32,00	8,15	1,179	39,79	0,848	25,13	244,72	415,66	170,94	1,1523	1,7134
33,00	8,39	1,175	40,96	0,851	24,41	246,17	416,13	169,97	1,1570	1,7131
34,00	8,63	1,171	42,17	0,854	23,72	247,62	416,61	168,99	1,1616	1,7128
35,00	8,87	1,167	43,40	0,857	23,04	249,08	417,07	168,00	1,1663	1,7124
36,00	9,12	1,163	44,66	0,860	22,39	250,54	417,54	167,00	1,1710	1,7121
37,00	9,37	1,159	45,96	0,863	21,76	252,01	417,99	165,99	1,1757	1,7118
38,00	9,63	1,155	47,29	0,866	21,14	253,48	418,44	164,97	1,1804	1,7114
39,00	9,90	1,150	48,66	0,869	20,55	254,95	418,89	163,94	1,1850	1,7111
40,00	10,17	1,146	50,06	0,872	19,98	256,43	419,33	162,90	1,1897	1,7107
41,00	10,44	1,142	51,49	0,876	19,42	257,91	419,76	161,85	1,1944	1,7104
42,00	10,72	1,138	52,97	0,879	18,88	259,40	420,19	160,79	1,1991	1,7100
43,00	11,01	1,133	54,48	0,882	18,36	260,90	420,61	159,72	1,2038	1,7097
44,00	11,30	1,129	56,03	0,886	17,85	262,40	421,03	158,63	1,2085	1,7093
45,00	11,60	1,125	57,62	0,889	17,36	263,90	421,44	157,54	1,2132	1,7090
46,00	11,90	1,120	59,25	0,893	16,88	265,41	421,84	156,43	1,2179	1,7086
47,00	12,21	1,116	60,92	0,896	16,41	266,93	422,24	155,31	1,2226	1,7082
48,00	12,53	1,111	62,64	0,900	15,96	268,45	422,63	154,17	1,2273	1,7078
49,00	12,85	1,107	64,40	0,904	15,53	269,98	423,01	153,02	1,2320	1,7075
50,00	13,18	1,102	66,21	0,908	15,10	271,52	423,38	151,86	1,2367	1,7071
51,00	13,51	1,097	68,07	0,911	14,69	273,07	423,75	150,68	1,2415	1,7066
52,00	13,85	1,093	69,98	0,915	14,29	274,62	424,10	149,49	1,2462	1,7062
53,00	14,20	1,088	71,94	0,919	13,90	276,18	424,45	148,28	1,2510	1,7058
54,00	14,55	1,083	73,96	0,923	13,52	277,74	424,79	147,05	1,2557	1,7053
55,00	14,92	1,078	76,03	0,928	13,15	279,32	425,12	145,80	1,2605	1,7049
56,00	15,28	1,073	78,15	0,932	12,80	280,90	425,44	144,54	1,2653	1,7044
57,00	15,66	1,068	80,34	0,936	12,45	282,49	425,75	143,26	1,2701	1,7039
58,00	16,04	1,063	82,59	0,941	12,11	284,10	426,06	141,96	1,2749	1,7034
59,00	16,42	1,058	84,90	0,945	11,78	285,71	426,35	140,64	1,2797	1,7029
60,00	16,82	1,053	87,28	0,950	11,46	287,33	426,63	139,30	1,2845	1,7024

2. R134a Überhitzter Bereich

(Werte aus dem Solkane® Berechnungsprogramm)

t_s = −24 °C	p_s = 1,11 bar				
t	p	ρ	v	h	s
°C	bar	kg/m³	dm³/kg	kJ/kg	kJ/kg·K
−24	1,11	5,75	174,00	384,04	1,7450
−20	1,11	5,64	177,33	387,20	1,7576
−15	1,11	5,51	181,45	391,19	1,7732
−10	1,11	5,39	185,53	395,20	1,7886
−5	1,11	5,27	189,58	399,25	1,8038
0	1,11	5,17	193,59	403,33	1,8189
5	1,11	5,06	197,58	407,44	1,8338
10	1,11	4,96	201,55	411,58	1,8486
15	1,11	4,87	205,49	415,77	1,8632

t_s = −22 °C	p_s = 1,22 bar				
t	p	ρ	v	h	s
°C	bar	kg/m³	dm³/kg	kJ/kg	kJ/kg·K
−22	1,22	6,25	159,96	385,27	1,7430
−20	1,22	6,19	161,50	386,87	1,7494
−15	1,22	6,05	165,31	390,87	1,7650
−10	1,22	5,91	169,08	394,91	1,7805
−5	1,22	5,79	172,82	398,97	1,7958
0	1,22	5,66	176,53	403,06	1,8109
5	1,22	5,55	180,21	407,19	1,8259
10	1,22	5,44	183,87	411,35	1,8407
15	1,22	5,33	187,50	415,55	1,8554

t_s = −20 °C	p_s = 1,33 bar				
t	p	ρ	v	h	s
°C	bar	kg/m³	dm³/kg	kJ/kg	kJ/kg·K
−20	1,33	6,80	147,05	386,54	1,7412
−15	1,33	6,64	150,55	390,53	1,7568
−10	1,33	6,49	154,04	394,58	1,7723
−5	1,33	6,35	157,50	398,66	1,7877
0	1,33	6,21	160,93	402,78	1,8029
5	1,33	6,09	164,33	406,92	1,8179
10	1,33	5,96	167,70	411,10	1,8328
15	1,33	5,85	171,05	415,30	1,8475
20	1,33	5,73	174,38	419,55	1,8621

t_s = −18 °C	p_s = 1,45 bar				
t	p	ρ	v	h	s
°C	bar	kg/m³	dm³/kg	kJ/kg	kJ/kg·K
−18	1,45	7,36	135,86	387,73	1,7394
−15	1,45	7,26	137,83	390,17	1,7489
−10	1,45	7,09	141,08	394,24	1,7645
−5	1,45	6,93	144,30	398,35	1,7800
0	1,45	6,78	147,48	402,48	1,7952
5	1,45	6,64	150,64	406,64	1,8103
10	1,45	6,50	153,77	410,83	1,8253
15	1,45	6,37	156,87	415,06	1,8401
20	1,45	6,25	159,96	419,31	1,8547

t_s = −16 °C	p_s = 1,57 bar				
t	p	ρ	v	h	s
°C	bar	kg/m³	dm³/kg	kJ/kg	kJ/kg·K
−16	1,57	7,97	125,44	388,95	1,7377
−15	1,57	7,93	126,05	389,77	1,7409
−10	1,57	7,75	129,08	393,87	1,7566
−5	1,57	7,57	132,07	398,00	1,7721
0	1,57	7,41	135,03	402,15	1,7875
5	1,57	7,25	137,96	406,33	1,8027
10	1,57	7,10	140,87	410,54	1,8177
15	1,57	6,96	143,75	414,78	1,8325
20	1,57	6,82	146,61	419,05	1,8472

t_s = −14 °C	p_s = 1,71 bar				
t	p	ρ	v	h	s
°C	bar	kg/m³	dm³/kg	kJ/kg	kJ/kg·K
−14	1,71	8,62	116,01	390,17	1,7361
−10	1,71	8,46	118,27	393,48	1,7488
−5	1,71	8,26	121,06	397,63	1,7644
0	1,71	8,08	123,82	401,80	1,7798
5	1,71	7,90	126,55	406,00	1,7951
10	1,71	7,74	129,25	410,23	1,8101
15	1,71	7,58	131,93	414,49	1,8250
20	1,71	7,43	134,59	418,77	1,8398
25	1,71	7,29	137,23	423,09	1,8544

t_s = −12 °C	p_s = 1,85 bar				
t	p	ρ	v	h	s
°C	bar	kg/m³	dm³/kg	kJ/kg	kJ/kg·K
−12	1,85	9,31	107,39	391,38	1,7346
−10	1,85	9,22	108,44	393,04	1,7409
−5	1,85	9,00	111,05	397,22	1,7566
0	1,85	8,80	113,63	401,42	1,7722
5	1,85	8,61	116,18	405,65	1,7875
10	1,85	8,42	118,70	409,90	1,8026
15	1,85	8,25	121,19	414,17	1,8176
20	1,85	8,09	123,66	418,48	1,8324
25	1,85	7,93	126,12	422,81	1,8471

t_s = −10 °C	p_s = 2,01 bar				
t	p	ρ	v	h	s
°C	bar	kg/m³	dm³/kg	kJ/kg	kJ/kg·K
−10	2,01	10,05	99,54	392,58	1,7331
−5	2,01	9,80	101,99	396,79	1,7489
0	2,01	9,58	104,41	401,02	1,7646
5	2,01	9,36	106,79	405,27	1,7800
10	2,01	9,16	109,14	409,54	1,7952
15	2,01	8,97	111,47	413,83	1,8102
20	2,01	8,79	113,78	418,16	1,8251
25	2,01	8,62	116,07	422,51	1,8398
30	2,01	8,45	118,33	426,89	1,8544

t_s = −8 °C p_s = 2,17 bar

t °C	p bar	ρ kg/m³	v dm³/kg	h kJ/kg	s kJ/kg·K
−8	2,17	10,82	92,39	393,78	1,7317
−5	2,17	10,66	93,77	396,33	1,7413
0	2,17	10,41	96,04	400,58	1,7570
5	2,17	10,18	98,27	404,86	1,7725
10	2,17	9,95	100,48	409,15	1,7878
15	2,17	9,74	102,66	413,47	1,8029
20	2,17	9,54	104,81	417,82	1,8179
25	2,17	9,35	106,95	422,19	1,8326
30	2,17	9,17	109,07	426,58	1,8473

t_s = −6 °C p_s = 2,34 bar

t °C	p bar	ρ kg/m³	v dm³/kg	h kJ/kg	s kJ/kg·K
−6	2,34	11,65	85,82	394,97	1,7304
−5	2,34	11,59	86,25	395,82	1,7336
0	2,34	11,31	88,38	400,11	1,7494
5	2,34	11,05	90,48	404,42	1,7650
10	2,34	10,80	92,55	408,74	1,7804
15	2,34	10,57	94,59	413,08	1,7956
20	2,34	10,35	96,61	417,45	1,8106
25	2,34	10,14	98,61	421,84	1,8255
30	2,34	9,94	100,59	426,26	1,8402

t_s = −4 °C p_s = 2,53 bar

t °C	p bar	ρ kg/m³	v dm³/kg	h kJ/kg	s kJ/kg·K
−4	2,53	12,53	79,82	396,15	1,7291
0	2,53	12,28	81,43	399,61	1,7418
5	2,53	11,99	83,41	403,95	1,7576
10	2,53	11,72	85,35	408,30	1,7731
15	2,53	11,46	87,27	412,67	1,7884
20	2,53	11,21	89,17	417,06	1,8035
25	2,53	10,98	91,04	421,47	1,8184
30	2,53	10,76	92,90	425,91	1,8332
35	2,53	10,56	94,74	430,37	1,8478

t_s = −2 °C p_s = 2,72 bar

t °C	p bar	ρ kg/m³	v dm³/kg	h kJ/kg	s kJ/kg·K
−2	2,72	13,46	74,32	397,32	1,7279
0	2,72	13,32	75,08	399,07	1,7343
5	2,72	13,00	76,95	403,44	1,7501
10	2,72	12,69	78,78	407,83	1,7658
15	2,72	12,41	80,59	412,22	1,7812
20	2,72	12,14	82,38	416,64	1,7964
25	2,72	11,89	84,14	421,07	1,8114
30	2,72	11,64	85,88	425,53	1,8262
35	2,72	11,41	87,61	430,01	1,8408

t_s = 0 °C p_s = 2,93 bar

t °C	p bar	ρ kg/m³	v dm³/kg	h kJ/kg	s kJ/kg·K
0	2,93	14,43	69,28	398,49	1,7267
5	2,93	14,07	71,05	402,90	1,7427
10	2,93	13,74	72,79	407,32	1,7585
15	2,93	13,42	74,49	411,75	1,7740
20	2,93	13,13	76,18	416,19	1,7893
25	2,93	12,85	77,84	420,65	1,8044
30	2,93	12,58	79,48	425,13	1,8193
35	2,93	12,33	81,10	429,64	1,8340
40	2,93	12,09	82,70	434,16	1,8486

t_s = 2 °C p_s = 3,15 bar

t °C	p bar	ρ kg/m³	v dm³/kg	h kJ/kg	s kJ/kg·K
2	3,15	15,47	64,64	399,65	1,7256
5	3,15	15,23	65,64	402,32	1,7353
10	3,15	14,86	67,29	406,78	1,7512
15	3,15	14,51	68,91	411,24	1,7668
20	3,15	14,18	70,50	415,71	1,7822
25	3,15	13,88	72,07	420,20	1,7974
30	3,15	13,58	73,61	424,71	1,8124
35	3,15	13,31	75,14	429,24	1,8272
40	3,15	13,05	76,65	433,78	1,8418

t_s = 4 °C p_s = 3,38 bar

t °C	p bar	ρ kg/m³	v dm³/kg	h kJ/kg	s kJ/kg·K
4	3,38	16,57	60,35	400,80	1,7246
5	3,38	16,48	60,67	401,70	1,7278
10	3,38	16,07	62,24	406,19	1,7438
15	3,38	15,68	63,77	410,69	1,7596
20	3,38	15,32	65,28	415,20	1,7751
25	3,38	14,98	66,76	419,72	1,7904
30	3,38	14,66	68,22	424,26	1,8055
35	3,38	14,36	69,66	428,81	1,8204
40	3,38	14,07	71,09	433,38	1,8351

t_s = 6 °C p_s = 3,62 bar

t °C	p bar	ρ kg/m³	v dm³/kg	h kJ/kg	s kJ/kg·K
6	3,62	17,72	56,42	401,94	1,7236
10	3,62	17,36	57,61	405,57	1,7365
15	3,62	16,93	59,07	410,11	1,7524
20	3,62	16,53	60,50	414,66	1,7680
25	3,62	16,15	61,90	419,21	1,7834
30	3,62	15,80	63,29	423,77	1,7986
35	3,62	15,47	64,65	428,35	1,8136
40	3,62	15,15	66,00	432,95	1,8284
45	3,62	14,85	67,33	437,56	1,8430

3. Zustandsgrößen feuchter Luft bei 1013 hPa

Temperatur	Dichte trockener Luft	Dichte gesättigter Luft	Wasserdampfdruck bei gesättigter Luft	Wassergehalt gesättigter Luft	Enthalpie gesättigter Luft	Verdampfungs- bzw. Verflüssigungsenthalpie
1	2	3	4	5	6	7
t in °C	ρ in kg/m^3	ρ_S in kg/m^3	p_{DS} in hPa	x in g/kg	h_S in kJ/kg	r in kJ/kg
–20	1,396	1,395	1,03	0,63	–18,56	2839,5
–19	1,394	1,393	1,13	0,70	–17,39	2839,1
–18	1,385	1,384	1,25	0,77	–16,22	2839,1
–17	1,379	1,378	1,37	0,85	–15,00	2838,7
–15	1,374	1,373	1,50	0,93	–13,79	2838,7
–15	1,368	1,367	1,65	1,01	–12,61	2838,2
–14	1,363	1,362	1,81	1,11	–11,35	2837,8
–13	1,358	1,357	1,98	1,22	–10,06	2837,8
–12	1,353	1,352	2,17	1,34	–8,76	2837,4
–11	1,348	1,347	2,37	1,46	–7,46	2837,4
–10	1,342	1,341	2,60	1,60	–6,06	2837,0
–9	1,337	1,336	2,83	1,75	–4,73	2836,6
–8	1,332	1,331	3,10	1,91	–3,31	2836,6
–7	1,327	1,325	3,38	2,08	–1,89	2836,1
–6	1,322	1,320	3,68	2,27	–0,42	2836,1
–5	1,317	1,315	4,01	2,47	1,09	2835,7
–4	1,312	1,310	4,37	2,69	2,68	2835,3
–3	1,308	1,306	4,75	2,94	4,32	2835,3
–2	1,303	1,301	5,17	3,19	5,91	2834,9
–1	1,298	1,295	5,62	3,47	7,63	2834,9
0	1,293	1,290	6,11	3,78	9,43	2500,8
1	1,288	1,285	6,57	4,07	11,15	2498,3
2	1,284	1,281	7,05	4,37	12,91	2496,2
3	1,279	1,275	7,57	4,70	14,75	2493,7
4	1,275	1,271	8,13	5,03	16,59	2491,6
5	1,270	1,266	8,72	5,40	18,52	2489,1
6	1,265	1,261	9,35	5,79	20,53	2486,5
7	1,261	1,256	10,01	6,21	22,63	2484,4
8	1,256	1,251	10,72	6,65	24,72	2481,9
9	1,252	1,247	11,47	7,13	26,94	2479,8

Temperatur	Dichte trockener Luft	Dichte gesättigter Luft	Wasserdampfdruck bei gesättigter Luft	Wassergehalt gesättigter Luft	Enthalpie gesättigter Luft	Verdampfungs- bzw. Verflüssigungsenthalpie
1	2	3	4	5	6	7
t in °C	ρ in kg/m³	ρ_S in kg/m³	p_{DS} in hPa	x in g/kg	h_S in kJ/kg	r in kJ/kg
10	1,248	1,242	12,27	7,63	29,20	2477,3
11	1,243	1,237	13,12	8,15	31,55	2475,2
12	1,239	1,232	14,02	8,75	34,11	2472,7
13	1,235	1,228	15,00	9,35	36,62	2470,6
14	1,230	1,223	15,97	9,97	39,22	2468,1
15	1,226	1,218	17,04	10,6	41,82	2465,9
16	1,222	1,214	18,17	11,4	44,83	2463,1
17	1,227	1,208	19,36	12,1	47,77	2460,7
18	1,213	1,204	20,62	12,9	50,70	2458,1
19	1,209	1,200	21,96	13,8	54,05	2456,0
20	1,205	1,195	23,37	14,7	57,82	2453,4
21	1,201	1,190	24,85	15,6	61,17	2451,0
22	1,197	1,185	26,42	16,6	64,10	2448,9
23	1,193	1,181	28,08	17,7	67,88	2446,3
24	1,189	1,176	29,82	18,8	72,07	2444,2
25	1,185	1,171	31,67	20,0	75,84	2441,7
26	1,181	1,166	33,60	21,4	80,45	2439,1
27	1,177	1,161	35,64	22,6	84,64	2437,1
28	1,173	1,156	37,78	24,0	89,25	2434,6
29	1,169	1,151	40,04	25,6	94,28	2432,5
30	1,165	1,146	42,41	27,2	99,72	2430,3
31	1,161	1,141	44,91	28,8	104,8	2427,9
32	1,157	1,136	47,53	30,6	110,2	2425,4
33	1,154	1,131	50,29	32,5	116,1	2422,9
34	1,150	1,126	53,18	34,4	122,3	2420,1
35	1,146	1,121	56,22	36,6	129,1	2418,3
36	1,142	1,116	59,40	38,8	135,8	2415,8
37	1,139	1,111	62,74	41,1	142,5	2413,7
38	1,135	1,107	66,24	43,5	149,6	2411,2
39	1,132	1,102	69,91	46,0	157,5	2408,7

Temperatur	Dichte trockener Luft	Dichte gesättigter Luft	Wasserdampfdruck bei gesättigter Luft	Wassergehalt gesättigter Luft	Enthalpie gesättigter Luft	Verdampfungs- bzw. Verflüssigungsenthalpie
1	2	3	4	5	6	7
t in °C	ρ in kg/m³	ρ_S in kg/m³	p_{DS} in hPa	x in g/kg	h_S in kJ/kg	r in kJ/kg
40	1,128	1,097	73,75	78,8	165,9	2406,2
41	1,124	1,091	77,77	51,7	174,3	2403,6
42	1,121	1,086	87,98	54,8	183,1	2401,1
43	1,117	1,081	86,39	58,0	192,3	2398,6
44	1,114	1,076	91,00	61,3	202,4	2396,5
45	1,110	1,070	95,82	65,0	212,9	2394,0
46	1,107	1,065	100,85	68,9	223,7	2391,3
47	1,103	1,059	106,12	72,8	235,5	2389,4
48	1,100	1,054	111,62	77,0	247,2	2386,9
79	1,096	1,048	117,36	81,5	260,2	2384,4
50	1,093	1,043	123,35	86,2	273,6	2382,2
55	1,076	1,013	157,41	114,0	352,4	2370,1
60	1,160	0,981	199,17	152,0	457,0	2358,0
65	1,044	0,948	250,1	204,0	599,0	2345,4
70	1,029	0,909	311,6	276,0	796,0	2333,3
75	1,014	0,868	385,5	382,0	1081,0	2320,7
80	1,000	0,823	473,6	545,0	1521,0	2308,2
85	0,986	0,773	578,0	828,0	2281,0	2295,6
90	0,973	0,718	701,1	1400,0	3821,0	2282,6
95	0,959	0,656	845,2	3120,0	3843,0	2269,7
100	0,947	0,589	1013,0	–	–	2258,0

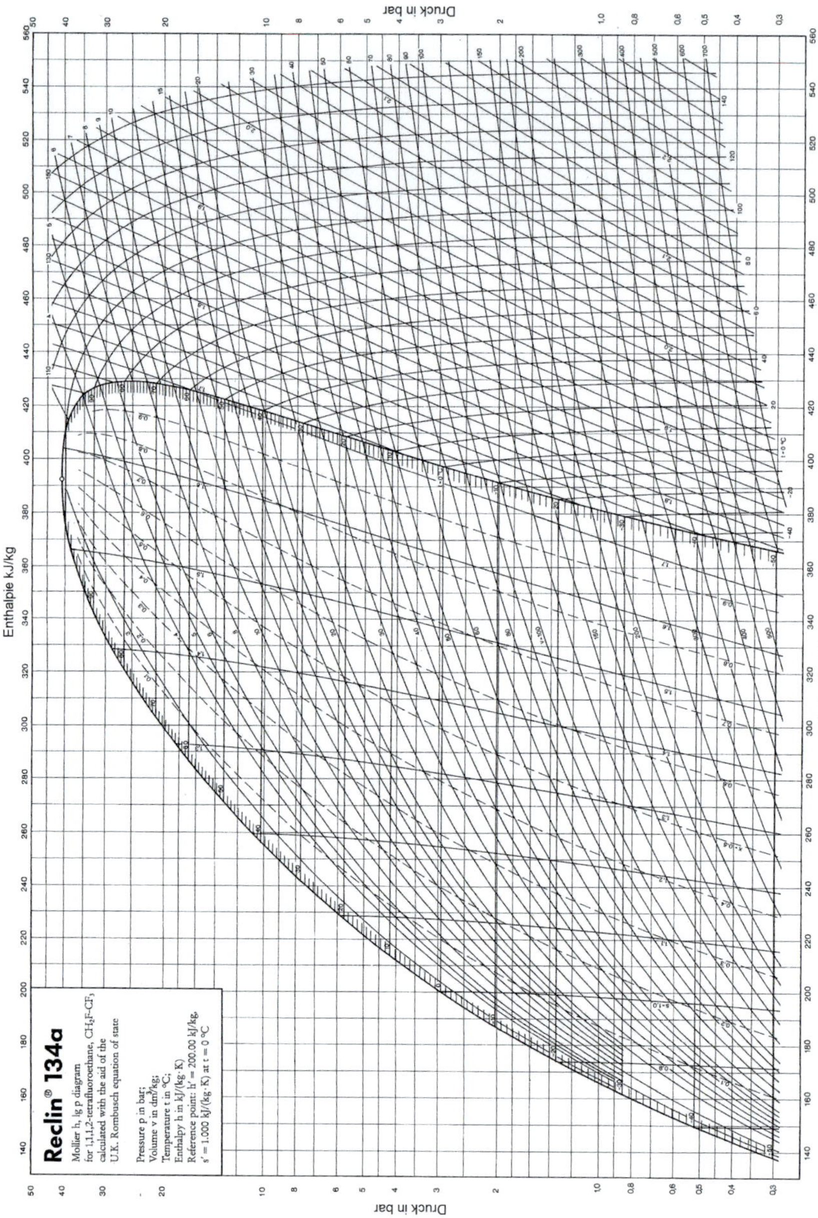
Reclin® 134a
Mollier h, lg p diagram for 1,1,1,2-tetrafluoroethane, CH_2F-CF_3 calculated with the aid of the U.K. Rombusch equation of state
Pressure p in bar; Volume v in dm^3/kg; Temperature t in °C; Enthalpy h in kJ/(kg·K) Reference point: h' = 200,00 kJ/kg, s' = 1,000 kJ/(kg·K) at t = 0 °C
Enthalpie kJ/kg
Druck in bar

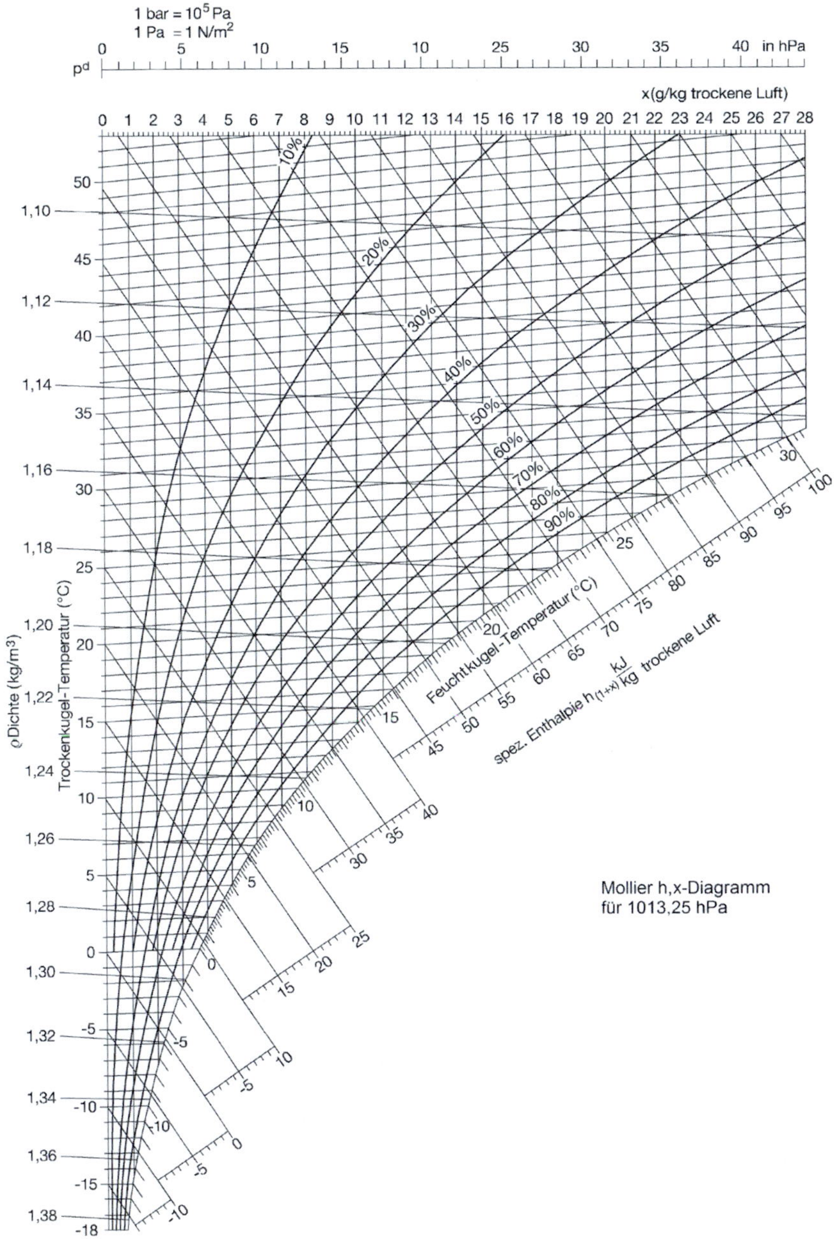

Mollier h,x-Diagramm
für 1013,25 hPa

Stichwortverzeichnis

W

X

Z

VDE
VERLAG
Technik. Wissen.
Weiterwissen.
Thermodynamik Flashgas
TEWI Verdichter
Steuerungstechnik
Expansionsventil
COP Lüftung
Leistungszahl
Mollier
Blend
Kältemittel FCKW
Latentwärmespeicher Lamellenverdampfer
Glide
Kälte
Pumpen
ODP Kelvin
Feuchte Luft
h,x-Diagramm Dampftafeln
Adsorption Eisbrei Ölabscheider
Magnetventile Tripelpunkt
Spezifisches Volumen Pulsationen
VDE
Breidert / Schittenhelm
Formeln, Tabellen und Diagramme für die Kälteanlagentechnik
5., überarbeitete und erweiterte Auflage
Technikwissen auffrischen:
Thematische Ordnung der Daten, Tabellen und Formeln!
Die Formelsammlung ist die ideale Ergänzung zu den gebräuchlichen Lehr- und Fachbüchern im Bereich Kälteanlagentechnik.
5., überarb. und erw. Aufl. 2010
265 Seiten
29,00 €
Preisänderungen und Irrtümer vorbehalten.
Bestellen Sie jetzt: (030) 34 80 01-222 oder www.vde-verlag.de/151104